“十三五”国家重点出版物出版规划项目
食品安全社会共治研究丛书
丛书主编　于杨曜

食品安全比较研究

——从美、欧、中的食品安全规制到全球协调

孙娟娟　著

·上海·

上海高校服务国家重大战略出版工程资助项目

图书在版编目(CIP)数据

食品安全比较研究：从美、欧、中的食品安全规制到全球协调/孙娟娟著.—上海：华东理工大学出版社,2017.7(2018.4重印)
(食品安全社会共治研究丛书)
ISBN 978-7-5628-5096-0

Ⅰ.①食… Ⅱ.①孙… Ⅲ.①食品安全—对比研究—世界 Ⅳ.①TS201.6

中国版本图书馆CIP数据核字(2017)第132868号

项目统筹/马夫娇　李芳冰
责任编辑/李芳冰
装帧设计/吴佳斐
出版发行/华东理工大学出版社有限公司
地址：上海市梅陇路130号,200237
电话：021-64250306
网址：www.ecustpress.cn
邮箱：zongbianban@ecustpress.cn
印　刷/上海中华商务联合印刷有限公司
开　本/710 mm×1000 mm　1/16
印　张/23
字　数/338千字
版　次/2017年7月第1版
印　次/2018年4月第2次
定　价/88.00元

序

preface

本书是作者法学博士研究期间的成果。作为欧盟食品法项目 Lascaux 的一部分研究，其完成于法国南特大学。该欧盟食品法项目 Lascaux 由欧洲研究委员会（European Research Council）根据欧盟第七框架计划（FP7/2007—2013）提供资金，可查询第 230400 拨款协议（Grant Agreement NO. 230400），其研究意义在于梳理有关食品安全和粮食安全的法律理论体系。经过多视角的分析和研究，本研究发现，目前法律研究中还没有独立的食品法研究。之所以存在这一问题，首先是因为其所涉及的内容，例如农业（如生产）、工业（如运输和流通）以及健康和商业（地理标志和消费）都遵循不同的逻辑。其中，每一项内容的目标都不相同，且都不是为了保障人类的粮食安全。在这个方面，无论是已有的乡村法还是农业法都没有把粮食安全视为本法的核心内容。诚然，粮食安全的保障可以通过农业的发展、农业原料的自由流通以及生产者利益的保障得以实现。但是，农业法并没有从安全的视角加以定位，换言之，农业法并没有重视保障每一个人都可以获得充足、营养平衡、健康和可自由选择的食物。作为规范生产和大规模流通的商法，其目的在于保障利润和增加边际效益。遗憾的是，商法和消费者保护法都没有关注那些没有食物获取途径的人如何果腹。相反，他们所保障的是为那些有途径为自己或者家人获取充足食品的人。

存在上述问题的原因是，一方面，食品法相关的内容都分散在不同的法律部门中，且每一个法律部门都有各自侧重的法律目标，以至于并没有一个共享且予以优先考虑的目标确保每一个人的粮食安全。另一方面，如果要弥补上述不同法律部门在食品立法上的缺陷，则需要通过一部食品法来确保食品供给的目的在于保障粮食安全，或者说实现食物权。然而，即便现有法律部门的分割状态阻碍了构建一个以安全保障为目的的食品法理论，但至少还可以通过研究强调如何确立这一新的法律理论的目标，即食品法的目标所在。对此，食品法关注粮食安全这一目标，但是，其所保护的依旧是相对富裕的主体，而以食物权为目的的法律应该同时关注并不富裕的主体。

就欧盟来说，《欧洲议会和欧盟理事会 2002 年 1 月 28 日第 178/2002/EC 号有关食品法基本原则和基本规定、建立欧盟食品安全局以及与食品安全事务相关程序的法规》被视为欧盟的食品法。该法律的第五条规定：第一，针对高水平的生命和健康保护以及消费者的利益保障，食品法应该确立一个或多个基本目标，包括食品贸易的公平交易和在适宜的条件下考虑动物的健康和福利、植物的健康和环境；第二，依据本章规定的原则，食品法应该确保成员国内生产和销售的食品和饲料可以在共同体内自由流通。从其本质来说，欧盟食品法的目标既涉及健康保护也涉及自由贸易这一经济目标。无论各成员国是否有具体的条款阐述这一双重目标，各国的法律实务都涉及这两个相互关联的目标。对此，一方面，食品必须是安全、无害、健康的；另一方面，其也应该从经济上确保该食品的可获得性。实现上述目标的手段是多元化的。正是基于这一内容，本书通过美国、欧盟和中国法律的比较研究，探讨国际食品安全规制的协调可能性，这一比较的重要性有以下几个方面的内容。

第一，每一个食品安全规制的体系都有其亮点和存在的问题。欧盟食品法的制定在于应对疯牛病暴发后所引发的危机。中国的食品安全法在于应对由三聚氰胺事件引发的健康危机。而当欧盟和美国通过跨大西洋贸易与投资伙伴协议协商合作时，也反映了区域间针对农产品和食品进行协调的健康规制。而目前达成的协议也是既有可供借鉴的亮点，也有值得关注的问题。对此，一些观点认为，上述协商的框架会降低食品标准，因为根据所谓的等同互认原则，会使得美国和欧盟相互认可对方标准的适用。为避免上述问题，是否必须通过规则的一致性来实现协调呢？正是在这个问题上，本书详细地论述并回应了这个问题。概括来说，其首先强调了各国规制差异的背景和原因。事实上，每一个国家或者地区的法律都有其自身演变的历史因素，而这些都是立法必须加以考虑的社会背景。在这一方面，本书作者通过美国、欧盟和中国的案例研究进一步论证了上述食品法发展中对于历史因素和现实因素的考虑。对此，各国在食品法演变中所制定的规则可以为法律协调提供基础，尤其是那些依旧具有效力的法律规则。其次，必须加以说明的是，健康规则的协调仅有狭义的意义。对于实践，可供协调的规则仅限于食品安全的检查环节，而这些规则往往因地而异。各类感官检查和人力资源都是具有高昂成本的，如美国通过实现大量的禽肉检查，欧盟在27个成员国内耗费了大量的财力确保300多个出入境口岸的安全检查，而在中国，这种口岸的设置仅有30多个。通过这些比较，本书建议通过现代化的管理系统和公私规制的合作来实现监督管理的协调。

第二，上述的论述结构非常清晰而且论述的材料非常翔实，特别是在案例分析和比较研究方面。基于此，本书作者作为这个领域的专家，其对中国、欧盟、美国的食品法认识是非常值得肯定的。通过这一成果的研究，读者可以逐步了解其所展现的针对食品安全规制的协调路径。就作者的观点而言，她认为欧盟的经验可以作为协调的范本，尤其是欧盟通过原则协调法律的做法。正是因为原则的灵活性，各国才能进一步通过规则的差异应对本国的特殊性。但即便如此，原则的一致性也确立了立法和执法的共同基础，以至于各国的法律就有了可比性和兼容性。通过共同原则的方式实现协调也是因为原则本身的作用在于表述共同的价值和目标，而对于实现这些价值和目标则可以借助不同的方式，以至于各国立法可以选择适合其自身的方向。

第三，作者的研究成果具有很强的原创性。相比较而言，国际协调往往借助技术规范实现最底线的一致性，例如食品法典委员会的贡献。但是，即便从技术规则来说，其能加以协调的也仅仅只是部分内容，正因为如此，作者选择了另一个视角，即以原则实现协调的灵活性。正如本书最后的总结，对于构建一个协调一致的食品法律规则，可供借鉴的原则包括一致性原则、风险预防原则、责任共担原则等。作者对上述原则进行了一一阐述。对此，也许会有人质疑是否还有其他的原则可以用于食品安全监管的协调，如保障消费者信息的原则或者追溯的原则。事实上，法律的协调对于构建全球范围内的食品法只是第一步，且进展并不理想。就目前的实践来说，国际食品法在全球范围内的协调还主要是以食品法典委员会所制定的技术规则为主。相应的，以谨慎预防为原则的法律原则并没有得到国际条约的认可，如世界贸易组织框架中《动植物卫生检疫措施协议》并没有确认谨慎预防这一原则。

第四，对于一个比较研究而言，美国、欧盟和中国在制裁方面的差异，包括行政、民事和刑事制裁的严苛程度都是不同的，而这与各地的政治背景息息相关。考虑到中央集权和联邦制度的差异，分权对于实体法也有着重要的影响。此外，我们也必须牢记，对于食品安全的监管，一国或者一个地区的饮食文化也是有一定影响的。鉴于立法和各国执法中的差异以及目前国际法律中的缺位，依旧有必要进一步促进食品法在全球范围内的协调。因此，本书既有关联性也有实践意义，作为一项研究的开端，非常有必要继续深入下去。需要大力肯定的是，该著作选取了三个具有典型性和影响力的地区为案例研究的对象，其意义是多方面的。首先，通过对词汇和概念的梳理，让我们可以在增进了解的基础上便于进一步的沟通。其次，通过对各国法律的梳理，也让读者了解到在国际食品贸易中由于法律差异所导致的壁垒和困境。最后，文章的比较研究也让读者了解到地区差异和文化差异如何加剧为了克服上述困境、在协调各国利益中所遭遇的阻力。诚然，食品法更多的是关注食品的质量，但同时这也是一部关乎信任的法律，对于来自国外食品的质量信任，消费者对于其所购食品的信任，等等。如果没有了这些信任，食品法会失去其存在的价值。鉴于此，通过对于法律的了解有利于增进彼此之间的信任，并进一步促进协调。

综上，本著作的学术价值是值得肯定的，包括其研究的广度、深度和严谨性。通过这一研究，作者的专业知识为于法国南特大学开展的欧盟食品法项目 Lascaux 做出了卓越的贡献。此时此刻，她已经回到自己的祖国，并正以其专业知识为中国食品安全治理事业的发展做贡献。

François Collart Dutilleul

南特大学教授、Lascaux 欧盟食品法项目负责人

前 言
foreword

作为中国的一个热点话题，对于食品安全的关注也包括了法学界在各传统部门法的基础上对食品安全相关法律所开展的个案研究，并逐渐使其具有了“跨学科”的特点。而这一特点不仅是指法学研究内部的学科跨越，如行政法、经济法和刑法等之间的协作，也包括了法学与经济学、社会学和管理学等社会学科之间的跨越，随后的发展也会看到自然学科在上述研究中的一个协同作用。值得肯定的是，鉴于国外将“食品法”作为一个独立领域法的研究经验，国内的发展也展现了在问题导向的研究同时，有关食品安全法律的研究与时代俱进、与世界接轨的价值。

作为一个全球性的话题，食品安全规制的意义不仅在于保障国内消费者的健康安全，同时也涉及国际食品贸易的自由流通和全球范围内的消费者利益保护。正因为如此，中国的食品安全法律法规需要符合世界贸易组织的相关规定，学术界有关食品安全法律的研究也需要在把握中国问题特殊性的同时去了解食品法作为领域法而独有的“法言法语”，进而在推动食品法研究的同时来加强国际层面的交流。但遗憾的是，结合笔者的经历和观察，目前中国有关食品安全法律的研究还是局限于传统部门法的视角，即以相关的部门法理论来解读食品安全的法制完善和法治推进问题。

在上述研究路径中，存在着这样一个问题：由于缺乏对于食品法本身术语和理论的认识，相关的研究结论往往会因为没有把握食品安全法律的特点而不具有针对性。例如，集体诉讼的引入是否就能化解食品安全危机呢？事实上，食品安全问题不同于环境问题，其在规模、举证、危害性方面都有自己的特点。举例来说，一方面，食品的消耗性会增加举证的困难；另一方面，追溯制度的建立有利于确认缺陷食品和损害之间的因果关系。鉴于此，在针对食品的侵权诉讼时需要考虑食品及食品安全的自身特点。事实上，从最初的食品安全法到食品法，再到食品私法这些概念的完善，属于食品法自己的语言也逐渐发展起来。正因为如此，正确使用其所有的“词汇”和“语法”，则是确保该研究在内外发展保持一致性的前提要求。

其中，对内发展是指促进食品法在中国的发展，而首要的工作是需要厘清这一法律内的相关概念，了解已有的理论，进而在结合中国食品行业的特点、监管特殊需要的同时推动其在中国的发展。目前，已有一些高校，包括法学院开始建立以食品安全为中心的研究平台，对此，要保持不同领域对于食品安全的跨学科交流，有必要确立对于食品安全、食品标准、危害分析和关键控制点等核心概念的统一认识。此外，笔者之所以坚持使用“食品法”而不是“食品安全法”也意在指出作为食品规制领域内的一部基本法，其不仅保障了消费者的生命健康权，也需要保护消费者基于食品所享有的其他权利，包括经济利益、知情权、选择权等。而这也是目前《食品安全法》执行中遇到的一个现实困境，即当该法律紧紧围绕食品安全问题时，一些食品的掺假掺杂问题和错误标识问题并不必然对消费者的健康构成威胁，但其仍会误导消费者进而损害其他权益。因此，无论是美国还是欧盟都采用了“食品法”这样一个概念以确保在食品安全监管之上，一并保护消费者除生命健康权之外的其他权益。而且，对于中国而言，厘清这一问题也有助于明确相关的消费者权益保护法、产品质量法在适用中的边界问题。此外，与食品安全密切相关的概念还涉及粮食安全、食品质量、食品卫生等，这些概念之间的区别和关联也需要作出说明，以便确认各自立法的不同目标和相应的规制手段，进而形成协调一致的食品法制及法治体系。

相应的，对外发展是指与国际层面的交流，在这一方面，使用共同的语言有利于化解国际社会对于中国食品安全规制发展的误解。举例来说，笔者于 2014 年审阅了外国学者有关中国食品安全法律演变的一篇文章，其视角是通过评估中国相关部门在世界贸易组织的贸易政策审查机制下就食品安全相关问题提交的文件和会议记录，进而总结中国在推进食品安全监管中取得的进步和尚存的问题。然而，该作者反复提到中国在规划食品安全监管机制中存在的缺乏科学性的问题。为此，笔者在和该作者就审议意见的互动中指出：中国于2009年6月1日实施的《食品安全法》业已通过风险监测和风险评估制度奠定了中国食品安全监管的科学性。为此，该作者很遗憾地发现，相关的内容并没有显示在其查阅的文献中，但通过核对中国业已落实的《食品安全法》，他认同了笔者对上述观点的更正。对于上述内容，国际层面就食品安全法律的规定要求以科学原则为基础，而科学原则的直接贯彻即表现为落实风险评估制度。正因为如此，当我们在国际层面进行交流时，只有正确地使用相关的“词汇”和“语法”才能确保表达的精确性和沟通的有效性。

事实上，笔者对于上述的认识也是一个循序渐进的过程。在此，非常感谢杜钢建老师于2007年把我引入了食品安全监管这一研究领域以及这些年持续不断的支持和教诲。作为本书写作的背景，法国教授François Collart Dutilleul于2009年给我提供了参与欧盟食品法项目Lascaux的研究机会，同时作为我的博士论文导师，他也在写作方法、选题内容、观点论述等方面给予了我很多指导。难能可贵的是，在一个团队中的研究经验不仅深化了我对于食品安全比较研究的认识，同时也通过和同事以及其他研究人员的探讨，丰富了我对其他与食品相关的议题的认识，如粮食安全、食品质量、可持续发展、自然资源保护等。最后，笔者于2013年11月22日进行了论文答辩，并获得了可直接出版的最高肯定。对此，衷心感谢在身边一直陪伴我四年的诸多同事，他们是Alhousseini Diabate，Brice Hugou，Camille Collart Dutilleul，Carine Bernault，Catherine Del Cont，Claire Blandel，Céline Forcot，Fanny Garcia，Hugo Muñoz Ureña，Jean-philippe Bunigourt，Jonathan Jouglet，Lise Rihouey，Marlen León Guzmán，Pierre-Etienne Bouillot，Sarah Turbeaux，Thomas Breger，Slyvestre Yamthieu，Valérie Pironon以及已去世的教授Laurence Boy。

随后，笔者于2014—2015年，将原英语写作的博士论文译成了中文，并鉴于一些立法的变动进行了更新。作为2009—2013年这一时期内的阶段性成果，笔者并没有进一步拓展在2014—2016年博士后研究期间的内容，对于后者有关中国案例、网络食品、风险交流、社会共治等方面的深入研究，将于日后再结集出版。而就这一中文译本而言，目前博士后研究期间的同事们也给予了我很大的支持和帮助，在此感谢贺剑、潘迪、刘笑岑以及朋友胡庆乐对本书中相关内容的校对。此外，对于课题的后续研究及本书的完善，也要一并感谢中国人民大学法学院食品安全治理协同创新中心的诸多老师所给予的支持，包括我的导师胡锦光教授以及韩大元教授、竺效教授、王旭副教授和陆磊老师、杨娇老师、孟珊老师，还要感谢支持本书出版的华东理工大学于杨曜教授。

值得指出的是，作为“中国人在法国写作一篇英语成果论文”这样一个多元化的组合，本书具有法国法学论著的特点，即“两分法”的论述。可以说，文科的研究具有“公说公有理婆说婆有理”的特点，换言之，不同的视角会影响结论的判断。正因为如此，在论述观点的时候需要保证论证的严密性，而规范方式就是“一事两分”的论述模式，包括这些论点之间的因果关系、并联关系，或从一般到特殊、从历史到现状等。当然，这也有基于辩证思维的考量。鉴于本书所面向的是中国读者，笔者变更了原著作中的“法式八股文”格式，但考虑到这一格式对于法国研学的纪念意义，特此附注于前言文末。此外，文内脚注和文末文献也因为中文出版作了调整，且以脚注为主的方式便于读者对相关文献的溯源。

最后，一并感谢自己的坚持不懈和家人对我这几年学习和工作的支持及鼓励。至此，谨以此书献给从小抚育我的外婆蒋九英和突然离世的外公鲍水金，以及在法国一起奋斗过的丈夫叶继魁、女儿叶子和爱犬熊熊。

孙娟娟

2016 年 10 月

中国北京

附：原标题与法式论文架构

食品安全规制的全球协调——鉴于美国、欧盟和中国法律的比较研究

绪论

第一部分　有关食品安全立法的协调

　第一篇　食品安全法律的历史演变

　　第一章　美国、欧盟和中国食品安全立法的演变

　　第二章　食品安全法律的发展现状

　第二篇　预防风险的食品法原则

　　第一章　结构化决策中的风险分析原则

　　第二章　针对科学不确定性的谨慎预防原则

第一部分　小结

第二部分　有关食品安全控制的协调

　第一篇　官方控制和私人控制的互动

　　第一章　官方控制的改进

　　第二章　私人食品安全控制的兴起

　第二篇　食品安全责任的共享

　　第一章　食品从业者的食品安全责任

　　第二章　主管部门的食品安全责任

第二部分　小结

总论

参考文献

目　录

contents

第二部分　食品安全控制的协调

绪　论

安全食品是所有人共同追求的目标。然而，接二连三曝光的食品安全问题使得食品安全及其规制成为一个受众人关注的话题。至此，人们也意识到食品是保障健康的一个重要内容[①]。面对消费者对于食品安全问题的担忧，各国政府和相关国际组织都纷纷加强了包括立法和控制在内的食品安全规制框架的完善工作，以便高水平地保护公众健康和保障消费者利益。例如，根据世界贸易组织的一项多边贸易协议——《实施动植物卫生检疫措施的协议》，可以通过协调各国有关动植物卫生检疫措施实现贸易流通中的食品安全进而确保各国公民的健康。尽管如此，各国和各地区有关食品安全规制方面的争议依旧不断。而且，即便各国自身的食品安全规制体系在食品安全保障中依旧发挥着主要的作用，但值得注意的是，日益复杂和全球化的食品供应链也要求官方在落实监管措施的过程中考虑到与其他利益相关者的合作。

鉴于此，本书研究的意义在于解答：面对食品供应链中不断发生的变化，该如何进一步促进食品安全规制的协调。本块绪论部分主要从以下几方面对上述问题进行说明：第一，为什么食品安全及其规制会成为一个受公众关注的话题？第二，即便食品安全的保障已经取得了显著的进步，为什么对于食品安全规制依旧苛责不断？第三，鉴于目前食品安全规制的发展，哪些要素可以用于进一步协调食品安全规制？最后，涉及多种语言的比较研究有一定困难性，为此，有必要一开始就对一些重要概念进行界定。

---

① Bunte, F. and Dagevos, H. (ed.), The food economy: global issues and challenges, Wageningen Academic Publishers, 2009, p. 11.

一、食品安全和食品安全规制

对人类而言，犯罪、爱情、金钱和食品是四个最具吸引力的话题。其中，食品在大多数的时候对于大多数人来说都是最重要的，因为没有爱情或者金钱的生活依旧可以继续，但是一旦没有了食品的供应，生命都将难以为继[①]。正是这一浑然天成的关联使得食品成为人类最为重要的需求。事实上，在人类生活的各个方面，食品的作用都是至关重要的。基本来说，食品的获取是一项基本权利，是生命权[②]和维持健康、福利所需的生活水准权[③]的重要内容之一。在这一层面，适足食物权[④]的发展就具体阐述了这一权利的保障内容。就政治角度而言，鉴于食品对于人类安全和国家安全的重要性，食品政策的考虑一直具有优先性。在这一层面，把食品作为武器历来有之，这意味着在食品稀缺的社会中，权力来源于对食品的控制[⑤]，而这也是战争取胜的关键所在。尽管当前的农业生产在很大程度上缓解了粮食的短缺问题，进而削弱了这一食品权力，但是作为一项常识，国家主权的保障依旧有赖于国内粮食的自给率。从经济角度来说，农业、工业和贸易的发展都离不开食品相关的活动，而这不仅涉及一国经济的繁荣也有利于就业的保障。最后，从饮食文化角度来说，“人如其食”的说法[⑥]意味着个人乃至国家身份的认同都与其食品和食品文化的选择息息相关。此外，食品的意义还可以从地理、宗教等其他角度加以讨论。因此，食品始终是人类高度关注的话题之一。

科学技术的发展不断改变着社会[⑦]。然而，无论社会如何发展，食品

---

① Femandez Armesto, F., Food: a history, Pan Macmillan Ltd, 2002, p. xiii.

② 《世界人权宣言》，第3条：人人有权享有生命、自由和人身安全。

③ 《世界人权宣言》，第25.1条：人人有权享受为维持他本人及其家属的健康和福利所需的生活水准，包括食物、衣着、住房、医疗和必要的社会服务；在遭遇失业、疾病、残废、守寡、衰老或在其他不能控制的情况下丧失谋生能力时，有权享受保障。

④ The Right to Adequate Food, The UN Economic and Social approved General Comment 12, May 12, 1999.

⑤ Standage, T., An edible history of humanity, Ohio Walker & Company, 2010, p. 32.

⑥ Gabaccia, D., We are what we eat, ethnic food and the marking of Americans. Boston: Harvard University Press, 1998, pp. 6 - 8.

⑦ 就社会的发展而言，科学技术的推动作用是毋庸置疑的。例如，很多历史阶段都是在技术发展后加以命名的，如石器时代、青铜器时代或者工业革命。参见：Kealey, T., The economic laws of scientific research. London: Macmillan Press LTD, 1996, p. 15.

对人类的重要性始终是不变的。就这一点来说，食品不仅只是社会转型的催化剂，同时也反映了某一社会转型后的结果[①]。在过去的500年中，食品自身的转型就与以下内容密切相关，包括烹饪、饮食、植物种植和动物养殖、食品文化、食品贸易等方面的创新和生态革命，以及19世纪和20世纪在发展中国家兴起的工业化[②]。此外，随着全球化的发展，新的食品经济模式对食品供应链的发展产生了深远的影响，从而使得与食品相关的问题成为了全球性的社会问题。

从茹毛饮血到开袋即食的食品，我们对食品的认知与先人截然不同。但毫无疑问的一点是，通过农业活动所获取的植物和动物产品依旧是食品的主要来源。作为食用农产品，其成分比较单一，往往只有一种农业投入品。然而，我们目前食用更多的则是食品产品，即通过食品技术的深加工，实体发生转变，进而无法通过某一主要农业投入品界定其成分构成[③]。相较而言，国际食品贸易中加工食品的贸易额增长速度远远高于农产品。这是因为消费者对于食品的要求日益集中于以下三个方面：便捷、多样和高品质。相应的，高附加值的产品也比食品原料更受关注，包括新鲜果蔬等农产品以及高附加值的食品产品。与此同时，因为生活节奏的加快，外出就餐也成为工作之余的便利选择。

因为加工程度的不同，食品呈现的方式也各有差异。例如，橙子是一种农产品，而橙汁则是加工后的食品产品。即便如此，它们都是由物质所构成且用于人类消费的。因此，国际层面通用的食品定义为：任何加工、半加工或未经加工供人类食用的物质，包括饮料、口香糖及生产、制作或处理“食品”时所用的任何物质，但不包括化妆品或烟草或只作药物使用的物质[④]。相应的，无论是食用农产品还是食品产品抑或餐馆佳肴都符合上述这一食品定义。由此，本书就采用了符合上述概念的“食品”这一术语，使其内容覆盖“从农田到餐桌”这一食品供应链的全过程，其目的在

---

① Standage, T., An edible history of humanity, Ohio Walker & Company, 2010, 第Ⅸ页。

② Femandez Armesto, F., Food: a history, Pan Macmillan Ltd, 2002, 第XV页。

③ Bunte, F. and Dagevos, H. (ed.), The food economy: global issues and challenges, Wageningen Academic Publishers, 2009, p. 49。

④ Codex Alimentarius Commission, Procedural manual, Twenty-first edition, 2013, 22.

于强调该食品供应链中的所有食品从业人员都应共享保障食品安全的责任。而论及食品的问题，可以从数量和质量两个角度加以概括。

就数量而言，中国自古以来就强调“民以食为天，国以民为本”，食品供应的目的不仅在于维持个人的生存，同时也决定了国家的命运。在这一方面，粮食安全（food security）的保障就强调：只有当所有人在任何时候都能够在物质上和经济上获得足够、安全和富有营养的粮食来满足其积极和健康生活的膳食需要及食物喜好时，才实现了粮食安全[①]。为了实现这一目标，各国的法律义务包括尊重、保护和履行（便利和提供），以便确保逐渐且充分地实现适足食物权。也就是说，确保其管辖下的所有人均可取得足够的、具有充分营养和安全的、最低限度的基本粮食，确保他们免于饥饿。其中，尊重现有的取得适足食物的机会的义务要求各缔约国避免采取任何可能妨碍这种机会的措施。保护的义务要求缔约国采取措施，确保企业或个人不得剥夺个人取得充足食物的机会。履行（便利）的义务意味着，缔约国必须积极切实地开展活动，增加人们取得和利用资源及谋生手段的机会，确保他们的生活，包括粮食安全。最后，如果某人或某个群体由于其无法控制的原因而无法以他们现有的办法享受取得足够食物的权利，缔约国则有义务直接履行（提供）该权利。这项义务也适用于自然灾害或其他灾害的受害者。

就质量而言，食品质量也是一个长期备受关注的话题，且可以从多个方面加以强调，例如卫生、营养、享用和使用等[②]。即便对食品质量缺乏统一的定义，但就质量而言，有两个互为补充且各不相同的概念值得一提。首先，有关质量应有一个“阈值”的概念，用来判断食品是否可以用于人类消费，即合格与否。第二，“质量差异”这一概念是指以不同的质量特征，例如以感官、口味、材质、原料或产地等区别各类食品。此外，除了这一横向的差异化，质量还可以等级化，一如中国针对农产品进行的

---

① Declaration on World Food Security and World Food Summit Plan of Action, World Food Summit, November 13－17, 1996－11－13.

② FAO, Legislation governing food control and quality certification, Rome, 1995, p. 4. 事实上，就食品质量而言，一直没有统一的观点。但在各种定义中，相同的一点是食品质量涉及多个方面的内容。例如，参见：Hooker, N. and Caswell, J., “Trends in food quality regulation: implications for processed food trade and foreign direct investment”, in, Journal of Agribusiness, 12 (5), 1996, p. 412.

无公害、绿色和有机的标准划分。当不同的质量特征或等级可以单独或者混合使用，以便通过质量的差异化满足消费者不同的需求或偏好时，质量阈值的确定主要是从卫生的角度加以规范，确保食品的安全可靠。基于此，食品卫生/食品安全[①]一直被视为食品进入市场的基本要求。值得指出的是，就食品卫生和食品安全这两个概念而言，最初对于食品安全的认识就等同于食品卫生，即两者都被定义为在食品的生产、加工、储存、流通和制备中所用于确保食品安全、可靠、卫生和适于人类消费者的所有条件和措施。然而，随着食品安全立法的发展，食品卫生和食品安全成为两个不同的概念。此外，在卫生和安全保障的基础上，则可以通过其他增值的方式实现食品的质量差异化。

随着生活质量的提升，许多质量特征都被用以生产高附加值的食品产品，例如营养强化食品或有机食品。尽管如此，食品安全问题的多发使得食品安全成为消费者高度关注也日益敏感的问题。事实上，即便从数量的角度而言，食品安全也是不容忽视的问题。因为在遭受饥饿和营养不良问题的同时，食品的供给和消费往往也更容易受到微生物或化学物质的污染。例如，为了增加粮食产出，农药被大量用于粮食生产，而超量的化学物质残留可能会导致健康风险。因此，无论是从数量还是质量的角度而言，安全要求都是最基本的，因为食源性有害物质会对人类的健康产生危害，甚至对生命安全构成威胁。正因如此，食品安全已经从质量的某一特征独立出来，成为食品规制领域内一个独立的规制对象[②]。一如欧盟[③]的经验，在一系列的食品丑闻后，食品安全本身就构成了一个应优先考虑的

---

① FAO/WHO, The role of food safety in health and development, Expert Committee on Food Safety, 1984, p. 7.

② Sun, J., "The evoling appreciation of food safety", in, European Food and Feed Law Review, 7 (2), 2012, pp. 84－85.

③ 从欧洲经济共同体（European Economic Community, EEC）到欧盟（European Union）的称谓变化，1992 年的《欧盟条约》明确了包括欧洲经济共同体在内的欧洲共同体（European Community）是欧盟三大支柱中的主要内容。然而，2009 年的《里斯本条约》又再一次重新定位了欧盟这一称谓的内容，使其继承了欧洲共同体的内容并具有独立的法人资格。为了行文的一致性，本书主要采用欧盟这一术语。

政策[1]。

作为一种政府行为，规制是指由政府执行、具有法律效力的规定以及处罚违反这些规定的行为，从而纠正私人部门中个人和企业的经济行为[2]。事实上，就政府具有法律约束力且以国家强制力保障的行为而言，相关的术语涉及“控制（control）”“治理（governance）”和“规制（regulation）”。本书采用“规制”这一术语主要是基于以下考虑：第一，规制理论的发展主要是为了说明针对市场失灵时政府干预的合理性。而就食品安全规制而言，食品掺假掺杂、错误标识等安全问题是由信息不对称这一市场失灵所致，因此有必要由政府对其进行干预，确保消费者的饮食安全。第二，从经济规制发展到社会规制，食品安全规制的重点是为了强调安全保障而不是经济发展。第三，针对政府规制的发展，相应的还有自我规制（self-regulation）、放松规制（deregulation）等趋势，而这些相关的私人规制或放松规制发展对食品安全保障方面的官方控制和私人控制之间的互动已产生了深远的影响。

针对保障粮食安全、提升食品质量和确保食品安全这些不同的目标，食品相关的规制方式也有差异。譬如，中国的西周时期采用井田制来确保粮食供给。根据这一制度，将田地分割成“井”字状，其中周边的八块田地分给农奴耕种，而中间的那一块田地则由农奴共同为农奴主耕种[3]。而最近，一部确保粮食安全的《粮食法》正在审议中。又如，在西方，早在古雅典时期，就已经有了针对啤酒和葡萄酒的检查，以便确保它们的纯度和安全。到了罗马时期，国家的食品安全控制体系已经日益完善，食品安全相关规制就是通过控制欺诈或其他有问题的产品确保消费者利益。在中世纪，针对某一食品质量和安全，例如鸡蛋、香肠、奶酪、啤酒、葡萄酒

---

① Broberg, M., Transforming the european community's regulation of food safety, Swedish Instittue for European Policy Studies, 2008, available on the Internet at: http: //www. sieps. se/sites/default/files/64 – 20085. pdf, p. 8.

② Glossary of industrial organization economics and competition law, Organization for Economic Co-operation and development, available on the Internet at: http: //www. oecd. org/regreform/sectors/2376087. pdf, p. 73.

③ Fu, Z., "The economic history of China", Modern China, 7 (1), 1981, p. 7.

和面包等，许多国家纷纷制定单行法。其中一些法律直到现在依然有效[①]。

就食品安全而言，诚然，食品数量规制和食品质量规制都将其作为规制的目标，但是随着食品供应链的变化，把食品安全规制从质量规制中单列出来已经变得日益重要。例如，食品供应链的日趋延长使得食品污染的概率增大，而跨地域的食品供给也使得地方政府在食品安全保障方面心有余而力不足。因此，食品安全保障方面出现的新挑战要求进一步完善有关食品安全保障的法律和相关控制。

就食品安全规制的必要性而言，1905 年在美国发表的《屠场》这一小说就是最为有利的说明。

他们在广告上大肆宣传一种蘑菇酱，可是生产这种蘑菇酱的人竟然不知道他们所用的原料蘑菇长得什么样。他们的“鸡肉酱”里的汤汁就像是通俗小报上所描绘的寄宿旅馆里提供的菜汤，也许只有一只穿着橡胶鞋的鸡在里边蹚了一下。也许，他们有一种用化学方法生产鸡汤的秘方——天知道！鸡肉酱里的固态物质就是内脏、肥猪肉、牛板油、牛心以及其他杂七杂八东西的混合物。他们把这些东西分成若干等级，以不同的价格出售。可是，这些东西都是从同一个出料口出来的……他们希望自己饲养的牛患上结核病，因为这样的牛上膘快；他们把全国各地杂货店里卖不出去、已经发臭变酸的黄油都买回来，然后往里边压入氧气使其氧化，去除异味，再搅拌进脱脂牛奶最后做成块状黄油在城市里销售[②]！

尽管这只是一部小说，但其对肉制品加工行业中乱用化学添加剂和肮脏的生产环境的描述却是 20 世纪初美国食品工厂的真实场景。当得知食品的生产真相后，公众强烈要求政府部门加强食品安全的保障。作为回应，美国于 1906 年通过了《纯净食品和药品法》（Pure Food and Drug Act）（下文简称《纯净食品法》）[③]。相类似的，从 20 世纪 80 年代开始，一连串备受关注的食品安全问题唤起了全球消费者对食品安全的重视，进而推动了食品安全规制的发展，这其中就包括立法和官方控制的转型[④]。

---

① FAO/WHO, Understanding the Codex Alimentarius, Third edition, 2006, pp. 5 - 6.

② Sinclair, U., The Jungle, Upton Sinclair, 1920, pp. 114 - 115.

③ Pure Food and Drug Act of 1906, Public Law No. 59 - 384, 34 Stat. 768, June 30, 1906.

④ 杜钢建：《关于制定食品安全法的若干问题》，《太平洋学报》2008 年第 2 期，第 58 页。

下文将以美国、欧盟和中国为例，简要说明这一进程的发展。

通过《纯净食品法》，美国联邦政府对食品安全规制有了管辖权。而当时有关食品安全的保障主要是为了防止掺假掺杂食品和错误标识食品对于消费者利益的损害以及促进公平贸易的发展。然而，该法律不足以应对日益复杂的食品安全问题，因此在1938年被《联邦食品、药品和化妆品法案》(Federal Food, Drug and Cosmetic Act)① 所取代。该法律就肉类、禽肉类和蛋类这些农产品以外的食品规定了基本要求。相应的，肉类、鸡肉和蛋类分别由其他针对动物性食品的法律做出规定。自此，鉴于食品行业和食品贸易的发展，《联邦食品、药品和化妆品法案》不断作出修正，例如20世纪50年代期间针对食品添加剂的修正，90年代针对营养信息的修正。最近，新制定的《食品安全现代化法案》(Food Safety Modernization Act)② 则通过要求食品从业者落实危害分析和风险预防控制体系承担食品安全保障的首要责任，以便构建风险预防为主的食品安全规制体系。

在食品安全立法改革之前，欧盟在食品安全保障方面采取的是以问题为导向的事后反应式规制。作为一个超国家组织，欧盟主要是针对各成员国的相关立法进行协调，例如20世纪50年代针对动物疾病的立法协调、60年代针对食品卫生立法的协调。然而，这些立法协调的主要目的却是为了构建内部市场，而有关食品安全的官方控制依旧由成员国负责。鉴于各成员国把食品安全作为贸易壁垒的借口，欧盟于70年代通过第戎案件③ 的审判确认了互认原则，其目的是为了确保在某一成员国内合法生产而后销售的食品可以无阻碍地进入另一成员国。然而，因为该原则的适用会降低食品的安全标准，因此有质疑认为，该原则是为了便利贸易的自由流通而不是保护公众健康。遗憾的是，直到疯牛病的爆发，欧盟才意识到在食

---

① Federal Food, Drug, and Cosmetic Act, Public Law No. 75 – 717, 52 Stat. 1040, June 25, 1938.

② Food Safety Modernization Act, Public Law 111 – 353, 124 Stat. 3885, January 4, 2011.

③ Cassis de Dijon, Case C – 120/78, Rewe-Zentral v. Bundesmonopolverwaltung für Branntwein, [1979] ECR 649.

品安全保障中一直都是优先考虑了经济利益而不是健康安全的危害。至此，欧盟层面开始了一系列的立法改革，其中最为重要的是就是落实《通用食品法》（欧盟第 178/2002 号法规）①，以便确立食品安全规制领域内的基本要求和基本原则，尤其是风险分析原则和谨慎预防原则（precautionary principle）。正因如此，疯牛病危机爆发的 1996 年被认为是欧盟实现食品新规制的元年②。

中国崛起的显著特点就是经济的快速增长。尽管经济发展有助于解决中国人口庞大所导致的粮食问题，但以经济发展为首要目标的政策导向也催生了食品安全问题，包括滥用化学添加剂所导致的食品掺假掺杂问题和随着食品生产日益工业化后所发生的食品污染问题。尽管加强食品安全规制的努力从来没有停止过，尤其是官方监管体系的整改，但直到 2008 年发生的三聚氰胺奶粉事件，才最终加快了中国食品安全规制的改革速度，即通过了第一部于 2009 年 6 月 1 日实施的基本法——《中华人民共和国食品安全法》③。如欧盟一样，该基本法的目的在于强调通过风险监测和风险评估制度实现食品安全的预防式规制。

二、当代食品安全规制中的挑战

就食品安全保障中的国家/地区干预而言，立法作为第一步为官方控制提供了法律基础，从而确保食品从业者严格遵守与食品安全相关的法律要求。例如，为了应对食品安全事故导致的公众恐慌，欧盟和中国都制定了基本的食品法。即便美国的食品安全规制法律制定于 19 世纪早期，但面对 20 世纪 80 年代出现的新的食品安全问题，例如由大肠杆菌导致的微生物污染

---

① Regulation (EC) No 178/2002 of the European Parliament and of the Council of 28 January 2002 laying down the general principles and requirements of food law, establishing the European Food Safety Authority and laying down procedures in matters of food safety, Official Journal L 31, February 1, 2002.

② Vos, E. and Wendler, F., "Food safety regulation at the EU level", in Vos, E. and Wendler, F. (ed.), Food safety regulation in European: a comparative institutional analysis, Intersentia, 2007, p. 70.

③ 《中华人民共和国食品安全法》，主席令第 9 号，自 2009 年 6 月 1 日起实施。目前该法律已经修订，并从 2015 年 10 月 1 日起开始实施。

等问题[①]，其也制定了新的以科学为基础的规制要求。然而，即便这些新的立法或者对原有法律的修正，食品安全问题依旧时有发生，而且日已成为全球关注的热点话题。一如 Randal 在其《食品风险和政治》一书中的提问：为什么在食品行业取得巨大发展之后，食品安全问题却日显严重？[②]

诚然，我们一直处在食品安全问题的困扰中，但我们依旧要感谢古时候的农民和种植业者，是他们生产出了许多具有合理安全性的食物。在我们这个时代，当食品数量不再成为问题而质量也更胜从前时，食品安全相关的问题却越来越多。

事实上，这与现代化和全球化对于社会所产生的深远影响相关，包括食品供应链中的变化。

首先，现代化随着工业社会的发展而至，其中，科学技术成了推动社会发展的主要因素。在这一方面，食品供应链中的变化就是最好的例子。随着科学技术的进步，当代食品供应链的特征可以是说“无所不能”。以食品为例，这一神奇之处体现在食品的成分构成和生产方式两个方面。在成分构成方面，为了生产出更为可口、更具营养的功能性食品，越来越多的物质被用于食品生产，包括原料和食品添加剂。而在生产方面，为了解决饥荒、营养不良的问题或者提高质量和改善营养，各种新的技术被用于食品的设计和制造，例如生物技术、纳米技术等。此外，工业化的发展以及由此所带来的城市化使得越来越多的人离开农村而前往城市工作与生活。最后，人们不得不把大量的时间花费在工作和每天的交通往返中，以至于食品的制备都不得不依赖于他人，包括购买超市食品或街头食品，抑或外出就餐。在这一方面，开袋即食的食品无疑大大便利了人们快节奏的生活，节约了在家中准备食物的时间。

其次，在全球化的发展下，国际食品贸易使得食品供应链日益延伸。一方面，食品进口对一些国家而言已经成为其食品供给保障中的重要组成部分。而这不仅使得消费者有了更多的选择，同时也摆脱了食品选择中的季节性束缚。另一方面，就经济发展而言，食品出口也是很多国家主要的

---

① Roberts, T., “Food safety incentives in a changing world food safety system”, Food Control, 13, 2002, p. 73.

② Randal, E., Food risk and politics, Manchester University Press, 2009, pp. 1 – 2.

收入来源。在国际食品贸易中，除了国家和一些国际组织的作用，农业公司、食品制造企业、零售商和食品连锁餐饮企业等跨国食品企业的角色也越来越重要。

随着上述这些变化的不断发生，食品生产和食品消费方面的受益是毫无争议的。例如，生产中更为优化地使用资源、消费中更多的食品选择等。然而，这些只是一个方面的内容。相反，这些变化同样给食品安全规制带来了挑战。

第一，现代化的发展导致了两个方面的“陌生”。一方面，科学技术发展所带来的变化使得食品供应链日益复杂，以至于食品构成成分和食品生产方式已经远远超出了人们的认知。有的时候，消费者无从辨别其食品中的成分组成以及该食品的生产方式。例如，吃起来有肉味的食品可能仅仅只是因为某一些添加剂而并非是肉类原料。因此，针对食品成分和生产方式的信息提供就有利于消费者在知情的前提下作出合理的消费选择。此外，就新发现或新发明的用于食品生产的物质或技术，其安全性可能无法予以确认或尚处于争议阶段，对此，就规制方式的选择也会存在分歧。另一方面，现代化的城市生活模式也以“陌生人社会”取代了过去人与人之间的“熟人社会”。而这意味着人们生活在一个彼此互不认识且多半是与陌生人打交道的社会中。相应的，食品不再是从某一个相熟的街坊邻居那里购买而是由完全不认识的某个陌生人提供，以致暴露于健康风险的可能性也随之增加。

第二，从地方的食品供应到全国乃至全球的食品供应，食品供应链的全球化不仅使得消费者可能面临越来越多的健康风险，而且也使得食品从业者因为不同的规制而需要承担更多的合规成本。例如，由于出口国低于进口国的安全标准或不同的规制方式会使得消费者遭遇更多食品安全的问题。此外，随着食品贸易的发展，在各国自由流通的不仅仅只是食品本身，也包括由食品所导致的健康风险。基于此，食品安全规制的协调不仅只是各国政府的需求，同时也是食品从业者的需求。就各国政府而言，为了促进国际贸易的发展以及保障各国消费者的安全，国家以及一些国际组织已经共同致力于国际层面的食品安全标准的协调，从而在保障消费者利益的同时确保食品安全不会成为贸易壁垒的借口。而就食品从业者来说，他们不仅参与官方食品安全标准的制定，同时也致力于私人食品安全标准的制定，以期协调跨国、跨地区的食品贸易。

第三，随着现代化和全球化的共同发展，风险社会[①]的到来使得新出现的技术风险增加了安全保障中的不确定性。就食品而言，其可以带来多种形式的健康风险，例如，各种各样的食源性疾病以及对于源于新技术食品的安全质疑，而这些安全隐患已经将消费者从"食品热爱者"转型到了"食品恐慌者"[②]。因此，食品安全规制已经成为一个典型的风险规制内容[③]。而对于这一风险的规制，需要考虑到食源性危害和相关风险的特征。例如，风险评估者可以凭借科学评估确定危害和风险的特征，为此，风险管理者需要在这类风险的管理中考虑科学依据。此外，在食品安全保障中，上述风险管理也需要意识到食品安全的保障离不开食品供应链中其他利益相关者的参与，这包括在决策阶段考虑他们的意见以及在官方控制的过程中与他们开展合作。

三、促进食品安全规制协调的方式

上文已经提及，食品安全规制的协调中既有公共部门也有私人部门的参与。而这些协调不仅有利于应对新出现的风险，也有助于通过公私之间的合作确保跨国食品供应链中的食品安全。就目前已经开展的协调活动而言，既有国家间的行政合作也有针对食品安全标准达成的国际协议。事实上，面对各国不同的规制体系，协调的主要目的就是为了实现法律的确定性[④]，以便

---

① Beck, U., Risk society, towards a new modernity, translated in English by Ritter, M., SAGE Publication, 1992, p. 3.

② Hamilton, N., "Food democracy II: revolution or restoration", Journal of Food Law and Policy, 13, 2005, pp. 13 – 42.

③ 当风险和安全成为"规制国家"发展动力以便应对"风险社会"时，有必要指出的是，风险规制会因为所涉及领域的不同而存在差异。参见：Hood, C., et al., The government of risk: understanding risk regulation regimes, Oxford University Press, 2001, pp. 7 – 8.

④ 作为欧盟法的一项基本原则，法律确定性是指国家有义务尊重并以可预见且一致的方式执行业已制定的法律，从而保护个人免受武断行为的损害。参见：Ehm, F., The Rule of Law: concept, guiding principle and framework, 2010. 美国学术界对这一概念采用的术语是"legal indeterminacy"。参见，Maxeiner, J. R., "Some realism about legal certainty in globalization of the Rule of Law", Houston Journal of International Law, 31 (1), 2008, pp. 30 – 31.

在全球范围内提升社会之间以及各经济活动之间互动的质量和频率①。为了实现这一目标，目前的争议是作为法律规范，规则（rule）、原则（principle）和标准（standard）哪一个更适用于全球化背景之下的协调工作，以便保障法律的确定性。就食品安全规制而言，各国有关动植物卫生检疫措施的协调就是着眼于以科学为依据的食品安全标准。此外，鉴于国家/地区在食品安全规制中的实践经验，也可以从中总结出一些具有共同基础的原则、规则和标准，从而进一步实现全球范围内食品安全保障的法律确定性。

尽管在食品安全保障方面，协调是各国的共同利益所在，但是如何实现这一协调依旧是一个争议性的话题。在这个问题上，案例研究可以用来说明食品安全规制如何在各国/各地区成为一个独立的规制内容以及发展成为一个需要国际层面进行协调的对象。本书在此将深入研究美国、欧盟和中国三个案例。

相比较而言，美国和欧盟在食品安全规制方面的经验具有一定的借鉴性，但又各具特色。概括来说，为了应对社会变迁，尤其是食品技术的发展和食品工业的集中，美国在食品安全立法和官方控制发展方面有着完备的经验。而通过最新的《食品安全现代化法案》，美国进一步从风险预防和国际参与两个方面加强了食品安全的规制，这为食品安全的保障提供了新的视角，即如何通过加强与食品从业者以及外国政府的合作来确保食品安全。不同于美国针对食品行业现代化和集中化所积累的食品安全规制经验，欧盟的食品安全规制同时考虑了保护中小型食品企业的发展以及各国食品文化的差异，以至于在实际的规制中更多的是把粮食安全、食品质量和食品安全等目标结合在一起。尽管这一规制方式难免会导致食品贸易和食品安全保障上的争议，例如欧盟内部各成员国之间针对食品成分立法的争议，或者欧盟和美国在世界贸易组织框架下的贸易争端等，但是欧盟的经验则是在于其提供了一

---

① G8 Forgien Ministres, Declaration of G8 Foreign Ministers on the Rule of Law, 2007, available on the Interent at: http: //www. mofa. go. jp/policy/economy/summit/2007/g8dec. pdf.

种协调的可能性，而这一协调的目的不是为了实现立法的统一而是如何通过周全的法律考虑处理各国的差异性[①]。以食品安全规制为例，通过食品法原则的协调，不仅使得欧盟可以实现高水平的健康保障，同时也可以确保成员国在落实法律规则和组织官方控制时依旧具有一定程度的裁量权。

相反，中国的例子更多的是在于如何学习国外的先进经验。从1978年的经济改革到2001年加入世界贸易组织，中国的经济发展伴随着持续不断的食品安全问题。在国内需求和国外压力的双重驱使下，通过借鉴美国和欧盟的经验以及国际层面的食品安全标准不断调整自身的食品安全规制。但如何运用这些经验也需要参照自身的实际情况。例如，就国际层面推动的风险分析体系以及欧盟对其的落实而言，中国目前确认落实的内容主要是以风险评估为主，而当美国和欧盟都强制落实危害分析和关键控制点（HACCP）这一体系时，该体系在中国的运用还是以鼓励自愿为主，即国家鼓励食品生产经营企业符合良好生产规范要求，实施危害分析与关键控制点体系，提高食品安全管理水平。但自引入该体系至今，其已经被广泛应用于控制食品原料安全性、食品生产、食品与原料流通过程、餐饮等方面[②]。

比较法的意义在于通过发现和理解各国法律的差异和相似之处，以实现协调的目的[③]。因此，在案例研究的基础上，比较研究的意义在于发现食品安全立法和控制中的规律性，从而为如何改革或改善食品安全规制以及进一步促进协调提供可能性[④]。例如，美国历时长久的食品安全规制经验或者欧盟新近的食品安全立法改革经验都可以借鉴，以便发现食品安全保障中的一些共有原则和规则。相较而言，当问题涉及变化环境中的复杂

---

① Eijlander, P., "Possibilities and constraints in the use of self-regulation and co-regulation in legislative policy: experiences in the Netherlands-lessons to be learned for the EU", Electronic Journal of Comparative Law, 9 (1), 2005, p. 1.

② 逯文娟:《我国 HACCP 体系应用探析》,《食品安全导刊》2013 年第 9 期，第23 页。

③ Örücü, E. and David, N. (ed.), Comparative law, a handbook, Hart Publishing, 2007, pp. 54 – 55.

④ Rodière, R., Introduction du droit compare (Introduction of compaartive law), translated in Chinses by Chen, C., Law Publisher, 1987, p. 45.

行为或者重大的经济利益时，原则比规则更适宜实现法律确定性[1]。例如，就化学物质滥用问题，早期针对食品成分的"菜单立法"就是为了确保食品的真实性。然而，随着化学工业的发展以及食品需求的多样化，针对食品成分的严格要求已经不能适应这一现实需要。因此，针对化学物质在食品中的使用，在安全评估基础上的许可原则取代了原本纷繁复杂的"菜单立法"。此外，鉴于日益复杂的食品供应链，还确立了许多其他意在确保食品安全的原则，例如食品供应链中各利益相关者共享食品安全保障的原则。

综上，本书将通过美国、欧盟和中国的食品安全规制经验总结用于确保食品安全规制的一些原则，从而进一步促进食品控制体系的协调。而所谓的食品控制体系包括食品法、食品控制管理、检查服务、实验室服务、信息、教育、交流和培训等内容[2]。相较而言，合理构建的法律框架和控制框架在改进食品安全规制方面发挥着重要的作用。就食品安全法律而言，为了应对不断出新的各类挑战，其自身也需要保持与时俱进，而这一要求又同时反映在了官方控制的相应改进中。而官方控制除了落实法律的要求之外，也需要考虑到日益发展的私人控制，从而通过公私合作共同确保食品安全。因此，本书主体将通过食品安全立法和食品安全控制两个方面的协调来做进一步的阐述。

四、相关概念的界定

在讨论法律问题时，概念对于通过语言表述来交流法律思想是不可或缺的[3]。然而，某一术语所指的意思可能看着很具体、很明确，但在法律的语言环境中，其会有不同的释义或者有多重意思。此外，就比较研究而言，涉及多国语言的法律翻译也是该研究的一个难点。鉴于此，有必要在展开论述之前先行界定以下这些重要的概念。

---

① Braithwaite, J., "Rules and principles: a theory of legal certainty", Australian Journal of Legal Philosophy, 27, 2002, also available on Social Science Research Network (SSRN) at: http://papers.ssrn.com/sol3/papers.cfm?abstract_id=329400, p. 8.

② FAO/WHO, Assuring food safety and quality: guidelines for strengthening national food control system, Joint FAO/WHO Publication, 2002, pp. 6-9.

③ Bodenheimer, E., Jurisprudence, Harvard University Press, Third edition, 1970, pp. 327-328.

（1）立法/法律/法律体系（Legislation）

英语 legislation 有多重意思。首先，它的第一个意思是一种立法行为，包括由立法部门根据一定程序制定法律的初级立法以及行政机构为了执行上述法律经授权之后制定规章、规则等的次级立法。其次，它的第二个意思是指通过立法所制定的法律法规。最后，这些法律法规共同构成了一个体系，而这就是有关法律体系的第三层意思。值得一提的是，就所谓的法律体系而言，“法典（code）”这一术语也被用来描述法律法规或规则等的有序集合。而法典化工作的意义就在于简化并统一一些业已执行的法律法规，从而便于理解和应用。然而，有两类不同的法典化。其中，一种法典化是针对某一特定主题将分散的法律法规进行编纂。由于该工作是由立法部门进行的，因此是一项立法活动，即所谓的“法律编纂”。以法国民法典为例，它是将各类民法编纂为一致且完整的法典，既可以废除过时的规定，也可以修订新的内容。比较而言，另一种法典化工作仅仅只是技术性的汇编，即针对某一特定主题的“法律汇编”，并不是立法机构的立法行为。例如，《欧盟食品法律汇编》[①] 就是将欧盟与食品安全相关的法律汇编在一起，以便研究工作。类似的，《中华人民共和国食品安全法律法规汇编》[②] 也是这一类型。

（2）法律（Law）

英语 law 也有多重意思。第一，它可以指所有制定的法律法规。但是相较 legislation 这一类似的定义而言，legislation 是指所有通过制定而来的成文法。但是 law 在这个方面的所指还可包括判例法。第二，它可以指针对某一领域内的一系列规则或是原则。第三，它也可以指某一法律。例如，根据第一层含义，食品法可以指所有针对食品生产、贸易和处理的法律[③]。相比较而言，欧盟对于食品法的定义就符合这一内容：“食品法”是指共同体和成员国内以食品为基础、以食品安全为重点的法律、规章和行政规定。它包括了食品和食源性动物食用的饲料的生产、加工和流通领域内的

---

① 孙娟娟等译：《欧盟食品法律汇编》，法律出版社，2014 年。

② 张永建（主编）：《中华人民共和国食品安全法规汇编》，法律出版社，2005 年。

③ Vapnek, J. and Spreij, M., “Perspectives and guidelines on food legislation, with a new model food law”, the Development Law Service, FAO Legal Office, 2005, p. 13.

任何环节。然而，作为一部独立的法律，食品法也可以是指针对食品，尤其是食品安全的一部基本法，其为食品安全规制奠定了法律基础。在这个方面，上述的食品法包括美国的《联邦食品、药品和化妆品法案》、欧盟的《通用食品法》和中国的《食品安全法》。根据这些基本法所制定的其他相关法律以及这一基本法，共同构成了一个有关食品的法律体系。鉴于本研究的目的，食品法（food law）特指以食品安全规制为主要内容的基本法，而食品安全立法（food safety legislation）则是指所有关于食品安全的法律法规。

（3）规制/规章/法规（Regulation）

上文已经提及，英语 regulation 在中文中可以译为规制，是指一种政府对于私人经济行为的干预。此外，它也可以指由政府制定的法规或规章。就食品安全规制而言，政府在立法授权的情况下可以就执行相关食品安全法律制定具体的规则。例如，中国在《食品安全法》的基础上由国务院进一步制定了《食品安全法实施条例》。值得一提的是，不同于上述政府部门落实法律所制定的具体法规或规章，为了便于统一落实欧盟层面的规定，欧盟的主要立法手段包括法规（regulation）、指令（directive）、决定（decision）等立法手段。比较而言，法规这一立法形式在成员国具有直接的法律效力。例如，欧盟的《通用食品法》就采用了法规这一形式。

（4）主管部门（Competent Authority）

主管部门是指经过法律授权或被授予权力以执行某一职能的任何个人或组织[①]。就这一目的而言，法律必须明确界定该主管部门所具有的权力、职能和责任，尤其是当某一管理任务涉及多个主管部门的时候。然而，如何设置主管部门取决于一国的政治法律体系。例如，欧盟食品安全规制领域中的主管部门是指有权组织官方控制活动的成员国中央部门，或被授予该权限的任何其他部门；适当情况下还应包括第三国的对应部门。相应的，在英国这一主管部门是指食品标准局（Food Standard Agency，FSA），爱尔兰是指食品安全局（Food Safety Authority of Ireland，FSAI）。

---

① René, P., Faber, J. and Robillar, P. (ed.), Hemovigilance: an effective tool for improving transfusion safety, Wiley-Blackwell, 2012, p. 14.

一如欧盟，中国在食品安全规制领域内的主管部门也是指农业部、食品药品监督管理总局等中央部门。而在美国，作为主管部门的行政机构是根据法律创制的，有权力制定具有约束力的规制机构。在规制机构和非规制机构这两类主要的行政机构中，规制机构是指有权力规制个人或其他经济行为的机构，而食品安全领域的美国食品药品监督管理局（Food and Drug Administration，FDA）就属于这一规制机构①。

（5）食品从业者（Food Operator）

根据欧盟《通用食品法》的定义，食品从业者是指有责任确保其所在的食品企业符合食品法要求的自然人或者法人。从法律角度而言，只有像自然人这样的实体才可以被赋予权利②，所以，毫无争议的一点是，自然人是享有权利履行义务的基本单位③。此外，企业作为多人构成的集体也具有创制的法律人格，从而确保他们可以执行权力以及承担责任。事实上，随着工业化的发展，主要的经济参与者已经成了企业而不是个人。例如，从企业到个人，目前附带风险性的活动主要是由企业参与完成的。因此，由这些行为所导致的损失往往应由企业承担④。在这个方面，欧盟的《通用食品法》就食品企业的概念作出了具体规定：食品企业是指无论其盈利与否，所有从事食品生产、加工和流通的公有或者私有单位。这一规定的目的在于强调企业通过其经济行为所应承担的行政、刑事和民事责任⑤。

（6）责任（Responsibility）

一如权利、义务等，责任也是一个基本的法律概念，但其内容更为抽

---

① Schwartz, B., Administrative law, Fourth edition, Aspen Law & Business, 1994, pp. 13 - 16.

② Dewey, J., "The historic background of corporate legal personality", The Yale Law Journal, 35 (6), p. 656.

③ Smith, B., "Legal personality", The Yale Law Journal, 37 (3), 1928, p. 295.

④ 朱岩：《风险社会与现代侵权责任法体系》，《法学研究》2009 年第 5 期，第 21—25 页。

⑤ Garcia, F., "L'obligation de collaboration des entreprises en matière de sécurité des produits (The cooperative obligation among the entertrpsies in product safety) ", Revue de la Recherche Juridique, 4, 2010, pp. 1830 - 1832.

象[①]。就责任而言，它起源于希腊语“spend”，主要是指为了祈求上帝的庇佑而牺牲一些东西；或者拉丁语“spondeo”，是指承诺做某事。尽管两者的意思稍有不同，但它们都包含了一个相同的概念，即保证。在另一拉丁语“re-spondeo”中，当第一个人作出承诺后，另一个人予以回应，于是两者之间就互相作出了保障。责任的本意在于就确保未来的某一事情如约发生[②]。为了实现这一目标，一个有责任感的人应采取行为或避免某一行为，从而确保该事情的发生；否则，他将因为没有履行这一行为而受到惩罚或者赔偿由此所导致的损失。

在上述这一过程中，责任有不同的方面。对此，哈特将责任划分成了四个类型[③]。首先，第一种是角色责任。在某一社会组织中，每个人都有各自独特的地位。为了实现他人的福利或者实现组织的目标，每个人都应该履行其特定的义务。因此，角色责任的意义在于强调个人的义务，可以是道德义务也可以是法律义务。第二种是因果责任。不同于法律责任，因果责任指出不仅仅只有人类本身，包括他们的条件、行为或者事情、实践在内都可能是某一结果的原因。再次，第三种所谓的法律责任主要关注人类的行为，是指当法律规则要求某人作出某一行为却没有履行该行为时，需要承担的责任，包括针对该行为的处罚以及就其造成的损失进行赔偿。最后，作为承担法律责任的一个标准，第四种能力责任是指其精神状况。因此，一个人是否需要为某一行为承担法律责任与其扮演的角色、相应的能力以及法律固定和因果关系相关。

就法律责任（legal responsability）而言，对其概念和本质的探讨有诸多不同的理论[④]。从法律角度强调责任，其意义不仅要求某人为自己的行为承担后果，同时也是为了预防有害于实现某一保证的危险。在这一方

---

① Cane, P., Responsibility in law and morality, Oxford and Portland, 2002, p. 1.

② Fabre-Magnan, M., Droit des obligations, responsabilité civil et quasi-contrats (Law of obligations, civil responsability and quasi-contract), Press Universitaires de Frane, 2007, pp. 33 - 34.

③ Hart, H., Punishment and responsibility, essays in the philosophy of law, Oxford University Press, First Published in 1968, reprinted with revisions 1970, 1973, pp. 212 - 222.

④ 赵世峰:《试析法律责任的本质》,《辽宁行政学院学报》2008 年第 10 期，第 45 - 46 页。

面，值得一提的是法律责任所具有的两个方向。其中，历史责任（historic responsability）是指对过往的行为和事情的追究，其目的是为了惩罚导致恶性结果的行为。相反，还有一种是预期责任（prospective responsability），其意义在于预防[①]。因此，法律责任可以从两个层面进行强调：第一层法律责任是指义务（duty）。法律的确立是为了认可和保护某一利益，即权利（right）。为此，国家通过强制力的行为确保权利的落实以及处罚相应的违法行为。而在这一过程中，正义得以实现。如果某一法律错误行为违背了法律正义或者违反了法律规定，则需要通过义务的履行避免这一错误行为的发生。因此，义务和权利是相对应的，这就意味着，没有权利就没有义务。而一旦没有履行这一义务，就涉及第二层的法律责任，即违法责任（liability）。

（7）违法责任（Liability）

当义务是为了避免某一错误行为时，违法责任就是在某一错误行为发生后所提供的救济。作为历史责任，其意义在于通过威慑，最大可能地确保遵守预期责任。根据所违反的法律规定，违法责任包括行政违法责任、刑事违法责任和民事违法责任。概括来说，如果违反了行政机关所执行的法律规定，则需要承担行政违法责任。如果侵犯公共利益，且通过政府公诉根据某一具体的规则和程序要处以罚金或监禁，则是刑事违法责任。如果通过私人诉讼意在寻求一定的金钱救济，则是民事责任[②]。比较而言，针对行政或刑事违法责任的主要手段是制裁，而针对民事违法责任则以赔偿为主。

（8）问责（Accountability）

就公共行政而言，问责的意义在于通过强调责任，确保公共行政者履行其职责，实现既定的目标并向公众说明自身行为的合法性[③]。来源于盎格鲁诺尔曼语词，问责最早是财政管理行为，要求威廉姆统治下的所有权

---

① 除了预防不好的结果（预防责任），预期责任也可以是指获取好的结果，即所谓的“制造”责任（productive responsability）。参见第 19 页注①，第 31 页。

② Schuck, P. H.,“liability: legal”, International Encyclopedia of the Social & Behavioral Sciences, 2001, p. 8774.

③ Fox, W. and Meyer, I., Public administration dictionary, Juta & Co Ltd, Third edition, 1995, pp. 1 – 2.

持有者于1805年就自己所占有的财产进行通报。即便如此，这样的一种财政管理行为也有利于实现公平合理的行政管理①。从财政问责到行政问责②，这种变化意味着评估和比较公共行政的效益和效率日显重要，而其意义在于强调通过诸如回应、一致、稳定、能力、谨慎等价值的灌输，落实公共机构的责任③。

在规制国家兴起的时代，国家干预的目的在于应对市场失灵，例如反对垄断的经济规制和以安全优先的社会规制。然而，国家调节也有失灵的时候。而在这个时候，行政机关和其代理人可能会借助公共权力而谋取私人利益④。为了应对这一问题，行政法的意义在于控制和限制行政机关的权力，确保其行政权的落实是为了保障公民的权利。对此，法律问责（legal accountability）就是为了追究政府机关的违法责任，进而保障公民权利⑤。鉴于此，针对公共行政所强调的法律问责是指行政机关和其代理人应充分执行法律要求，一旦有违法行为，就应受到刑事处罚或行政处分，并赔偿由其违法行为导致的损害⑥。

---

① Bovens, M., "Analyzing and assessing public accountability, a conceptual framework," European Governance Papers No. C-06-01, 2006, p. 6.

② 在这一背景之下，英国撒切尔政府兴起了新公共行政，而美国克林顿-戈尔政府则发起了"再造政府"，其内容就是在公共部门引入私人部门的管理形式和手段。此外，公共问责在英美世界发展迅速，而在法国、德国和意大利这些欧洲大陆国家的发展则比较缓慢，因为这些国家本身有很强势的立宪国家以及发达的行政法。而且，在法国、葡萄牙等国家的用语中没有英语对 rensponsability 和 accountability 的区别。参见：Bovens, M., "Public accountability", in, Ferlie, E., et al. (ed.), The oxford handbook of public management, Oxford University Press Inc., New York, 2007, p. 204.

③ Gilbert, C., "The framework of administrative responsibility", The Journal of Politics, 21 (3), 1959, pp. 374-378.

④ Colin, S., "Accountability in the regulatory state", Journal of Law and Society, 27 (1), 2000, p. 44.

⑤ 田文利、张艳丽：《行政法律责任的概念新探》，《上海行政学院学报》2008年第9(1)期，第86-87页。

⑥ 韩志明：《行政责任：概念、性质及其视阈》，《广东行政学院学报》2007年19(3)期，第12页。

第一部分　食品安全立法的协调

食品是一个非常重要的规制领域。从法律角度而言，适用于食品相关活动的法律很多，既有一般法也有特别法。以食品供应链为例，在生产环节，食品从业者应根据公司法的规定设立公司，通过合同方式购置原材料和提供产品时应符合合同法的相关要求。与此同时，他们也有义务遵守诸如产品生产许可或市场准入等行政规定。在销售环节，反垄断法会通过确保公平竞争保障食品从业人员的利益。对于违法行为，可以根据相关的行政法规定予以行政处罚。而对于犯罪行为，则可以根据刑法的相关规定作出刑事处罚。相应的，作为消费者，他们也可以根据消费者保护法的规定主张自己的权益，或者根据侵权法或产品责任法要求损害赔偿。与这些一般法相对应，把食品作为特别规制事项的食品立法可以被视为特别法。以食品为对象的立法目的可以很广泛①，例如，农业立法的目的是为了确保粮食安全，针对地理标志或者原产地命名的立法则是从食品质量的角度入手，而食品卫生立法则是为了确保食品安全。值得一提的是，随着食品安全事故的多发，越来越多确保食品安全的法律得以制定，例如，确保食品卫生条件的法律或者要求对化学物质进行安全评估的法律。随着食品安全成为一个独立的规制对象，这些以确保食品安全为目的的法律可以汇编在一起，而一个具有内在一致性的法律体系更有利于执法活动的开展。

当涉及协调时，历史上的抑或他国所经历的教训都能为改善已有的食品安全法律或者制定新的食品安全法律提供借鉴。例如，鉴于食品供应链中出现的新挑战，一些发达国家或地区已经对其有关食品安全的法律进行了修订。与此同时，面对持续不断的食品安全问题，许多发展中国家也通过参考前者的经验，积极致力于建立健全自己的食品安全法律体系。此外，一些在国际层面针对食品安全制定的指导、规则或者标准也有利于国

---

① Hutt, P., "Food law & policy: an essay", Journal Food Law and Policy, 1, 2005, pp. 2-3.

内食品安全立法的发展。例如，一些对食品、食品添加剂、污染物等的定义，或者以科学为基础的食品安全控制体系①已经得到广泛的应用。

然而，遗憾的是，食品安全立法的发展是“碎片式”的，换言之，时至今日依旧没有通过制定共同的基本原则把已有的食品安全法律有机地整合成一个体系化的法律框架。鉴于这一点，本部分的目的就在于通过美国、欧盟和中国的案例分析，从以下两个方面强调食品安全立法的协调：第一个方面是论述食品安全立法的演变过程以及这一进程中所形成的共同原则；第二个方面是论述如何通过基本法确认这些共同基本原则以便实现食品安全立法的协调。

① FAO, “Strengthening national food control systems, a quick guide to assess capacity building needs”, Rome, 2007, p. 46.

第一篇　食品安全法律的历史演变

从食品供应的角度来说，食品的历史可以简述为：从采集、狩猎的食品获取方式到农耕的转变，使得人类可以定居下来，而随后农业社会的发展又促使了以家庭为单位的食品种植、生产和制备的发展。随着工业社会的到来，机器的普及使得农业劳动力得到了解放并转移到了工厂劳作，后者又进一步推动了城市化和现代化的发展。尽管人口的增长给食品供应带来了压力，但是以广泛使用化学物质和杂交作物为特点的绿色革命却又大大提高了粮食的产量。紧接着，以生物技术为代表的食品科学技术在带来新的食品生产方式的同时，也带来了由于技术风险所导致的安全隐患。如果再进一步考虑到全球化对于食品领域的影响，食品供应链中的变化则更为深远，因为此时的食品供应已不再受地域的限制。在这一过程中，食品立法的作用在于确保社会的进步和农业的发展，因为后者的实现需要确保食品供应中有相应的规则规范共同的行为和可供分享的经验。此外，当工业化和全球化对食品供应方式进行重新定义时，现有的食品立法必须进行及时的变更，从而才能更好地处理新出现的食品问题，例如当下公众担忧的食品安全问题。

对于历史演变的研究主要有以下两个方面的意义。第一，它解释了现有食品安全立法出现的原因和发展意义。第二，对于立法历史的了解也有利于对现状的研究，尤其是如何整合现有的食品安全法律使其更为体系化，也就是说，之所以要将分散的食品安全法律整合成内在具有一致性的食品安全法律体系的原因和方式。对于第一点，食品安全立法的历史演变会采取案例分析的方式加以阐述；对于第二点，在案例研究的基础上，会进一步说明现有食品安全立法的差异和共同点。

第一章　美国、欧盟和中国食品安全立法的演变

以各国/地区特点为着眼点，本章意在以时间轴为标准阐述以下三个地区的食品安全立法演变，包括美国 100 年的食品安全立法演变、欧盟 50 年的食品安全立法演变和中国 30 年的食品安全立法演变。

第一节　美国食品安全立法演变 100 年

对于食品安全的立法而言，一国/地区的政治和法律体系无疑是其演变的背景。简单来说，美国是一个三权分立的联邦制国家，即立法、执法和司法的权力由不同的国家部门掌握。作为一个联邦制的国家，美国的最高法律，即宪法规定了联邦政府和州政府之间的权力分配。根据美国宪法，国会可以授权联邦政府征收直接税、间接税、进口税与货物税，以偿付国债、提供合众国共同防御与公共福利。但是宪法未授予合众国也未禁止各州行使的权力则由各州保留。此外，就分权而言，美国宪法规定全部立法权均属于由参议院和众议院组成的合众国国会，其立法程序从法案开始一共由 14 个步骤构成，大部分时候，所提出的法案都会成为联邦法律[①]。除了国会所具有的立法权，行政机构也可以根据国会的授权制定规章，以便执行联邦的法律。此外，由于美国的立法体系是普通法体系，法官的判决本身就具有立法的意义，即所谓的判例法。

① Sullivan, J., How our Laws are made, U. S. Government Printing Office, 2007, p. 5.

基于上述背景，一开始是由州根据警察权[①]规制食品。直到 19 世纪 80 年代，针对单一食品的联邦食品法律才出现，其目的是为了反对食品的掺假掺杂，例如 1897 年的《茶叶进口法律》。随着食品掺假掺杂问题的频发，各州都制定了自己的规制法律，然而各州不同法律的共存不仅无法有效保障消费者的权益，同时也对国内甚至国际贸易的流通造成了壁垒。因此，通过 1906 年实施的第一部《纯净食品法》，联邦政府掌握了食品规制[②]的权限。食品规制之所以可以成为联邦政府的管辖权是因为宪法规定：国会拥有管理合众国与外国、各州之间的以及与印第安部落的贸易的权力。简单来说，就是跨州贸易管理的权力。因此，只要规制涉及跨州贸易，联邦政府即享有管辖权；反之，如果贸易仅限于一州之内，则依旧由州享有这一贸易管辖权。

自此，许多相关的联邦法律得以制定。以规制内容而言，有针对物质的，也有针对信息的。这些法律直接或间接地规定了食品安全规制中的联邦管辖权。表 1－1 给出了美国食品安全立法演变历程。

表 1－1　美国食品安全立法演变

时间	法　　律	规定内容
1906	《肉类检查法》	针对肉类的卫生要求
1906	《纯净食品法》	禁止掺假掺杂食品和错误标识食品
1938	《联邦食品、药品和化妆品法》	食品标准、有毒物质的容忍值等
1957	《禽肉检查法》	针对禽肉的卫生要求
1966	《公平包装和标识法》	针对净重、商品识别、从业人名称和地址的信息披露
1967	《净肉法》	要求各州的检查计划与联邦的保持等效性

---

① Fortin, N., Law, science, policy, and practice, John Wiley & Sons, Inc., 2009, p. 518. 警察权是指政府保护公民健康、安全、福利和社会幸福的权力。

② 由于美国相关基本法的规定并不仅仅涉及有毒有害物质造成的安全问题，同时也包括以次充好的质量问题，因此，对于美国有关食品的规制，食品规制这一术语比食品安全规制更为准确。但在重点论述食品安全内容的时候，采用食品安全规制这一术语。

续　表

时间	法　　律	规　定　内　容
1970	《蛋产品检查法》	针对蛋制品的卫生要求
1972	《联邦杀虫剂、杀菌剂和灭鼠法》	控制农药的流通、销售和使用
1996	《食品质量保护法》	统一所有商品中的农药安全标准
2002	《生物反恐法》	食品工厂的注册和记录保持
2011	《食品安全现代化法案》	以风险预防为基础的食品安全规制，加强进出口管理

1906年在落实《纯净食品法》的同时，也一并实施了《肉类检查法》。不同于其他食品，对肉类的监督工作很早就已经开始，以便发现或者销毁患病或受污染的肉类，以及确保处理和制备过程的卫生条件。根据这一联邦层面落实的《肉类检查法》，美国农业部有权规定屠宰和加工场所的卫生条件，而这意味着肉类的监督要求所有的动物在屠宰前后都必须接受检查[①]。因为监管的与时俱进，《纯净食品法》于1938年被《食品、药品和化妆品法》所取代，而1967年制定的《净肉法》也对《肉类检查法》进行了实质性的修订，尤其是对各州检查的协调统一。此外，鉴于不断增长的禽肉和蛋产品的消费，1957年和1970年分别制定了《禽肉检查法》和《蛋产品检查法》。这些法律的先后制定构成了针对动物源性食品的规制框架，使对其的监督有别于其他食品。

此外，其他一些诸如针对信息规制的《公平包装和标识法》和针对农药规制的《联邦杀虫剂、杀真菌剂和灭鼠剂》等本身并不是直接针对食品或食品安全的，但其意在确保消费者不被虚假信息误导以及不会因为农药残留而使食品具有健康危害性，因此，这些法律中与食品或食品安全相关的规定也同样被编纂进了《联邦食品、药品和化妆品法》中。例如，《公平包装和标识法》的目的是要求所有消费商品都必须标注法律规定的信息并授权联邦贸易委员会负责执行。但是，就食品、药品、化妆品和医疗器械的相关规

① Sofos, J., "ASAS Centennial Paper: developments and future outlook for post slaughter food safety", Journal of Animal Science, 87, 2009, p. 2450.

定的执行则授权给了美国食品药品监督管理局，该机构是《联邦食品、药品和化妆品法》的执行机构。而且，考虑到农药残留对于食品安全的影响，美国食品药品监督管理局也同样有责任确保农药的残留不得超过规定的容忍度。否则，它可以根据食品掺假掺杂的条款规定限制农药残留超标的食品。

由于美国大多数食品都在《纯净食品法》的规制范围内，因此，该法律在确保联邦政府对于食品规制的管辖权方面发挥了重要的作用。尽管这一法律的历史意义在于确定联邦政府对于食品规制的管辖权，但针对其历史局限性，1938 年的《联邦食品、药品和化妆品法》进一步细化了一些规定。虽然该法律依旧不涉及若干动物源性食品的规定，但这一法律以及随后的演变依旧为美国 80%多的食品安全规制提供了法律基础。基于此，美国食品安全法律的演变是以这一法律的演变为主要内容，包括早期的《纯净食品法》和 1938 年版的《联邦食品、药品和化妆品法》以及 1938 年后通过修正、新增和现代化对于这一法律的变革。

一、早期法律

1906 年的《纯净食品法》有 13 条规定，其历史意义在于确立联邦政府对于食品规制的管辖权。然而，该法律不具有可执行性。例如，其规定规制部门可以执行规章和开展样品检查，但是，由于缺乏对卫生条件和强制工厂检查的规定，监管部门依旧没有足够的权限确保食品安全[①]。基于此，1938 年进一步制定了《联邦食品、药品和化妆品法》，其目的就是为了提升规制机构的执行力以及处理新出现的问题。

(一) 1906 年的《纯净食品法》

尽管 1906 年的《纯净食品法》被 1938 年的《联邦食品、药品和化妆品法》取代了，但是对于该法律立法背景的回顾则有助于了解食品安全为何变得如此重要以至于需要在全国范围内实现统一的规制。对于这一点，

---

① McKinnon, M., "The why and how of federal food inspection", Food, Drug, Cosmetic Law Journal, 10, 1955, p. 345.

有必要提及《屠场》一书的贡献。然而，事实上，这本书的出版只不过是推动食品安全立法的催化剂。而在这之前，有关这一议题的立法草案已经多达 103 部①。

在所有推动立法的因素中，有两个值得重点指出的推动力。第一个是来自政府对于这一立法的推动，主要的贡献者是哈维·华盛顿·威利（Harvey. W. Wiley）和其当时任职的化学部门（Bureau of Chemicals）。1883 年被任命为化学部门的主管后，威利一直致力于反对掺假掺杂问题。当时，他通过著名的"试毒小组"实验，证实了滥用化学物质会对健康产生危害。因此，他极力呼吁通过制订一部联邦的食品法律以便规制食品的掺假掺杂。为了纪念他在这一方面的贡献，他被尊为"纯净食品和药品法之父"。第二个主要的推动力来自食品行业。当时，各州制定的食品法律纷繁复杂以至于食品从业者无从遵守。而且，食品掺假掺杂的问题非常严重，不仅消费者饱受食品欺诈和健康危害，而且食品从业人员也无法在国内外的贸易竞争中获得公平竞争的机会。因此，食品从业人员也希望加强食品安全的规制。

最后，作为历史性的突破，1906 年《纯净食品法》的意义在于确立了联邦政府对于食品安全的规制。在这之前，都是各州根据警察权对州内部的食品安全进行规制。但是，各州对于食品安全的不同规制不仅导致对消费者的保护力度不均，同时也对各州之间以及国外贸易产生了规制壁垒。因此，从地区的规制上升到国家规制，食品安全规制的集中意义主要就是为了保护消费者的利益以及促进食品贸易的发展。此外，值得一提的是，尽管这部法律最终被历史淘汰，但是它从两个方面规制食品安全的规定则被后续的法律所继承，并且成为美国食品法律的一个鲜明特征，即通过反对食品的掺假掺杂和错误标识这两个基本条款保障食品安全。

（二）1938 年的《联邦食品、药品和化妆品法》

1938 年的《联邦食品、药品和化妆品法》在《纯净食品法》的基础

---

① Dunn, C., "Original Federal Food and Drugs Act of June 30, 1906, its legislative history", Food and Drug Law Journal, 1, 1946, p. 299.

上进行了完善。经过多次的修订和现代化，其法律效力一直持续到今天。除了对食品和药品的规制，这一法律还整合了对化妆品的规制。作为这三项规制的基本法，它既规定了一些统一的规则，例如定义、禁止行为和处罚，也针对三者分别规定了具体规则。就食品安全规制而言，1938 年的《食品、药品和化妆品法》主要有三方面的改进。

第一，食品一般要求使用通用名称或常用名称，对此，主要有三种规制标准，包括识别标准、质量标准和容器标准。其中，识别标准的意义在于通过明确食品的主要成分规定食品的组成。所谓主要成分是指消费者预期出现在某一食品中的成分和某一食品中所含昂贵成分的最低百分比以及相对廉价成分的最高百分比[①]。也就是说，这一识别标准确立的意义在于明确食品组成的"清单"，从而确保食品的真实性。如果食品不符合相应的识别标准，则会被认定为掺假掺杂食品。对于落实这一标准，作为规制部门的食品和药品监督管理局有权进一步制订规章，对其作出细化的要求。

第二，就食品安全而言，在《纯净食品法》对掺假掺杂食品和错误标识食品规定的基础上，该法律进一步明确了这两个定义。其中，针对掺假掺杂食品的条款是食品和药品监督管理局确保食品安全的主要手段。就食品安全来说，一些毒素天然就存在于食品中，从而使得食品会危害健康，例如一些蘑菇中所具有的毒素。因此，食品和药品监督管理局所规制的食品掺假掺杂是针对添加到食品中的物质，也就是说那些并不是食品自身含有的成分或人为提高了这些成分的比例。相应的，首先，加入有毒有害物质的食品因为不符合食品安全的标准应予以禁止。其次，需要禁止的掺假掺杂食品也包括在制备、包装和处理食品时的环境不符合卫生要求。对于这一点，意味着食品安全不仅与食品的性质（食品成分）相关，也与食品生产和加工的环境（工厂卫生条件）相关。最后，有必要提出的是，针对食品掺假掺杂的规定也与确保食品质量相关。因为当食品中某一有价值的成分全部或部分被遗漏或替代的时候，这一食品同样被认定为掺假掺杂的食品。因此，可以说掺假掺杂的食品既会引起食品安全的问题，同时也会

① Markel, M., "Federal food standards", Food and Drug Law Journal, 1, 1946, p. 34.

影响食品的质量。而对于错误标识的食品条款，除了针对信息的规制，还有值得注意的是对于其他食品的模仿或者使用有误导性的容器同样会因为违反错误标识的规定而被禁止。

第三，针对食品掺假掺杂的规定，该法律引入了针对食品中有毒物质的容忍度这一概念。该规定的意义在于明确当某一食品中的有毒有害物质超过这一容忍度时，则可以被认定为掺假掺杂食品。毋庸置疑，某一物质是否具有毒性与其含量密切相关。因此，规制机构通过制订规章可以限定某种成分的必要含量，从而确保公众健康。根据食品掺假掺杂的条款，当某一食品的上述含量超过规定的限值时，就是不安全食品。在理解美国食品法对于安全的定义时，容忍度这一概念非常重要。在当时，这一规定对于一般性的限制只是一个例外。然而，随着越来越多的物质被添加到食品中，例如因为技术目的而使用的食品添加剂或者无法避免的农药残留，绝对性的禁止未必能够实现。因此，通过法律规定的安全容忍度在保障安全的同时，也可以确保那些有必要或有价值的物质在安全许可的范围内用于食品[①]。

二、1938 年《联邦食品、药品和化妆品法》的演变

在 1938 年的《联邦食品、药品和化妆品法》基础上，一系列的修正工作确保了该法律的与时俱进性。其中，值得重点阐述的内容包括针对化学物质的修正案、针对营养信息的规则编纂以及针对风险预防的法案现代化。

（一）针对化学物质的修正

识别标准有利于确保食品的真实性。根据这一规定，当某一食品不符合确立的成分组成标准时，即被认定为掺假掺杂的食品。尽管这一“菜单标准”有利于保障消费者免于受到食品欺诈，但是其严格的食品组成规定并不适应快速发展的化学工业。对于这一点，一方面，有关容忍度的规定仅仅只是针对一些不受欢迎的化学物质，而其他化学物质的使用必须符合

① Dunn, C., “Fundamental progress of the Pure-Food Law”, Food, Drug, Cosmetic Law Journal, 13 (10), 1958, pp. 617 – 618.

食品识别标准对于成分清单的规定。另一方面，许多化学物质都已被用于食品的生产，例如农药有利于提高食品的产量，而食品添加剂可以确保实现技术或提高感官特征的目标。因此，当食品种类日益增多时，上述的"菜单标准"或识别标准会因为缺乏灵活性而不适应食品行业的需要[①]。正因为如此，考虑到日益发展的化学工业，有关化学物质使用的规则需要更为灵活。与此同时，随着越来越多的化学物质被用于食品，由此引发的安全问题也需要加以考虑。

就食品添加剂而言，其是为了满足技术目标而添入到食品中的物质，可以减少生产成本或者提升食品质量。一直以来，针对食品添加剂的规制都是根据食品掺假掺杂条款进行的。例如，如果食品添加剂含有有毒有害物质，那么涉及的食品就会被认定为掺假掺杂。此外，除了这一法律规定外，食品和药品监督管理局同样设立了针对添加剂的官方认证项目。然而，《联邦食品、药品和化妆品法》这一针对添加剂的严格规定与食品工业对于添加剂的需求并不兼容。事实上，一些物质只要符合用量的规定就不具有危害性。因此，1958 年针对食品添加剂的规定作出了修正，而 1960 年进一步针对着色剂的规定进行了修正。至此，在联邦层面针对用于食品添加剂的化学物质提供了全面的监管规则。相较而言，作为一种添加剂，对着色剂的单独监管是因为消费者对于食品的认知主要是根据色彩进行辨识的，而生产者利用这一点通过使用有毒的化学物质对食品进行着色。因此，在最初的食品安全规制中，着色剂就被作为了重点规制对象。根据这些新规定的食品添加剂修正案，针对物质或产品的规制实现了从事后应对转向事前预防的转变。

第一，当食品掺假掺杂条款是确保整体食品的安全性时，食品添加剂条款则从化学物质监管的角度入手，为确保食品安全提供了新的手段，即针对化学物质的入市审批[②]。在这项新规定之前，食品和药品监督管理局只能根据掺假掺杂食品条款针对整个食品体系进行规制，从而确保食品中

---

① Fortin, N., Law, science, policy, and practice, John Wiley & Sons, Inc., 2009, p. 153.

② Pelletier, D., "FDA's regulation of genetically engineered foods: scientific, legal and political dimensions", Food Policy, 31 (6), 2006, p. 574.

没有违规的生物性、化学性或物理性的污染。因为没有针对入市前进行检测或事后声明食品中没有掺假掺杂的规定，食品和药品监督管理局只能通过入市后的检查或针对食品安全问题的报道对发现的问题采取事后补救性的监管。相较而言，根据食品添加剂条款的规定，食品和药品监督管理局有权对这一类化学物质进行入市前的许可，这意味着监管方式的一个重要转变，即以预防性的措施确保化学物质的安全。

第二，为了实现上述针对化学物质的入市审批，“安全即可使用”的原则意味着，一旦证实某一化学物质的安全性，其就可以被广泛用于食品。至于如何界定所谓的“安全”，则主要借助于“安全容忍度”这一概念。通常来说，就新食品添加剂安全性的证明，则主要由生产者负责举证责任。

对于上述这一事前监管，有人认为这是谨慎规制的一种表现，因为是生产者而不是监管者负有举证责任。事实上，针对化学物质的监管，食品和药品监督管理局进一步规定的德莱尼（delaney）条款确实是慎之又慎的行为。根据这一条款，如果动物实验证明某一化学物质有致癌效果，则不得将其用于食品，包括食品添加剂和着色剂。针对这一严格的规定，批评者认为，如果这类化学物质符合剂量的规定，也是可以安全使用的。相反，一些看似无害常用的化学物质，如果大量使用也会致癌。因此，食品和药品监督管理局对上述规定作出了修改，规定如果上述化学物质在符合其他规定的同时，致癌率低于百万分之一，就可以用于食品生产。

尽管美国法律对于添加剂的规制范围远远大于一般添加剂的认同范围，但是有一个例外规定，即一般被认为安全的物质（Substances are Generally Recognized as Safe，GRAS）不属于食品添加剂。在食品添加剂的法规修正过程中，对化学物质进行入市前的安全审查得到了肯定，但是同样得到认可的是一些使用已久，或者根据其性质和科学信息就能判断其安全性的物质则无须进行入市前的审批便可直接用于食品。对此，这些一般被认为安全的物质成了食品添加剂监管的一个例外，也就是说，但凡被列入这一系列的物质，就无须获得入市前的许可。例如，盐、胡椒粉就属于这一系列物质，这一例外规定的意义在于避免对监管部门和食品企业造成不必要的负担。

(二)针对营养信息的补充

政府对营养相关问题进行规制的首要目标是确保粮食安全，减少营养不良的问题。针对这一目标，美国政府于20世纪80年代开始推广健康食品[①]。随着消费者越来越关注健康问题，对于营养食品的消费也随之增长。相应的，市场上以营养补充为目标的食品种类也越来越多。诚然，这些丰富的食品为消费者提供了更多物美价廉的选择。然而，过于复杂多样的食品选择和营养信息也同样使得消费者无所适从。针对营养信息的监管主要有两种形式：一是针对信息的管理，二是针对物质的管理[②]。

从信息角度来说，除了错误标识条款，1966年的《公平包装和标识法》也同样要求食品产品的包装和标签必须确保消费者获取信息的真实性，从而便于了解食品的数量和不同食品的价值比较。相较而言，提供营养信息是食品从业人员的自愿行为。作为第一次尝试，针对营养标识信息的监管开始于1973年，然而，依旧是由食品从业人员自行决定是否根据要求提供信息。随着《营养标识和教育法》于1990年开始实施，营养标识对于所有用于消费的包装食品而言都是强制性要求[③]。《联邦食品、药品和化妆品法》对上述规定进行了编纂，要求食品标识必须提供一定的营养信息，例如，食品的分量或者其他常用的剂量单位，如热量值等。如果没有符合这些法定规定，食品将被认定为错误标识的食品。为了实现上述目标，规制部门可以通过制订规则，重点强调某些营养信息，或应告知的营养素信息抑或免除一些营养素的告知义务。此外，健康声明这类信息说明也必须通过法律许可的方式予以公布，包括使用正确的术语。

由于科学证据表明了营养和饮食的关联性，例如促进健康和降低疾病

---

① Nestle, M., Food politics, University of California Press, 2003, p. 299.

② Burrows, A., "A brief history of food coloring and its regulation", this paper is submitted in satisfaction of both the Food and Drug Law course requirement and the third year written work requirements, 2006, available on the Internet at: http://leda.law.harvard.edu/leda/data/758/Burrows06_ redacted. pdf.

③ Lewis, C., et al., "Nutrition labeling of foods: comparisons between US regulations and Codex guidelines", Food Control, 7 (6), 1996, p. 285.

风险，尤其是预防癌症、心脏病等慢性疾病，一些有特殊膳食用途的食品从 20 世纪 40 年代开始涌入市场。对此，食品和药品监督管理局要求严格标注有关维生素、矿物质和其他具有膳食属性的信息。从官方控制的角度来说，食品和药品监督管理局认为，无论这些添加的营养素如何有利于健康，对其的过度使用都将会导致不良效果。基于这个原因，食品和药品监督管理局针对维生素和矿物质的使用规定了标准。相反，不同的意见认为，官方在这个方面的干涉不利于这类产品的推广。最后，1976 年的《维生素和矿物质修订案》禁止食品和药品监督管理局在这方面的规制行为，即不得针对食品补充剂的维生素和矿物质制定限量标准或根据用量将其定性为药品。此外，1994 年的《膳食补充健康和教育法》进一步针对膳食补充剂规定了无须申请入市许可的监管框架以便推进营养产品的广泛使用。

（三）针对风险预防的法律现代化

经过一百多年的发展，制定于 1938 年的《联邦食品、药品和化妆品法》并不能有效应对由于食品供应集中化和全球化所产生的新问题。而这些新的问题使得美国消费者对于微生物污染和国际食品掺假掺杂问题异常敏感。尽管上述法律也考虑到时代的变迁并进行了若干次的现代化，例如 1997 年的《食品和药品现代化法案》已经意识到，21 世纪的食品规制应该考虑到技术、贸易和公共健康保障的复杂性，因此，该法案强化了信息标识，例如营养含量声明的规范性和标注辐射信息等。然而，持续发生的食品安全事件，例如 2006 年由于屠宰前没有进行检查而导致的贺曼（Hallmark）牛肉召回事件，2011 年嘉吉（Cargill）公司的火鸡被沙门氏菌污染事件，最终促使了 2011 年的《食品安全现代化法案》的出台，其目标就是强化风险预防的监管体系。为了实现这一目标，该法案强化了预防、发现和回应食品安全问题的能力，并且提高了进口食品安全的保障程度。总体来说，该法案以预防为目标，强化了对国内和国外食品企业的监管。

通过落实危害分析和以预防风险为基础的控制，美国的食品安全规制在着眼于风险预防的同时也强调食品安全的首要责任在于食品从业人员，因此，其要求企业的所有者、操作者或代理人应对食品生产、加工、包装和该企业内在的危害进行评估、确定，并落实预防性的控制，从而最小化或预防这一危害的发生，确保其所生产的食品没有掺假掺杂或错误标识的问题，而对上述的控制要进行监督并作为一项常规要求，要保留监督期间的记录。为了实现这一目标，一方面，食品从业者应该确立一个食品安全方案，另一方面，食品和药品监督管理局等规制部门应该根据科学证据针对危害分析、危害记录、落实预防性控制和记录这一预防性控制落实情况制订最基本的标准。此外，这一法律同时强化和扩大了食品和药品监督管理局的权限。例如，食品企业的注册给予了食品和药品监督管理局在其食品具有导致严重健康影响或致死的合理可能性时，吊销企业注册的权限；此外，食品和药品监督管理局在食品具有掺假掺杂或错误标识的合理可能性抑或具有导致严重健康影响或致死的合理可能性时，要求强制召回这一产品的权限。

由于进口食品是美国食品供给的重要组成部分，该法律也同时强化了针对进口食品的规定。就这一点而言，《食品安全现代化法案》采取了若干措施强化对进口食品的监管。一方面，该法案要求进口商确认进口食品符合美国法律和规章的要求。对此，要确保进口食品的安全，进口商或者外国企业必须取得经食品和药品监督管理局制定机构或者原产国政府代表，抑或第三方的认证。另一方面，该法律也同时要求通过落实海外办公室的方式，将美国的食品安全监管延伸至第三国（地区）。例如，第一个海外办公室于 2008 年落户于中国北京，随后，广州、上海也设立了这种办公室，其目的是为了在出口阶段就确保进口食品的安全。

三、最新立法动态①

纵观美国《联邦食品、药品和化妆品法案》的演变，与时俱进是美国食品安全立法的一个特点，这一点不仅有利于持续性地实现其最初的立法宗旨，即保障消费者的健康和食品行业的公平竞争，同时也确保了该基本

① 非原博士论文内容，但基于立法变动，于翻译与校对期间所作的补充。

法与食品行业发展的兼容性。就美国的食品安全立法而言，通过上述的《纯净食品法》，联邦政府被赋予了规制食品安全的管辖权，但其范围依旧局限于跨州贸易管理的权力。也就是说，只要规制涉及跨州贸易，联邦政府即享有管辖权；反之，如果贸易仅限于一州之内，则依旧由州享有这一贸易管辖权。正因为如此，美国相关法律的执行需要借助州政府间的合作，同时在一些立法问题上也会存在各州间的差异，乃至州政府与联邦政府之间的冲突。

（一）完善《食品安全现代化法案》的执行规章

作为一部规制性的法律，《食品安全现代化法案》还需要作为规制机构的美国食品药品监督管理局通过规章的方式进一步细化其规范内容。对此，《食品安全现代化法案》本身就对美国食品药品监督管理局的规章制定作出了内容上和时间上的要求。然而，在《食品安全现代化法案》的执行中，美国食品药品监督管理局在规章制定方面的进度不仅缓慢，甚至超过了法定要求期限。对此，美国食品药品监督管理局认为，超期出台配套规章的原因一是在于《食品安全现代化法案》的执行经费不足，二是为了确保“慢工细活”做出来的规章具有足够的灵活性和操作性。至此，就《食品安全现代化法案》的配套规章而言，已经出台的规章或者进入公众评议阶段的建议草案主要包括以下内容。

① 2013 年 1 月发布的建议草案——《种植、收割、包装和处理人类消费产品》。

② 2013 年 1 月发布的建议草案——《针对人类食品的现行良好操作规范和食品危害分析及基于风险的预防性控制措施》。根据该规章，从事食品生产、加工、包装和储存的食品企业都应当升级其内部的良好操作规范，加强防控食品过敏源的交叉污染，并通过食品安全计划重点关注食品中危害的预防。鉴于执行的灵活性，该规章进一步针对小企业的履行义务作出了例外性的安排。

③ 2013 年 2 月发布的规章《针对人类或动物食品执行行政拘留的标准》。

④ 2013 年 5 月发布的规章《进口食品提前通知》。

⑤ 2013 年 7 月发布的建议草案——《针对食品安全审计和认证的第三方审计/认证机构的认可计划》。

⑥ 2013 年 7 月发布的建议草案——《进口人类和动物消费食品的食品供应商核查计划》。

⑦ 2013 年 10 月发布的建议草案——《针对动物食品的现行良好操作规范和食品危害分析及基于风险的预防性控制措施》。

⑧ 2013 年 12 月发布的建议草案——《保护食品防止蓄意参加掺杂的集中消除战略》。

⑨ 2014 年 2 月发布的建议草案——《人类和动物食品的卫生运输》。

⑩ 2014 年 4 月发布的规章《记录获取要求：记录的制定、保持和获取》。

⑪ 2014 年 9 月发布经补充的四项建议草案：《进口人类和动物消费食品的食品供应商核查计划》《种植、收割、包装和处理人类消费产品》《针对动物食品的现行良好操作规范和食品危害分析及基于风险的预防性控制措施》《针对人类食品的现行良好操作规范和食品危害分析及基于风险的预防性控制措施》。

⑫ 2015 年 4 月发布的建议草案——《针对食品企业登记注册的修订》。

⑬ 2015 年 7 月发布的建议草案——《向第三方审计/认证机构提供认可的收费计划》。

（二）食品标识立法争议

随着消费者对于食品安全问题的关注，他们对于食品的产地、成分和生产方式的关注也更胜从前。然而，是否通过标识保护消费者在上述信息方面的知情权，美国的食品标识立法却作出了两种截然不同的选择。其中，对于食品产地真实性的知情权，美国联邦政府的支持态度表现为针对肉类等农产品制定的原产地强制标识规则（Rule on Mandatory Country of Origin Labeling），即便该法律被裁定违反世界贸易规则，美国依旧在修订的基础上坚持执行这一规则的立场。相反，对于食品生产方式的真实性，美国联邦政府反对的表现则是在有关转基因食品的强制识别标识立法上，即当一些州政府开始针对转基因食品通过强制标识立法时，联邦政府层面却在积极推进一部统一性的食品标识立法，包括不要求转基因食品进行标识。

（1）针对肉类产品的原产地标识立法

当需要通过标注产地以满足消费者对于产品的某一寻求时，有关原产地的概念又涉及货源标记/产地标记（indication of source）、原产地标记（mark of origin）、原产地命名（appellation of origin）及地理标识（geographical indication）。其中，货源标记的作用仅仅表示商品来源，以便反映消费者追求真实性的愿望，并直接或间接提供有关商品来源同一性的信息；原产地命名尽管也表明了商品的产地，但其更侧重向消费者保证该商品的质量和特点，因此，可以说原产地命名是一种因商品的质量和特征而特殊使用的货源标记[①]。作为受保护的原产地，原产地名称系指一个国家、地区或地方的地理名称，用于指示一项产品来源于该地，其质量或特征完全或主要取决于地理环境，包括自然和人为因素[②]。从本质上来说，原产地名称是一种质量证书，其表示该产品的特定质量和特点与其所在的地理有所关联，包括气候、土质、水源、物种等自然因素和加工工艺、生产技术、传统配方等人为因素[③]。

作为最新的发展，美国农业部于 2009 年 3 月实施了原产地强制标识规则，要求零售业者针对牛肉、猪肉、羊肉、鸡肉等诸多肉类产品和其他生鲜水果蔬菜等农产品明确标注产品原产国的信息。由于上述农产品的特点以及基于标识的经济性和技术性的考量，原本针对原产地标记的要求免除上述农产品的标识义务。此外，当这类农产品进口后的目的不是直接用于零售而是工厂加工时，作为最终采购者的食品企业具有了不再继续沿用原进口标识并将其产地改为美国原产的空间。基于此，为了满足消费者对于知晓原产地信息的需求以及推广本国及本地的农产品，美国农业部通过

---

① 李永明：《论原产地名称的法律保护》，《中国法学》1994 年第 3 期，第 66 页。

② 《保护原产地名称及其国际注册里斯本协定》，1958 年，第 2 条。其中，原属国系指其名称构成原产地名称而赋予产品以声誉的国际或者地区或地方所在的国家。

③ 李永明：《论原产地名称的法律保护》，《中国法学》1994 年第 3 期，第 65 页。

了上述原产地强制标识规则[1]。对于这一立法，加拿大和墨西哥认为，针对肉类产品的原产地标识会对进口肉类造成歧视，两国随即向世界贸易组织提出异议。世界贸易组织最初于2012年裁定认为，美国上述原产地标识规则违反了有关国民待遇的规则，使得进口肉类产品在与本国产品竞争时处于不利地位。但美国在2013年作出相应修改后依旧坚持执行该规则。鉴于美国修订后的规则并没有完全符合世界贸易组织在争端解决中对其作出的要求，目前该争端依旧在持续中。事实上，即便美国内部对于这一立法也争议颇多，其中，消费者组织坚持认为这一立法的意义就在零售终端环节保障了消费者的知情权，但被保护的肉类行业则认为，这一原产地标识规则不仅不能有效保障消费者对于食品产地真实性的了解，同时也不利于本行业以及美国经济的发展[2]。

（2）针对转基因食品的强制标识立法

针对转基因食品，美国联邦政府采取了不要求标识的放松规制。概括来说，美国食品药品监督管理局认为，并没有证据证明来自基因技术的食品有别于传统植物育种而来的食品，因此没有必要通过标识的方式披露这一信息。在此基础上，针对由转基因技术所导致的营养或者过敏问题，美国食品药品监督管理局要求通过个案的方式予以规制，包括加贴标识提供相关信息。此外，美国食品药品监督管理局在随后针对自愿标识的指南[3]中进一步指出，类似“不含转基因”等标识所具有误导性，包括：① 该声明会暗示其优于其他未做此类声明的普通食品；② 仅对某一成分声明其为非转基因物质时，其他转基因物质的成分信息会被掩盖；③ 当某食品被宣传为非转基因时，事实上此类转基因食品根本就没有进入市场。而对于企业自愿标识的信息，其前提是这些信息必须真实，且不得误导消费者。

---

① 陈嘉麟：《2009年美国农业部〈原产地标识规则〉之剖析》台湾行政主管部门农委会“主要国家农业政策法规与经济动态”，2009年。

② James Andrews, WTO rules against Country of Origin Labeling on meat in U. S., Food Safety News, October 21, 2014.

③ FDA, Draft guidance for industry: voluntary labeling indicating whether foods have or have not been developed using bioengineering, 2001.

但食品安全问题所激发的安全意识使得消费者更为渴望了解其所购食品的成分和生产方式。为了保障这一知情权，一些州根据州内食品安全规制所具有的立法权限开始针对转基因食品的标识进行立法。在目前各州的立法尝试中，佛蒙特州通过的转基因标识法案于2016年7月1日生效，该法案要求在该州销售的转基因食品须贴上转基因标识；康涅狄格州和缅因州则有条件地通过了转基因标识法案，即将相邻州通过类似法案作为该法案的生效条件，而加利福尼亚和华盛顿地区的立法都遭遇了失败。尽管一些州还在尝试这一针对转基因食品的立法，但联邦层面已有针对统一各州食品安全和精确标识的提案（H. R. 1599），且已经通过众议院的审议。根据这一可能施行的联邦法律，转基因食品无须披露其使用转基因成分的信息，但一些自愿性的标识，如本产品为非转基因食品依旧可以使用。

第二节 欧盟食品安全立法演变50年

尽管欧盟也呈现了一定“联邦”的特征，即由成员国组成并在一个中央机构（欧盟机构）和组成成员（成员国）之间分配主权，但是欧盟与美国这一联邦国家还是有着实质性的区别。首先，如果说美国是一个国家，那么欧盟只是一个政府间的组织。根据一系列的条约，欧盟的特殊之处就在于其“超国家的性质”，即作为独立的法人，以欧盟理事会、欧盟议会和欧盟委员会为代表的欧盟在条约授权的范围内具有立法权限，其主要的法律手段包括法规（regulation）、指令（directive）、决定（decision）、建议和意见，他们的区别主要在于法律效力。其中，法规具有普遍效力，它可以全面且直接适用于所有成员国。指令也具有约束性，要求成员国必须实现法律规定的目的，但是如何实现这一立法目的则由成员国自行选择形式和方式。决定只对特定的人具有约束性。此外，欧盟的司法机构也值得一提。简单来说，欧盟法院可以通过案例法提供司法救济，此外，通过对于条约解释的先行裁决也可以确保欧盟法律在成员国内的统一释义[①]。除此之

---

① Consolidated versions of the Treaty on European Union and the Treaty on the Functioning of the European Union, Official Journal C 326, October 26, 2012, Article 267.

外，还有欧盟的初审法院也可以处理私人、企业和一些组织之间的纠纷以及与竞争法相关的案件。

尽管条约为欧盟层面的行动提供了法律基础，但是欧盟的权限还是有限的。根据授权原则，欧盟只有在成员国通过条约授权的范围内具有权限；否则，权限依旧属于成员国。此外，欧盟权限的使用也同时受到辅助原则的监督，即只有当成员国对于提议的行动因其效力超过自身能力而无法自行实现时，欧盟才可以在欧盟层面采取行动。基于这个原因，欧盟对于食品的规制与条约的发展息息相关。根据这些条约的规定，欧盟对于食品规制的最初权限主要是落实确保粮食安全的共同农业政策和建立保障食品自由流通的共同市场。为此，欧盟层面制定了一系列的指令，意在协调各成员国的食品规制。然而，随着20世纪80年代食品安全问题的多发，尤其是疯牛病的暴发，以确保公众健康为目的的食品安全规制日益受到重视。因此，1992年修订后的欧盟条约赋予了欧盟规制食品安全的权限，以确保公众健康和保护消费者。对于这一转变，有关欧盟食品安全规制的演变主要以疯牛病危机的发生为转折点，包括问题导向的食品安全立法和以《通用食品法》为基础的食品安全法律体系。

一、每个时代问题导向型的食品安全立法

当今的欧盟，在严格监管食品安全、实现较高的公众健康和消费者利益保护水平方面享有盛誉。然而，这些成就也不是一蹴而就的。在疯牛病危机之前，有关食品安全保障的规则是以头痛医头脚痛医脚的问题导向方式确立的或者是通过欧洲法院的判例来确定[①]。在2007年发布的《欧盟食品安全50年》[②] 一书中，每十年，对于食品规制，尤其是食品安全规制，既有变化又有新的挑战。根据书中所述，食品领域在这50年里的发展既有积极的一面也有不利的一面。就积极意义来说，持续的经济发展丰

---

① Vos, E., "EU Food Safety Regulation in the Aftermath of the BSE Crisis", Journal of Consumer Policy, 23, 2000, p. 227.

② EU, 50 years of food safety in the European Union, Office for Official Publication of the European Communities, 2007.

富了食品的消费。但是，消费者时不时地被食品安全事故所困扰。根据这本书中的描述，表 1－2 列出了欧盟每个时代的不同食品安全问题以及由此制定的食品安全法律规则。

表 1－2　欧盟食品安全法律规则

时　期	食品发展	食品安全问题	立　法　回　应
20 世纪 50 年代	粮食安全	动物健康问题	统一兽医检查的指令
20 世纪 60 年代	食品多样化	食品卫生问题	针对各类食品制定卫生指令
20 世纪 70 年代	技术和贸易发展	针对化学物质和进口食品的问题	最大残留限量，针对食品的快速预警，互认原则
20 世纪 80 年代	食品质量	食源性疾病	针对人畜共患病的立法
20 世纪 90 年代	公共健康	疯牛病危机	食品安全立法改革
21 世纪初期	技术食品和营养	技术风险，饮食疾病	针对新技术和营养信息立法

20 世纪 50 年代，根据 1957 年的《罗马条约》成立了欧洲经济共同体，其目标是通过建立共同市场和协调成员国的经济政策以促进共同体内的经济发展，实现持续平稳的扩张，增进稳定性以及持续提升生活水平和促进成员国之间的关系。尽管其野心勃勃，但是当时主要的工作还是致力于战后恢复。因此，欧盟成立之初的着眼点主要是确保充足的食品供应以及建立共同市场从而确保食品的自由流通。与此同时，有关健康保障的工作在 20 世纪 80 年代之前一直由成员国负责。正是因为如此，食品规制最初主要是根据共同农业政策开展，其主要目的是解决粮食短缺问题。

而就食品安全而言，当时的主要问题是动物健康。例如，食源性动物的养殖环境非常糟糕，牲畜棚的通风条件很差，也没有确保动物健康的程序。因此，许多不同的动物疾病开始流行并且传播到欧洲各国，例如口蹄疫等。由于针对活体动物和它们产品的监管主要是由成员国开展，对此并没有标准化的措施和适宜的控制或检查方案。因此，欧盟层面开展了兽医检查立法，意图通过控制动物性疾病来确保动物健康以及动物产品的安全，例如第 64/432/EEC 号有关牛和羊的指令。至此，欧盟制定、修订、增补了相关的规则。如今，欧盟层面已经形成了一个体系化的兽医检查立法①。

20 世纪 60 年代，随着经济的复苏和人员的流动，食品种类、食品餐饮和食品消费日益丰富。同时，诸如制备和保存等食品处理方式也日益进步，而快餐和预包装食品也日渐增多。然而，随着食品供应链的延伸和复杂化，微生物污染食品的可能性也随之增多，以至于食品卫生问题备受关注，尤其是食品中毒。为了应对这一问题，欧盟在 1964 年针对鲜肉制定了第一条卫生指令。此后，卫生指令的覆盖范围又扩展到了其他食品产品，如禽肉类、蛋产品等。这些针对预防、消除和减少微生物、寄生虫、化学物质或其他诸如玻璃等碎片对食品污染的卫生规则，无疑为确保欧盟的食品安全提供了有力手段。在此值得一提的是，尽管这些卫生指令的适用对于确保食品卫生非常重要，但是这种应对式的立法方式不足以确保日益增多的食品安全问题。2004 年，欧盟对卫生立法进行了彻底的改革，制定了“卫生法规”，通过替代复杂的各类卫生指令，一个协调、简化和全面的卫生规则得以实现。

20 世纪 70 年代，食品消费因为技术进步和食品贸易的不断发展而有了长足发展。然而，其在给消费者带来便利的同时也带来了新的困扰。由于技术进步，汽车、冰箱和微波炉等的普及都使得食品消费日益便捷，而且外出就餐也日益流行。此外，大量化学物质被用于生产食品，食品工业因为食品技术的不断进步又得到了快速发展。然而，这些食品技术在提升食品诸如口感、色泽和香味等特性的同时也使得化学物质对健康的危害成为公众新的关注点。针对这一问题，成员国采取了诸多措施，如针对一些农药残留规定最大的限量值。可是成员国内部落实的不同措施对食品在欧盟内部的自由流通构成了贸易壁垒。因此，欧盟 1976 年开始针对蔬菜和水果制定了最大残留量标准，而这意味着就农药残留的监管开始集中到欧

---

① Panagiotatos, D.,“European community veterinary legislation and controls in the light of the single market”, in, Baourakis G. (ed.) The Common Agricultural Policy of the European Union: New market trends, Cahiers Options Méditerranéennes, 1998, pp. 164 – 166.

盟这一中央层面。随后，类似的监管陆续适用于其他食品，诸如谷物、动物源性食品、植物源性食品等。如今，通过新的立法，针对农药残留的法律已经协调和简化完毕。

就食品贸易而言，欧盟内部以及和第三国之间的贸易发展既有利于内部共同市场的形成也有利于解决食品短缺的问题。为了便于食品的流通，欧盟最初制定了针对食品成分组成的指令，如针对蜂蜜的食品成分标准。然而，由于不同的食品文化差异，各国对于一些食品的成分要求各不相同。因此，为了确保食品的自由流通，第戎案件的判例确定了互相认可原则。此外，对于进口食品，1979 年建立了食品快速预警机制，其为主管成员国的信息分享提供了有效平台，包括某一食品具有健康风险时的信息告知以及针对确保食品安全措施的经验交流。

20 世纪 80 年代，一些事件对欧盟产生了深远的影响，包括食品领域。例如，1986 年的切尔诺贝利核电站事件所导致的辐射一直影响着英国的食品生产，而 1989 年柏林墙的撤销又为食品带来了新的市场。相较而言，对食品来说，最为深远的影响则主要是食品安全问题的发生，例如 1982 年出现的新型大肠杆菌污染，1986 年发现的第一例疯牛病以及 1988 年不断增多的沙门氏菌污染等。这些问题的持续出现使得食品安全替代了长久以来存在的粮食安全问题。事实上，鉴于食品安全与健康保障的关联性，欧盟已经针对人畜共患病制定了一些特别法律，但是这些问题导向的立法不足以应对日益多发的食品安全问题，尤其是在应对疯牛病危机时出现的监管失灵。至此，最终于 1996 年爆发的疯牛病危机无疑成为欧盟食品安全监管史上的一个沉痛教训。

20 世纪 90 年代，欧盟的政治和经济发展都取得了巨大进步，例如 1992 年的《马斯特里赫特条约》确立了欧盟的成立，而 1993 年又完成了内部市场的建设。就食品领域来说，便利店重现并获得发展，这为购买预包装餐饮、预包装水果和蔬菜等提供了方便，而对于健康膳食的关注也更胜从前。然而，疯牛病危机的爆发改变了消费者对于食品和食品安全监管的认知。作为教训，疯牛病危机的发生说明了食品安全问题应对的失败不仅有着沉重的经济打击，同时也会使得公众对于公共机构的合法性失去信心。为了重新获得消费者对于食品行业和官方控制的信心，欧盟对食品安全监管体系进行了彻底的改革，包括制定一部基本的食品法，即 2002 年的《通用食品法》。

20 世纪初，欧盟扩大到了 27 国，这使得消费者有了更多的食品消费选择和饮食习惯。随着《通用食品法》的落实，食品安全规制有了新的方式。然而，对于食品安全规制依旧存在两个问题：包括技术食品所带来的健康隐患和由饮食导致的慢性非传染性疾病。就技术食品而言，欧盟食品法确立了谨慎预防原则，这意味着当新的技术存在不确定性时，例如基因改造技术、克隆技术和纳米技术等，欧盟可以谨慎处置。以转基因生物规制来说，不仅欧盟和其他国家之间存在争议，就连欧盟内部也没有达成一致的观点。除此之外，由饮食导致的慢性非传染性疾病也越来越受到关注。据估计，欧盟有 2 亿多的成人存在过重或肥胖的问题。基于此，营养规制已经成为一个新的关注点，对于信息提供的监管越来越多，例如营养标识。

二、以《通用食品法》为基础的立法

尽管上述问题导向的立法为确保食品安全做出了贡献，但是，疯牛病危机的爆发无疑说明了上述这一立法模式的不足之处。作为回应，欧盟对食品安全立法进行了改革，综合来说，从绿皮书到白皮书，再到《通用食品法》，共有三个主要步骤。在此基础上，新的欧盟食品安全法律体系日渐形成。

（一）制定《通用食品法》的三个步骤

作为食品安全立法改革的第一步，欧盟委员会于 1997 年发布了《食品法律基本原则的绿皮书》，其目的是开展公众讨论，从而确保所有相关的人员都能参与绿皮书中所提意见的讨论。上述第一步的意义主要有以下几个方面。

第一，该绿皮书建议重新改革现有的食品法律。正如绿皮书所述，大量食品法律的制定都是出于建设内部市场和落实共同农业政策的需要。然而，疯牛病危机的爆发强调了食品立法的首要目标是保障健康。因此，制定食品法需要确立一些基本的原则以及明确相关人员的义务。也就是说，制订一部基本的食品法是改革现有食品法律的基础。

第二，就上述基本的食品法而言，绿皮书中提出了六个基本目标，包括高水平地保障公众健康、安全；保证消费者、内部市场中商品的自由流通；以科学证据和风险评估为基础的立法；提高欧洲企业的竞争力和他们的出口份额；由企业、生产商和供应商通过落实危害分析和关键控制点体系（HACCP）和有效的官方控制合作下承担确保食品安全的首要责任；确保立法的一致性、合理性和易于操作性。

第三，绿皮书还建议，应该通过协调的方式对食品立法进行改革，包括平衡使用基本规定、具体规定、约束性规定和自愿性措施，以及横向方式和针对某一食品种类的具体规则。此外，改革后的食品法律应该全面覆盖食品供应链，包括食用农产品。

在绿皮书的基础上，欧盟委员会于1999年出台了《食品安全白皮书》，意在针对食品安全立法提供意见以及行动规划。其意义有以下几个方面。

第一，白皮书强调了食品政策的首要目标是通过制订严格的食品安全标准，确保公众健康。然而，它同时也指出，食品政策应该综合考虑经济、社会和环境等因素。正是由于这一认知，欧盟的食品安全立法在价值体现方面显得比较复杂，在考虑到食品安全的同时也考虑了社会经济影响。第二，白皮书就食品安全立法提出了一些原则，包括通过全面、整合的方式监管食品安全落实所有利益相关者的责任共享，针对饲料、食品和对其成分的追溯，来制订更为一致、有效的食品政策，落实风险分析和谨慎预防原则。最终出台的《通用食品法》通过规定基本原则、基本规定和义务落实了上述这些原则。第三，除了《通用食品法》中的基本规定，白皮书也提出，通过单行法律对其他确保食品安全的事项进行监管，例如针对确保食品安全源头的动物饲料，通过改革分散的立法，采用横向立法的方式规范食品卫生。正如其所提供的行动方案，与基本食品法一起，还有其他80多项的单行法。通过这样一步一步地努力，重塑了食品安全法律体系。

作为第三步，《通用食品法》于2002年开始实施。这种循序渐进的立法过程从民主和科学的角度确保了欧盟食品安全法律的合法性。综合来说，首先，在法律出台之前，绿皮书和白皮书的出台为所有利益相关者的参与提供了机会。其次，根据《通用食品法》的规定，风险分析是欧盟食品安全监管的基本方法，其中，风险评估为食品安全规制提供了科学基础。而作为一部基本法，这部法律包含以下特征。第一，在层级化的食品安全法律体系中，《通用食品法》扮演着“宪法”的角色[①]。作为法律体系的基础，其针对风险预防、信息、进出口的基本义务、追溯的基本要求、食品从业者和主管部门的责任作出了规定。第二，这一新的食品法通过食品全程链的方式实现了“从农场到餐桌”的全程监管，包括初级阶段、生产、加工、流通环节以及出口。尽管食品的定义在欧盟法律中有所限制，但《通用食品法》同时包含了对饲料的规定，而这意味着就动物源性食品而言，其安全保障真正从源头抓起。将饲料排除在食品的定义中但又将其置于食品法的规范中，其意义正如《通用食品法》所述，食品法定义的广泛性是为了通过全面和整合的方式确保食品安全。因此，就食品供应链而言，需要注意的就是在农场中确保食品安全的源头是动物饲料。第三，通过落实风险分析和谨慎预防原则，欧盟从风险规制的角度入手对食品安全实施监管。作为先锋，欧盟的诸多经验值得借鉴。例如，其独特之处就在于通过成立欧盟食品安全局，实现了风险评估和风险管理的分离。最后，通过法规的模式，《通用食品法》在成员国的实施具有完整性和直接性，从而有利于提高欧盟内部食品安全规制的一致性。例如，食品法明确了通过分离风险评估和风险管理的方式落实风险分析原则，成员国纷纷根据本国的机构设置情况落实这一原则。例如，英国由科学委员会负责风险评估，而由食品标准局和环境、食品及乡村事务部（Department for Environment, Food and Rural Affairs, Defra）负责风险管理；法国是由国家食品、环境和工作安全局（Agence nationale de sécurité sanitaire de l'alimentation, de l'environnement et du travail）负责风险评估，而由食品总局（Direction Générale de l'Alimentation, DGAL），竞争、消费和反欺诈总

---

① Collart Dutilleul, F., “Le droit agroalimentaire en Europe, entre harmonization et uniformisation” (Food law in the EU, between harmonization and uniformisation/standardisation), www. Indret. Com, Julio, 2007, available on the Internet at, http://www.indret. com/pdf/453_ fr. pdf, p. 9.

局（Direction Générale de la Concurrence, de la Consommation et de la Répression des Fraudes, DGCCRF）以及健康总局（La direction générale de la Santé, DGS）负责风险管理。此外，这样的立法模式也有利于增进立法的透明度，避免法律转换中的差错。当然，就食品法律的完善而言，指令仍旧是很重要的立法手段。

（二）基于《通用食品法》的食品安全立法完善

随着《通用食品法》的实施，主要的工作就如《食品安全白皮书》中的提议那样，确保所有食品相关的法规规定与这一基本法的要求相一致。除了确保一致性，欧盟还运用了横向方式完善食品安全法律体系，也就意味着协调那些针对所有食品的规则，从而确保公众健康或保护消费者利益。例如，针对添加剂的规则有利于确保公众健康，而针对信息或者防止误导性贸易行为的规则则是为了保障消费者利益。同时，纵向的立法方式也是不可取代的。根据不同的事项，食品安全法律体系可以作如下的举例总结（表 1－3）。

表 1－3 食品安全法律体系

规制事项	法规（Regulation）或指令（Directive）
食品添加剂	Regulation（EC）No. 1333/2008 of the European Parliament and of the Council of 16 December 2008 on food additives
污染物	Regulation（EC）No. 1881/2006 of 19 December 2006 setting maximum levels for certain contaminants in food stuffs
食品接触物质	Regulation（EC）No. 1935/2004 on materials and articles intended to come into contact with food and
卫生	Regulation（EC）No. 852/2004 on the hygiene of foodstuffs
	Regulation（EC）No. 853/2004 on specific hygiene rules for food of animal origin
官方控制	Regulation（EC）No. 882/2004 on official controls
	Regulation（EC）No. 854/2004 on specific rules for the organization of official controls on products of animal origin intended for human Consumption

续 表

规制事项	法规（Regulation）或指令（Directive）
信息规制	Regulation（EU）No. 1169/2011 on the provision of food information to consumers
营养信息	Regulation（EC）No. 1924/2006 on Nutrition and Health Claims Made on Food

值得一提的是，横向立法和纵向立法的划分并不是绝对的，在此，只是作为一个参考以便于了解欧盟食品安全法律体系。

就横向立法而言，卫生法规的改革最能说明从纵向立法向横向立法转变的优势。一如上文所述，欧盟最早于20世纪60年代开始针对不同的食品制定卫生指令。多个不同指令间的不一致性给执法造成了困难。此外，随着社会经济的发展，食品卫生问题不再局限于工厂的卫生环境而主要是指微生物的污染。因此，新制定的食品卫生法规推动了通过落实HACCP体系确保以风险预防为基础的规制。当横向立法是针对所有食品制定规则时，所谓的纵向立法则是针对某一类食品的具体规定。最好的例子就是针对不同食品制定的成分立法。尽管这样的立法缺乏灵活性，但是这一方式的运用也有其必要性。例如，鉴于疯牛病危机的教训，欧盟针对牛的识别和其肉类产品的标识制定了新的规定。此外，欧盟还特别针对动物源性食品作出了规定。例如，在一般食品卫生和官方控制的法规之上，又有针对动物源性食品的食品卫生和官方控制的法规。然而，德国暴发的0104：H4肠出血性大肠杆菌事件说明了与动物源性食品一样，新鲜蔬菜中存在的微生物危害也同样有健康风险。就食品安全立法而言，植物源性食品和动物源性食品一样重要，而随着蔬菜水果消费的增加，确保前者的安全也日益受到广泛关注。

此外，同时使用横向和纵向立法手段也有利于在制订基本规则的同时进一步细化一些具体规则。例如，一些事项对于确保食品安全而言是基本的，但是这些事项也可以进一步细化。如针对食品添加剂的规则就是采用了“横向与纵向并用的立法模式”。就横向立法而言，针对食品添加剂也制定了经协调的横向的基本法规。在此之下，纵向法规包括针对着色剂、甜味剂等的细化规定，包括它们的许可名录和使用条件。

三、最新立法动态

自2002年实施《通用食品法》以来，欧盟食品安全监管的特点主要表现为：通过这一基本法的基本原则和要求，在欧盟层面统一了针对食品安全监管的科学基础，即落实风险评估工作和针对食品生产经营者履行第一责任人的卫生要求，以及相应的从成员国到欧盟的多层级官方控制体系。此外，基于疯牛病危机带来的教训，欧盟在针对食品安全监管的同时加强了对饲料的安全监管以及基于谨慎预防原则的谨慎规制。尽管上述改革促进了欧盟食品安全保障工作，但是，面对食品行业的新发展和消费者对于食品的新需求，欧盟依旧与时俱进地更新包括食品安全在内的诸多食品问题的规制，从宏观到微观，具体有以下两方面内容。

（一）宏观改善规制环境

为了实现欧盟“2020战略”的发展目标，即智慧性、可持续性和包容性的增长，欧盟一直致力于改善其规制方式。对此，欧盟意识到，更好的规制在于规制过程的明智性（明智规制），包括在立法、执法、评估和修订等诸多环节中，为公众咨询和利益相关者参与提供更多机会，并通过简化现有的法律法规减少行政规制的负担。而在上述过程中，需要不同主体的互相合作，包括欧盟机构和成员国以及成员国之间的责任共担。作为具体的措施，欧盟于2012年12月启动了法规适度与绩效项目（REFIT），以实现欧盟法律体系的简洁化、清晰化和可预期性。

在上述背景下，欧盟委员会于2013年10月决定对欧盟《通用食品法》的执行开展评估，以确认该法律的目标实现程度和通过二级立法以及官方控制的执行情况，具体的检查指标包括有效性、效率、一致性、相关性和欧盟价值增值的实现情况，在此基础上，力求进一步实现简化相关法律和减少行政规制的成本和负担。根据进程的安排，欧盟于2013年10月提出的法规适度与绩效项目的下阶段工作中就包括了针对健康和消费者保护的政策法律修订草案，其中，涉及食品安全的部分包括针对官方控制和植物健康、动物健康的修订法或立法建议，在这个基础上，相关评估于2014年4月开始且于2016年11月完成，在相关报告的基础上将进一步提出改善性的政策建议。

（二）微观应对具体食品相关问题

在《通用食品法》的基础上，欧盟一方面通过完善相关的立法确保实现该基本法的立法目的，另一方面，则是通过应对官方规制中遇到的具体问题进行相应的改进。

第一，强化食品信息标识立法。由食品（安全）问题所引发的消费意识增强使得消费者更为关注食品的产地、成分和生产方式等信息，欧盟因此加强了对食品信息的立法。在此方面，2014年12月实施的《欧盟议会和欧盟理事会2011年10月25日第1169/2011/EU号关于向消费者提供食品信息的法规》为通过食品标识保障消费者的知情权和选择权提供了法律基础。值得一提的是，目前欧盟最主要的食品安全问题是由于营养过剩所导致的肥胖问题以及由此引发的慢性食源性疾病，因此，通过上述食品信息法规欧盟加强了对营养声明标识的管理。

第二，完善食品和饲料快速预警体系。对于进口食品安全的保障，欧盟的食品和饲料快速预警体系发挥了重要作用。基于2011年爆发的大肠杆菌事件，该体系相应地加强了对数据平台的建设和欧盟对于数据的整理汇总以及有关食品信息的追溯和通报。值得注意的是，信息搜集和通报依旧是成员国的责任所在。2014年时值该体系实施35周年之际，新增添了针对消费者的信息通报门户——食品和饲料快速预警体系之消费者门户，以成员国分类的方式展现，消费者可以在第一时间通过点击成员国的图标查找其所在国的消费信息通报情况，如食品的召回信息等。

第三，“马肉风波”的食品规制整改。作为近年来欧盟涉及范围最大的一次食品丑闻，2013年爆发的马肉风波最终被定性为食品欺诈。作为反思，欧盟作出的反应包括：（1）于2013年7月建立了反食品欺诈工作网络（The EU food fraud network），通过各国建立国家反食品欺诈联络点，进而加强合作共同应对跨国性食品欺诈行为；（2）在欧盟全境内持续开展肉类的检测工作；（3）各成员国加强对马匹及马肉产品的流通控制，尤其是业已执行的流通护照制度，并对该制度不断进行改进；（4）改进官方检查中的罚款处罚手段，通过提高食品欺诈行为的处罚力度震慑这一食品供应链中的故意违法行为；（5）针对肉类产品及其成分原产地标识的强制性披露进行立法。

第四，食品质量的竞争之路。在意识到农产品的增值和质量提升将有助于获得农产品贸易的竞争比较优势时，欧盟共同农业政策在从数量到质量的转型中，也将食品安全的相关要求纳入质量保障体系。需要指出的是，欧盟对于食品安全的追求并不是通过统一的标准来保持食品的一致性，而是在共同的官方控制下依旧为食品的多样性提供空间，尤其是传统食品和地方特色的保持。在这一方面，除了继续推行注重环境保护的有机食品，欧盟更是通过《第 1151/2012 号有关农产品和食品质量项目的法规》统一了原产地命名、地理标志和特色传统保证这三个重要的质量标志。

综上所述，欧盟的食品安全焦点也集中在化学物质滥用问题上，但在彻底改革食品安全监管体制后，这一方面的问题已经得到了缓解，但食品（安全）监管依旧呈现出动态化的发展趋势，这主要表现为与食品安全相关的营养问题的突出和趋利性的食品掺假掺杂问题。对此，欧盟分别采取了食品信息标识的立法和打击食品欺诈的联动行动。综合来说，欧盟的食品安全监管虽然已呈现出良性的发展趋势，但欧盟始终没有松懈这一领域的监管。正因为如此，在其宏观的规制改善项目中，改进食品的立法和执法也是一个重要的环节。欧盟对于食品安全的认识也有一个泛化的趋势，即将众多相关的问题，如动植物健康和环境保护的要求融入对于食品安全的规制中。

第三节　中国食品安全立法演变 30 年

我国目前的法律体系是 1978 年改革开放后重新构建起来的，因此只有三十多年的发展时间。相较而言，作为单一制国家，我国中央政府和地方政府的权限划分与美国的分权不同。而且，由于我国法系的特点，法院判例也不是有效的法律渊源。根据宪法规定，中国的立法及法律法规有以下几种形式。(1) 法律。人民代表大会是主要的立法机关，负责制定和修订基本法，内容涉及刑事犯罪、民事、国家机关和其他一些事务。除此之外，在人民代表大会休会期间，人民代表大会常务委员会负责制定和修订基本法以外的其他法律，但前提是这些法律不得违背基本法的要求。(2) 行政法规。根据宪法和法律，国务院可以制定行政法规。(3) 地方性法规和规章。根据宪法、法律和行政法规，各省市、自治区和直辖市的人民代表大会可以在其管辖内鉴于地区特色制定地方性法规。此外，根据法律和行政法规以及国务院的决定和命令，各行政部门和委员会可以制定部门规章。

在上述法律效力等级下，从改革开放（1978 年 12 月后）到三聚氰胺危机爆发前，我国部级以上机关所颁布的有关食品安全方面的法律、法规、规制以及各类规范性文件，包括已失效的 40 余件在内共计 832 件，但并没有就此形成系统的、完备的食品安全法律保障体系[①]。当 2008 年爆发三聚氰胺事件后，对政治和经济的深远影响促成了食品安全立法的改革。至此，第一部《食品安全法》于 2009 年 6 月 1 日起开始施行，这为中国食品安全规制奠定了法律基础。本节有关中国食品安全立法演变的介绍主要分为两个部分：第一，对 2009 年之前食品安全立法的详细说明；第二，在《食品安全法》的基础上对现有食品安全法律法规的完善。

一、2009 年前分散的食品安全法律

中国食品安全规制最先着眼于对食品卫生的保障，相关的立法最早是 1953 年针对新鲜食品的卫生立法。直到 1995 年《食品卫生法》的修订，食品安全才真正成为备受关注的问题。就中国而言，粮食安全一直是各方力求确保的首要目标，而建国初期主要面对的问题就是战后的经济恢复，包括保障粮食的供给。20 世纪 50—60 年代食品安全问题非常少，这是因

---

① 杜钢建：《关于制定食品安全法的若干问题》，《太平洋学报》2008 年第 2 期，第 54—55 页。

为当时的食品生产企业都是国有企业，且生产中的标准比较简单，许多传统方式也极少用到化学物质[1]。随着改革开放政策的落实，经济发展成为首要目标，而食品安全问题则是经济发展所带来的重要问题之一。

中国的经济发展受到全世界瞩目。就食品领域而言，食品行业的发展也是非常迅速的。但与此同时，食品安全问题也开始令人担忧。在过去的三十多年里，经济发展主要有两个重要的转折点，首先是 1992 年开始建立市场经济，市场经济的发展弱化了政府的控制能力，随之而来的就是制造和销售伪劣产品的泛滥。其次是中国于 2001 年加入世界贸易组织。对此，中国的贸易行为必须遵守该组织制定的贸易规则，包括构建食品安全规制的科学基础。此外，有关"中国制造"的食品安全问题也迫使中国政府加强食品安全规制。因此，相关的主管部门也制定了许多部门规章。然而，这一以部门规章为基础的立法模式难免会导致重复立法或监管空白的问题。针对这一问题，国务院也出台了一些意在理清各部门职责、加强各部门合作的规范。

（一）食品领域内的部门立法

针对食品安全规制，最早应对的问题主要是确保食品的卫生。上文已提及，早在 1953 年，卫生部就已经针对新鲜食品制定了相关的卫生规则。到 1959 年，针对肉类卫生确立了具体的卫生规则。随后，国务院又于 1965 年针对所有食品制定了一部卫生法，旨在预防食品中毒和急性感染病。至此，一部横向的卫生法取代了众多纵向的食品卫生立法。1979 年后的立法改革，尤其是考虑到改革开放的新环境，国务院针对食品卫生制定了新的行政法规，从而强加对进出口食品的监管。对此，相关的主管部门就成了进出口商品检查部门。在这些立法的基础上，由人民代表大会制定的《食品卫生法（试行）》于 1983 年开始实施，而这部法律经修订后就是 1995 年的《食品卫生法》。在 1995 年的版本中最为显著的一个特点就是在强加官方监管责任

① Bian, Y., "Current Chinese Law on Food Safety: an overview", in, Mahiou, A. and Snyder, F. (ed.), La sécurité alimentaire/food security and food safety, Académie De Droit International de La Haye/Hague Academy of International Law, 2006, p. 169.

的同时，规定了社会团体和个人对于食品卫生的社会监督。

在确立食品安全法之前，可以说，《食品卫生法》就是食品安全规制领域内的基本法。为了确保食品卫生/食品安全，该法律对食品作出了基本规定：食品应当无毒、无害，符合应有的营养要求，要有相应的色、香、味等感官性状。在这一方面，任何腐败变质、混有异物或含有毒、有害物质的食品都禁止生产经营。值得一提的是，这一《食品卫生法》的适用范围仅仅针对食品的生产经营阶段。除了对食品作出规定之外，该卫生法对食品相关的其他物质也作出了规定，例如食品添加剂或食品接触材料。有关食品卫生问题的主管部门是卫生部，可以针对食品和相关物质、生产过程以及食品信息制定食品卫生标准。而针对食品从业者，任何食品生产经营者和食品摊贩，都必须先取得卫生部发放的卫生许可证明；否则，不得从事食品生产经营活动。违反该法律相关规定的，例如生产经营不符合卫生要求的，可吊销其卫生许可证。

与《食品卫生法》一样，《产品质量法》也同样适用于食品安全的保障。该法所称的产品是指经过加工、制作，用于销售的产品。作为入市的前提条件，生产者必须确保其生产的产品不存在危及人身、财产安全的不合理的危险，且符合相关的保障人体健康和人身、财产安全的国家标准、行业标准。而且，就他们生产的产品而言，不得掺杂、掺假，不得以假充真、以次充好，不得以不合格产品冒充合格产品。而在信息提供方面，也应确保其产品或者包装上的标识真实。根据这一法律，国家相关的主管部门①应在其职能范围内就生产和销售阶段的产品质量保障开展检查。为了落实这一法律，相关主管部门进一步制定了《食品生产加工企业质量安全监管管理办法》②。根据这一行政规章，食品是指经过工业加工、制作的，供人们食用或者饮用的制品。因此，为了满足保障人体健康、人身安全的要求，食品不应存在危及健康和安全的不合理危险。需要注意的是，针对

---

① 产品质量监管部门主管全国产品质量监管工作。根据《国务院办公厅关于印发国家工商行政管理总局职能配置内设机构和人员编制的通知》，原有国家质量技术监督局承担的流通领域商品质量监督管理的职能于 2001 年 1 月开始划归国家工商行政管理总局。

② 《食品生产加工企业质量安全监管管理办法》，国家质量监管检验检疫总局第 52 号令，2003 年 7 月 18 日。

食品的生产加工，必须符合食品质量安全市场准入制度，包括生产者必须获取食品生产许可证，而其所生产加工的食品也应在检验合格后添加食品质量安全市场准入标志（QS）标志[①]。

对食品安全规制而言，《食品卫生法》和《产品质量法》是两部非常基本的法律，但是它们的适用范围各有局限性。首先，这两部法都不涉及初级阶段的食用农产品的监管。其次，《产品质量法》仅仅针对生产和销售阶段的食品质量安全。最后，《食品卫生法》的适用范围涉及除初级阶段之外的其他环节，但各阶段的监管涉及不同的主管部门。因此，食用农产品和进出口食品的安全规制另有相应的法律法规。

针对初级生产，《农业法》是基本的法律，其主要针对农业、农村和农民作出相应的规定，包括推进农业现代化、深化农村改革和增加农民收入等。然而，该法律针对食品的主要目标是确保农业生产。而就食品的质量和安全监管而言，相应的立法是《农产品质量安全法》。根据这一法律，农业行政主管部门负责农产品质量安全的监督管理工作，而所谓的农产品是指来源于农业的初级产品，即在农业活动中获得的植物、动物、微生物及其产品。为了确保农产品的质量和安全，对可能影响农产品质量安全的农业、兽药、饲料和饲料添加剂、肥料、兽医器械等方面试行许可制度；针对农产品建立质量安全体系，即强制性的技术规范。此外，农产品生产企业和农民专业合作经济组织应当建立农产品生产记录。相应地，有下列情形的农产品不得销售：含有国家禁止使用的农药、兽药或者其他化学物质的农产品；或使用的保鲜剂、防腐剂、添加剂等材料不符合国家有关强制性的技术规范的农产品，等等。值得一提的是，该法律对于农产品质量安全的保障已经引入了风险评估制度。

一般来说，进口食品的食品添加剂、食品容器、包装材料和食品用工具

---

① 2001 年针对米、面、油、酱油、醋等五类食品引入“QS”标志，这是食品质量安全市场准入标志。作为标志，“QS”是英文字母 Quality 和 Safety 的缩写，中文为“质量安全”。2003 年之后，这一标志的使用范围扩大到肉制品、乳制品以及其他非食品产品。2010 年 6 月 1 日，该标志更名为食品生产许可标志，其中，“QS”变更为“Qiyeshipin Shengchanxuke”的缩写，标志中的中文改为“生产许可”。随着《食品安全法》于 2015 年的修订，该 QS 标志会被企业生产许可证的 SC 编码所取代。

及设备，必须符合国家卫生标准和卫生管理办法的规定。作为主管部门，最初是由国家进出口商品检验局负责。该部门在1998年[①]和2001年[②]先后改组，目前是由国家质量监督检验检疫总局负责。为了落实这一监管职责，主管部门制定了《出入境口岸食品卫生监督管理规定》，要求食品生产经营单位从事口岸食品生产经营活动前，应申请卫生许可证[③]。同时，作为食品的主要来源，进出口岸的动植物也需要接受检疫。在这一方面，根据《中华人民共和国进出境动植物检疫法》，农业部负责主管全国进出境的动植物检疫工作，随后，该职能被划归给了国家质量监督检验检疫总局。此外，根据《中华人民共和国进出口商品检验法》，目前则由国家质量监督检验检疫总局就针对进口食品的检查制定了进口食品国外企业注册管理的规定[④]。

（二）针对合作和协调的尝试

由于分段式的立法，不同主管部门的合作是必不可少的。然而，食品安全问题日益复杂，连有关食品卫生的概念也随之变化。而不同的法律法规之间的冲突也为保障食品安全增加了困难。事实上，针对一个事项制订多项不同的法律法规，如果没有统一的立法计划，要避免它们之间的冲突会非常困难。例如1995年的《食品卫生法》和1993年的《产品质量法》是一致的。但是后者在2000年进行了修订。自此，针对不安全的食品，《食品卫生法》和《产品质量法》在处罚方面就出现了差异。例如，在修

---

① 根据《国务院关于部委管理的国家局设置的通知》（国发〔1998〕6号），组建国家出入境检验检疫局，由海关总署管理。国家出入境检验检疫局是主管出入境卫生检疫、动植物检疫和商品检验的行政执法机构。

② 根据《国务院关于国家工商行政管理局新闻出版署国家质量技术监督局国家出入境检验检疫局机构调整的通知》（国发〔2001〕13号），国家质量技术监督局与国家出入境检验检疫局合并，组建中华人民共和国国家质量监督检验检疫总局（正部级）。国家质量监督检验检疫总局是国务院主管全国质量、计量、出入境商品检验、出入境卫生检疫、出入境动植物检疫和认证认可、标准化等工作，并行使行政执法职能的直属机构。

③ 《出入境口岸食品卫生监督管理规定》，国家质量监督检验检疫总局制定，2006年4月1日起实施，第7条。目前，该管理办法已于2015年进行了修订。

④ 《进口食品国外生产企业注册管理规定》，国家质量监督检验检疫总局制定，2002年3月14日。随着《进口食品境外生产企业注册管理规定》于2012年5月1日起施行，前述管理规定已经废除。

订之前，无论是《食品卫生法》[①] 还是《产品质量法》[②] 都规定处以违法所得一倍以上五倍以下的罚款。但是2000年修订后的《产品质量法》则规定处违法生产、销售产品（包括已售出和未售出的产品，下同）货值金额等值以上三倍以下的罚款。从违法所得的处罚基准到货值金额的处罚基准，新的《产品质量法》加大了对违法行为的处罚力度。考虑到食品低廉的销售价格，货值金额的处罚基准比违法所得的基准更为严厉。而食品安全问题屡禁不止的一个原因就是违法的经济成本过低。此外，当食品安全监管涉及众多部门而各个部门又仅在自己的管辖范围制定监管规章时，上述的重复、漏洞和冲突问题就显得更为棘手。

为了应对这一问题，国务院已经出台了若干规章，通过明确各主管部门的职能以便促进各主管部门之间的协调和合作。在这一方面，最为显著的贡献就是于2003年组建了国家食品药品监督管理局，负责综合监督食品、保健品、化妆品安全管理和主管药品监管。此外，2004年《国务院关于进一步加强食品安全工作的决定》则按照一个监管环节由一个部门监管的原则，采取分段监管为主、品种监管为辅的方式，进一步理顺食品安全监管职能，明确责任，即农业部门负责初级农产品生产环节的监管；质检部门负责食品生产加工环节的监管，将现由卫生部门承担的食品生产加工环节的卫生监管职责划归质检部门；工商部门负责食品流通环节的监管；卫生部门负责餐饮业和食堂等消费环节的监管；食品药品监管部门负责对食品安全的综合监督、组织协调和依法组织查处重大事故。即便如此，食品安全问题依旧时有发生，因此，上述的监管体制又进行了多次调整。在2008年大部制改革之际，食品药品监督管理局被编入了卫生部，两者的职能进行了转换，即卫生部负责总体的协调工作，而食品药品监督管理局负责餐饮业等消费环节的监管。

---

① 《食品卫生法》，第39条：生产经营不符合卫生标准的食品，造成食物中毒事故或者其他食源性疾患的，责令停止生产经营，销毁导致食物中毒或者其他食源性疾患的食品，没收违法所得，并处以违法所得一倍以上五倍以下的罚款；没有违法所得的，处以一千元以上五万元以下的罚款。

② 1993年《产品质量法》，第37条：生产不符合保障人体健康，人身、财产安全的国家标准、行业标准的产品的，责令停止生产，没收违法生产的产品和违法所得，并处违法所得一倍以上五倍以下的罚款，可以吊销营业执照；构成犯罪的，依法追究刑事责任。

虽然已有上述的这些立法和监管努力，但食品安全问题依旧不断。而许多争议都主要针对现有的立法体系和监管机制。此外，从上述的立法和监管中也不难看出，食品相关的概念，包括食品卫生、食品安全和食品质量依旧缺乏清晰的界定。以《农产品质量安全法》为例，其既有涉及安全保障的规定也有针对提升农产品质量的规定。最后，该法把安全和质量标准列入了同一个标准体系中。事实上，即便安全可以被视为质量的一个方面，但是两者在监管方式和监管目的上都存在不同之处。此外，以《食品卫生法》为食品安全规制的法律基础，也缺乏对食品卫生和食品安全异同的认识。因此，在准备新的基本法之时，有必要对上述的概念进行整理，并以食品安全为切入点。

二、以食品安全法为法律基础的立法完善

基于三聚氰胺事件的教训，一部基本的食品安全法最终出台。根据这一法律，相关的主管部门重新制定了相应的执行规章。

(一) 2009 年的《食品安全法》

就《食品安全法》的确立，立法部门先后进行了 4 次审议。最终，《食品安全法》于 2009 年年初获得通过并于 6 月 1 日起正式开始实施。在该法律出台之前，尽管针对食品安全规制也有相应的法律予以调整，尤其是监管体制，但是这些都是行政部门出台的行政规章，其法律效力不及《食品安全法》。而作为一部基本法，该法律为以后的食品安全规制奠定了新的法律基础。就适用范围而言，其不仅适用于食品生产和加工、食品流通和餐饮，同时有关农产品的质量安全标准、公布食用农产品安全有关信息也必须遵守本法的规定。就监管而言，首先，从事食品生产、食品流通、餐饮服务，应当依法取得食品生产许可、食品流通许可、餐饮服务许可。其次，质量监督、工商行政管理和国家食品药品监督管理部门分别对食品生产、食品流通、餐饮服务活动实施监督管理。值得一提的是，尽管这一《食品安全法》适用于食品供应链中的所有环节，但是食用农产品的监管依旧以《农产品质量安全法》为依据。但其进一步强调了卫生部在食

品安全综合协调中的职责，包括负责食品安全风险评估、食品安全标准制定、食品安全信息公布、食品检验机构的资质认定条件和检验规范的制定，以及组织查处食品安全重大事故中的领导角色。

就官方控制而言，针对主管部门之间的重叠和空缺，该法律进一步明确了各涉及部门的职责。为了加强各部门之间的合作和协调，该法律在组织结构的安排上作出了以下要求。强化卫生部在食品安全规制中的领导作用。此外，国务院还设立了食品安全委员会。就协调工作而言，过去的食品药品监督管理局只是一个半部级的机构，因此缺乏权力对部级的工作进行调整，而该委员会则直接由国务院领导。

为了确保食品安全的预防式监管，该法律最重要的一点就是建立食品安全风险评估制度，从而为风险的管理奠定了科学基础，主要包括食品安全标准的制定和食品安全事故的处理。同样重要的是，该法律也要求健全食品安全风险监测制度。而这一制度的构建也意味着食品安全从事后管理向预防式的转变。监测阶段收集的信息便利了风险评估的开展。但是，相关的风险管理和风险交流并没有相应的规定，即仅仅只是落实了风险评估而不是将风险分析作为一个体系化的决策支持系统予以落实。此外，针对食用农产品和其他食品的风险评估也没有整合在一个风险评估体系中。

食品标准是食品安全监管的重要手段，原本由主管部门制定的强制性食品标准主要涉及食品卫生和食品质量两个方面。对于前者，有卫生部针对食品、食品添加剂、食品容器、包装材料、食品用工具、设备，用于清洗食品和食品用工具、设备的洗涤剂、消毒剂以及食品中污染物质、放射性物质容许量等制定和批准颁发国家卫生标准、卫生管理办法和检验规程。对于后者，则分别由农业部和质量监督总局在各自的主管范围内对食用农产品和食品产品制定食品质量标准。长期以来，针对食品标准的立法修订都是按照上述的体系进行的。但是《食品安全法》则对两者进行了统一，并规定制定食品安全标准作为保障公众健康的强制执行的标准。除此之外，不得制定其他的食品强制性标准。为了实现这一目标，卫生部在落实《食品安全法》时的一项主要任务就是全面清理整合现行食品标准，加快制定、修订食品安全基础标准，完善食品生产经营过程的卫生要求标准，合理设置食品产品安全标准，建立健全配套食品检验方法标准，完善食品安全国家标准管理制度。此外，为了促进食品安全规制和及时修订食品安全标准，有关食品安全标准执行的追溯和评估也进一步得以落实。

无论对于风险监测还是风险评估，抑或食品安全标准，信息的交流都是至关重要的。在这个问题上，负责信息搜集的主管部门都应在获知有关食品安全风险后，向卫生部进行通报。而在完成风险评估后，也主要由卫生部向国务院有关部门通报食品安全风险评估的结果，同时针对具有较高程度安全风险的食品，提出食品安全风险警示并予以公布。

上文已经提过，过低的违法成本是食品安全问题屡禁不止的一个重要原因。作为回应，针对违法所得罚金基础已由货值金额取代。此外，根据这一法律，生产不符合食品安全标准的食品或者销售明知是不符合食品安全标准的食品，消费者除要求赔偿损失外，还可以向生产者或者销售者要求支付价款十倍的赔偿金。作为惩罚性的赔偿，该要求增加了对违法行为的威慑力。相较而言，真正具有威慑力的应该是刑法的相关规定。根据《刑法修正案（八）》，生产、销售不符合食品安全标准的食品和在生产、销售的食品中掺入有毒、有害的非食品原料的行为视其情况将受到法律的制裁，包括罚金、有期徒刑甚至死刑。此外，负有食品安全监督管理职责的国家机关工作人员，因滥用职权或者玩忽职守，导致发生重大食品安全事故或者造成其他严重后果的，也应受到刑事处罚。

就这一部基本法而言，尚存两个问题亟待解决。第一，从《食品卫生法》到《食品安全法》的转变，其意义在于确保该基本法能够监管更多危害健康的食品问题，因为食品安全问题除了食品卫生的保障之外，也与滥用化学物质等非食品卫生问题相关。但是，食品安全和食品卫生并不是相互替代的概念。尽管现有的《食品安全法》保留了有关食品卫生的标准，但却缺乏一部独立的食品卫生立法通过落实现代的科学管理体系保障食品生产过程中的卫生问题。事实上，这一单独立法的意义在于，明确食品安全的首要责任在于食品从业者。而要落实这一责任，则需要这些食品从业者通过落实内部的风险控制体系确保食品生产环节中的安全。第二，从《产品质量法》到《食品安全法》，食品生产环节中的安全保障已由食品安全标准取代食品质量标准，但是在初级生产阶段，食品安全和食品质量的概念依旧没有明确的鉴定。事实上，针对食品安全标准，《食品安全法》已经明确规定，除食品安全标准外，不得制定其他的食品强制性标准。因此，明确界定安全和质量概念是针对食用农产品制定安全标准和质量标准的第一步。而除了安全，食用农产品的销售还有赖于许多质量特征，而针对这些质量特征制定标准时，主管部门的作用应该更为灵活，从而确保食品从业者可以更好地利用这些质量特征来满足消费者不同的需求或者更高的期待。

（二）相关立法的完善

为了便于落实《食品安全法》，相关的主管部门都制定了具体的规章。具体包括：国务院首先针对《食品安全法》制定了《食品安全法的实施条例》。根据《食品安全法》和《食品安全法的实施条例》，涉及主管部门的进一步立法还包括以下几个方面。

《食品安全法》把有关非食用农产品的风险监测和风险评估，以及食品标准的制定和食品信息交流等职能集中到了卫生部。因此，卫生部针对上述规定进一步制定了实施细则：《食品安全风险监测管理规定（试行）》《食品安全风险评估管理规定（试行）》《食品安全国家标准管理办法》《食品安全信息发布管理办法》。

就《食品安全法》的执法而言，涉及主管部门主要有两个方面的主要职能，包括食品许可证的发放和食品安全的监督管理。为此，各主管部门在其管辖的范围内分别出台了：质检总局的《食品生产许可管理办法》、工商总局的《食品流通许可管理办法》和《流通环节食品安全监督管理办法》、卫生部的《餐饮服务许可管理办法》和《餐饮服务食品安全监督管理办法》；而针对食品的进出口，则有《进出口食品安全管理办法》。

除了上述的部门立法，也有针对某一食品或某类食品的立法。例如，2007 年的《新资源食品管理办法》，针对在我国无使用习惯的动物、植物和微生物，或因采用新工艺生产导致有原成分或者结果发生改变的食品原料作出了规定。鉴于其后实施的《食品安全法》，卫生部重新修订了上述法规，并更名为《新食品原料安全性审查管理办法》，通过修改新食品原料的定义和范围，以进一步规范新食品原料应当具有的食品原料属性和特征以及便利新科学技术对于研发新食品原料的作用。根据该法规，转基因食品并不属于新食品原料。而就转基因食品而言，《农业转基因生物安全管理条例》规定从事高风险农业转基因生物研究的，应当在研究开始前向农业部报告。

三、最新立法动态

鉴于《食品安全法》实施后在监督管理体制、执法有效性等方面尚存的问题，如多部门监管中的缺位、错位，或者监督管理工作量给有限行政资源带来的巨大压力，《食品安全法》的修订工作于 2013 年启动，并于 2015 年 4 月经四次审议后通过。相较于 2009 年实施的《食品安全法》，修订后的《食品安全法》一如既往地强调预防为主在食品安全保证中的重要性以及通过严刑峻法打击食品安全违法和犯罪行为的必要性。在此基础上，此次的修订在以下几方面作出了新的安排。（1）确认 2013 年以来改革后的食品安全监督管理体系，即由食品药品监督管理总局统一主管食品的生产经营行为，并通过属地责任强调地方政府在行政区域内组织食品安全监督管理工作的组织责任。（2）对于具体的食品安全监督管理工作，通过过程管理和特殊品种的监管突出食品生产经营者保证食品安全的责任。相应的，为了提高官方监督管理的效率，风险分级监督管理制度的引入有利于政府集中人力、物力解决高风险的食品安全问题。如在普查的基础上根据食品的风险等级、食品企业的违法情况确认食品抽检的频率。（3）鉴于监督管理工作的革新，包括参与主体的多元化和监管方式的多样化，社会共治成为食品安全监督管理工作的原则，为此，风险交流职能的引入为各利益相关方的信息获取和参与决策提供了制度保障。此外，强调食品安全的教育和举报制度、奖励制度也为多方参与提供了知识准备和有效途径。

经 2013 年监督管理体制的改革和 2015 年《食品安全法》对监督管理体制的确认，目前落实《食品安全法》的配套规章主要由食品药品监督管理总局予以完善，如针对食品生产的《食品生产许可管理办法》和针对食品经营的《食品经营许可管理办法》。由于此次修订的《食品安全法》在理念、制度和技术上都实现了较大的创新，因此，就基本法确立的一些制度和原则性安排，通过下位法的具体化设计还在不断完善中。作为重点，制度的生命在于实施，制度的权威也在于实施。为此，全国人大已将食品安全法执法检查作为工作的重点。相应的，2016 年 4 月至 5 月，全国人大常委会执法检查组对新修订的食品安全法实施情况开展了执法检查。诚然，随着新法的落实，食品安全整体状况将会明显好转，但食品安全法实施中依旧存在部分食品生产经营者主体责任意识薄弱、监管体制机制需要进一步完善、部门之间配合有待统筹协调、种植养殖环节存在风险隐患等突出问题。同样的，当修订后的《食品安全法》对一些制度作出立、改、增等新安排时，“徒法不能以自行”也需要对制度落实作出以下反思：这些制度在实施过程中的状况如何？这就需要对这些制度的实施状况进行评价和评估，准确地寻找到这些制度在实施过程中的成绩、不足及其原因，以便在未来的工作中不断予以完善。

第二章　食品安全法律的发展现状

反观美国、欧盟和中国的食品安全立法史，它们的共同特征是通过及时的立法调整来应对由于食品行业发展所带来的新的食品安全问题。其结果是，这些食品安全法律既保留了一些传统的构成要素也有一些新发展的构成要素。尽管由于各国情况的差异，每一个国家/地区的食品安全法律都会有其自身的独特性，但鉴于工业化和食品供应链的全球化发展，各地区共同面对的挑战也促使食品安全规制中出现了一些共性。

第一节　各地食品安全立法的独特性

美国100年的食品安全立法演变、欧盟50年的立法演变以及中国30年的立法演变为建立健全食品安全法律提供了不同的模式。

作为英国的殖民地，美国有关食品的立法参照了英国经验。公元1000年，英国针对特定的主食开展了食品监管，例如针对面包、黄油、肉类等立法，其目的是确保这些食品以合理的价格和统一的净重销售给消费者。随后，由于出现了食品中昂贵成分被廉价成分取代的掺假掺杂问题，监管范围进一步扩大到了确保食品的质量。因此，打击食品掺假掺杂问题成为政府食品监管的一个重要内容①。就美国来说，也正是因为食品掺假掺杂的泛滥使得美国最终在联邦层面制定了《纯净食品法》和《肉类检查法》。自此，打击食品掺假掺杂成为美国基本食品法中的一个重要条款。一如前文所提，针对食品掺假掺杂的监管是为了防止食品欺诈，而欺诈既

---

① Hutt, P., “A history of government regulation of adulteration and misbranding of food”, Food Drug Cosmetic Law Journal, 39, 1984, p. 10.

可以是针对食品质量以便确保消费者的经济利益，同时，也可以通过禁止添加有毒有害物质从而确保食品安全。就1906年的《纯净食品法》来说，它针对食品安全制定了一些规则，但是其所应对的是急性死亡的危害[①]。根据该法规定的食品掺假掺杂条款和从信息提供方面确保食品纯净度的食品错误标识条款，1938年的《联邦食品、药品和化妆品法》以及随后针对食品添加剂的修订和最近针对预防风险的现代化法案使得美国的食品安全立法成为一个经典模式，即不仅保留了传统规制食品安全的构成要素，同时也为了解食品安全法律规则的演变提供了线索，包括融入以风险预防为主的最新构成要素。

经过疯牛病危机的教训，欧盟的立法模式更注重通过制定一部基本法，从而为整个食品安全法律体系提供一个法律基础。在这一方面，《通用食品法》不仅为次级立法提供了基本规定，同时也整合了一些监管食品安全的法律原则，包括风险分析原则和谨慎预防原则。尽管这些原则的运用依旧存在差异性和争议性，尤其是谨慎预防原则，但是欧盟无疑为整合食品安全法律使之成为结构合理的食品安全法律体系提供了可供借鉴的经验。因此，欧盟经验的意义在于如何构建有序的食品安全法律体系，相较于美国而言，其更多的是一个新模式。

目前中国法律体系的构建主要是借助法律移植的方式，在这个过程中，西方的法律体系是重要的参考标准。不难发现，在中国食品安全立法的进程中，既有参考美国也有参考欧盟的经验。例如，新制定的《食品安全法》一如欧盟的《通用食品法》，通过基本规定，例如针对风险监测和风险评估的规定，为整个食品安全法律体系提供了法律基础。然而，与美国一样，无论是立法还是官方控制，食用农产品的立法、监管和风险评估都独立于其他食品，并由食品药品监督管理局负责后者在生产经营环节的安全保障。因此，中国的立法模式应该是混合型的，即通过借鉴先进经验改进自身立法的同时也要考虑自身的国家特色。

基于上述内容，就食品安全法律的变更和协调而言，各地食品安全立

---

① Hutt, P., "Food and drug law: a strong and continuing tradition", Food Drug Cosmetic Law Journal, 37, 1982, p. 127.

法的特殊性分别体现在立法体系的构建和法律一体化的实现两个方面。

一、法律体系化的差异

从食品安全法律到食品安全法律体系，核心的工作是通过以下两个步骤将前者有序地进行整合，从而使其具有体系化的框架。第一，制定一部基本的食品法，其作用是通过制定基本原则和要求为确保法律一致性提供法律基础。第二，根据这一基本食品法，通过针对物质、过程和信息等不同的事项制定具体的规则或标准以填补立法空白，进而全面确保食品安全。为了实现这一目标，美国、欧盟和中国在建立健全食品安全相关的法律体系方面各自采用了不同的方式。通过借鉴他们的经验，可以汇编一部“食品安全法典”，进而确保整个法律体系的一致性。

（一）作为法律基础的基本法

随着对食品安全和公众健康关联的认识，通过制定一部基本法以确保公众健康为立法目标已经达成共识。例如，中国《食品安全法》的立法目标是通过保障食品安全确保公众健康。从食品安全法律到食品安全法律体系，或者说，从分散的各类法律到一个完整的法律体系，基本食品法的作用是通过确定法律基础从而实现整个法律体系的一致性。可以说，它的作用就是食品法领域内的宪法，为确保食品安全规定了基本要求。而这些要求是食品进入市场流通、实现粮食安全和满足消费者不同食品质量需求的前提条件。

此外，值得一提的是，健康保障并不是上述基本法可以实现的唯一目标。因为，一方面，确保食品安全本身就有多重意义。例如，欧盟《通用食品法》规定：本法规意在为实现高水平的公众健康保护和消费者食品相关利益保障提供法律基础，同时考虑到包括传统产品在内的食品供应多样性和内部市场的有效运行。然而，在这众多的目标中，健康保障无疑是首要的。另一方面，就消费者利益而言，有害的食品行为不仅会导致食品安全问题，同时也有其他与食品相关的问题。以美国《联邦食品、药品和化妆品法》对掺假掺杂和错误标识的禁止性规定来看，食品欺诈不仅有害于消费者健康同时也会误导消费者，损害消费者对食品的经济预期，如以廉价物质替换食品中有价值的成分或以易于混淆的包装仿冒知名品牌食品，这些无疑都会损害消费者在健康安全之外的其他利益。

事实上，作为一部基本法，其本身的规定未必会清楚界定哪些规则涉及食品安全[①]。例如，中国将这一基本法命名为《食品安全法》，但其中针对禁止销售没有标识食品的规定也同样可以确保消费者的知情权和选择权。就消费者保护而言，消费者主要享有四个基本权利，包括安全、告知、选择和诉求。优先保障这些权利而不是贸易自由有赖于基本食品法的规定[②]。正因为如此，欧盟的《通用食品法》同样把保护消费者利益，包括告知和自由选择的权利作为法律的基本原则。因此，尽管食品安全是这一部法律的主要内容，但将其命名为“食品法”而不是“食品安全法”的意义在于将这部法律作为整个食品领域内的基本法，从而避免忽视消费者的其他利益。也就是说，基本食品法应该在保障公众健康的同时保护消费者的其他利益。

作为针对一个特定领域的立法，基本食品法的规制对象可以像英国早期立法那样仅仅针对某一个食品，或者像美国那样通过《肉类检查法》等单行法针对某一类食品，又或者像中国那样通过《农产品质量安全法》这一单行法针对某一个生产环节，再或者像欧盟那样从物质的角度定义食品，进而将所有食品纳入基本法的规制范围。

就针对某一特定食品的基本立法而言，其规定会比较具体，因此这种立法模式更像纵向的次级立法。对此，有关食品成分的“菜单法”对识别食品发挥着重要作用，作为早期所使用的立法手段，其目的主要是确保食品的纯净度和真实性以及保障食品的自由流通。但是，随着越来越多的化学物质被添加到食品和食品的生产过程中，针对食品成分的严格规定与食品行业的发展不相匹配。正是基于这一原因，美国通过添加剂的修正案，

---

① van de Velde, M. et van der Merlen, Bernd, “Preface”, in, van der Meulen, B. and van der Velde, M., European food law handbook, Wageningen Academic Publishers, 2009, p. 11.

② Negri, S., “Food safety and global health: an international law perspective”, in, Global Health Governance, 3 (1), 2009.

确立了“通过安全评估即许可使用”的原则，以便从物质安全的角度确保食品安全。此外，“菜单法”在欧盟遭遇失败也与其成员国内不同的饮食文化相关[①]。因此，即便统一食品的成分组成有利于食品在各成员国的自由流通，但其不利于延续各国不同的饮食文化。欧盟的食品立法更偏向于横向方式，即针对某一类化学物质或所有食品进行立法。对于物质，欧盟也采用了许可的方式，即只要科学评估能证明该化学物质的安全性，即可以将其作为食品添加剂使用。对于信息，与“菜单法”相比，标识的立法更为灵活，即将食品成分和生产方式的信息告知消费者以便其能在知情的前提下根据自身偏好正确合理选择食品。尽管如此，依旧有必要通过纵向立法的方式针对某一食品进行特别规制。但无论如何建立健全食品安全法律体系，通过基本法确保法律间的一致性是非常重要且必要的。

就通过单行法针对某一类食品进行基本立法而言，美国《联邦食品、药品和化妆品法》的规制范围为80%的食品产品，而其余20%中的肉类、禽肉类和蛋产品则分别通过《肉类检查法》《禽肉检查法》和《蛋产品检查法》这一系列的单行法由不同于前者的规制机构负责。这种分开监管的原因在于对动物源性食品的检查需要具备一定的兽医学知识，从而能将患病的动物从其他动物中分离出来[②]。相较而言，中国将初级农产品环节进行单独规制与行政管理体系相关。事实上，随着目前安全管理体系的发展，尤其是HACCP体系的适用，对于确保农产品和非农产品的卫生条件都提供了有效手段。当技术进步可以促进初级阶段的生产和检查工作时，上述监管职能相分离的模式将越来越受到诟病，包括利益的冲突和监管权限的冲突。就利益冲突而言，农产品的监管往往由农业部门负责，其会遇到如何平衡农业发展和消费者保护的利益冲突。从实践来看，当促进经济发展和保障公众健康在优先目标订立中发生冲突时，通常很悲哀的选择是将经济利益置于安全保障之上。对于监管权限冲突，食品生产和食品成分

---

① Leibovitch, E., “Food safety regulation in the European Union: toward an unavoidable centralization of regulatory powers”, International Law Journal, 43, 2008, p. 432.

② Nestle, M., Safe food: bacteria, biotechnology, and bioterrorism, University of California Press, 2003, p. 52.

的复杂性会使得在实践工作中难以界定权限的边界。一个典型的案例就是美国食品药品监督管理局和农业部下属食品安全检验局（Food Safety and Inspection Service，FSIS）对于比萨食品的监管。根据规定，如果比萨中的红肉含量低于3%，则由美国食品药品监督管理局负责监管；反之，则是由食品安全检验局监管[①]。然而，在实际中上述的含量标准很难确定。因此，监管行为中的漏洞和重复成为多部门监管体系中一个长期存在的弊端。

一如美国，考虑到微生物和化学污染发生的频繁性，欧盟也对动物源性食品的监管作出了特殊规定。例如，第852/2004/EC号的卫生法规是针对所有食品的，而第853/2004/EC号的卫生法规则是针对动物源性食品。然而，作为次级立法，这些法规规定都必须符合《通用食品法》的基本原则和基本规定。根据这一法规，欧盟规制中对食品的定义是：指任何加工、半加工或未经加工供人类食用的物质，包括饮料、口香糖及生产、制作或处理“食品”时所用的任何物质，但不包括化妆品或烟草或只作药物使用的物质。从物质的角度对食品进行全面定义，使其概念覆盖“从农场到餐桌”这一整个食品供应链。与那些将初级产生进行独立监管的做法相比，食品法这一全面规定有利于确保食品安全责任在所有相关食品从业者之间的共担[②]。

此外，食品法本身可以通过定义的方式将食品的范围扩展到涵盖食品添加剂、食品补充剂或排除饲料、药品等物质时，有必要说明以下两点内容。一方面，欧盟将饲料纳入食品法规制范围的做法有助于真正实现从源头确保食品安全，尤其是动物源性食品的安全。另一方面，明确界定食品的概念也有助于将食品与其他从物质角度加以规范的产品相区分。事实上，对于食品的定义，由于各国食品传统和食品文化的差别，具体哪些物

---

① FDA, Investigations Operations Manual, Chapter 3, Federal and State cooperation, p. 99, available on the Internet at: http: //www. fda. gov/ICECI/Inspections/IOM/default. htm.

② FAO, FAO’s strategy for a food chain approach to food safety and quality: a framework document for the development of future strategic direction, Committee on Agriculture, Seventeenth Session, Item 5 of the Provisional Agenda, Rome, March 31 - April 4, 2003.

质可以或者不能包含在这一定义中是有争议的。在中国，一些作为传统药物的物质也可以作为食品食用以提高该食品的功能价值。因此，中国《食品安全法》对于食品的定义非常广泛，指各种供人类食用或者饮用的成品和原料以及按照传统既是食品又是药品的物质，但是不包括以治疗为目的的物品。为了保障人类健康，由物质构成的产品，例如食品或药品，可以进行联合监管从而减少立法成本。例如，不同于欧盟和中国就食品单独监管的实践，美国的相关法律只将食品作为其监管的对象之一，此外，还涉及药品和化妆品。考虑到化学物质在人类生活中的普遍存在，对其安全性的确保已经成为一个独立的法律课题。在这个方面，欧盟发展的 REACH（Registration，Evaluation，Authorization and Restriction of Chemicals）法规也整合了化学物质的注册、评估和许可。然而，针对食品所使用的化学物质并不在 REACH 法规的范围内，而应遵循欧盟《通用食品法》的规定。不得不承认的一点是，将食品和其他物质进行联合监管的一个问题是难以避免实际中的一些困难，尤其是食品和药品的监管问题。例如，美国食品法中对食品缺乏明确的定义，从而会导致产品识别过程中的困难，即如何区分食品和药品，尤其是当某一产品存在可以同时作为食品和药品使用的情况。对此，针对药品的安全规定比食品来得更为严格，因此，一些从业者会利用上述这一规定以食品的名义销售药品。尤其是随着食品补充剂的发展，尽管它被定义为食品，但是其形式类似于药丸，对于消费者而言，区分药品和食品补充剂会有一定的困难。因此，明确相关概念有利于克服这些不确定性①。对此，“使用目的”被用于区分食品和药品。此外，多重任务的存在也会导致实践中用于食品和药品监管资源的分配不公，例如在美国食品药品监督管理局的监管中，管理人员更多的是重视对药品的监管，而只有发生了食品安全事故才可能引起他们对于食品监管的重视②。

综上所述，基本食品法的目标是优先保障公众健康和消费者的利益。

---

① Petrelli，L.，“Health food and health and nutritionally claims”，in，Costato，L. and Albisinni，F.（ed.），European food law，CEDAM，2012，pp. 304 - 310.

② Robert Wood Johnson foundation，Keeping America’ food safe：a blueprint for fixing the food safety system at the U. S. Department of Health and Human Services，2009，p. 5.

当基本法的范围应该包括食品供应链中的所有食品时，有必要对食品作出明确的定义。此外，这一基本法也同时需要回应以下这些重要问题，包括：什么是食品安全？考虑到食品供应链中存在的诸多利益相关者，如食品从业者、主管部门、消费者，谁应对确保食品安全负有责任？当出现违法行为时，有哪些惩罚手段？为了回答这些问题，基本食品法的关键就是要通过制定一些基本原则，指导次级立法以及执法。通过遵循共同的法律原则才能确保特别法、执行规章和规则的一致性[①]。正因为如此，基本食品法的规定不能过于细化，而仅仅只是提供一个法律框架，因为具体的条款应由其他特别法、执行规章或规则加以细化。例如，以下这些内容可以包含在一部食品法的模范法[②]中：

（1）明确目标、范围和定义的总则；

（2）定义法律执行权限和责任的行政框架规定；

（3）适用于食品和其生产、进出口和销售的具体规定；

（4）违法和犯罪时应当承担的法律责任；

（5）其他通过废除或修订及规定制定规章权限从而调整现行法律的附则。

根据上述内容，可以说，中国的《食品安全法》就是践行这一模范法的实例。尽管欧盟的《通用食品法》也是一部基本法，但其对于官方控制的规定非常有限，因为就欧盟的食品安全监管来说，官方控制的权限依旧属于成员国。相比较而言，美国的《联邦食品、药品和化妆品法》也同时对上述内容作出了规定，但是其形式更像是一部食品法典，因为该法律编纂了所有对于食品的规定，包括针对食品添加剂的修正案、针对营养信息以及和膳食补充剂等的法律规定。然而，就基本食品法而言，并没有一个统一的标准。但是作为法律基础，它的重要性在于提供基本原则，从而引导法律制定和法律执行的一致性。

---

① Balkin, J. M., "Understanding legal understanding: the legal subject and the problem of legal coherence", originally published at 103 Yale Law Journal, 105, 1993, pp. 10-11.

② Vapnek, J. and Spreij, M., "Perspectives and guidelines on food legislation, with a new model food law", the Development Law Service, FAO Legal Office, 2005, p. 166.

（二）填补法律空白的次级立法

根据基本食品法的规定，应通过建立健全次级立法完善食品安全法律的覆盖范围。然而，并不存在统一的方式建立健全这些次级立法。在前述的三个案例中，美国将除了肉类、禽类和蛋类产品的其他所有与食品相关的法律编纂进了《联邦食品、药品和化妆品法》，欧盟通过横向和纵向立法健全了食品安全的法律体系，中国则是通过政府部门的分段立法完善了这一法律体系。然而，可以肯定的一点是，这一法律体系的覆盖范围必须尽可能地全面。以法律规范的事项而言，是否对某一与食品安全相关的事项进行立法取决于一国的国情和立法的优先性。例如，对于发展中国家而言，有街头食品的监管很重要，因为这不仅与食品供给相关，也与确保就业甚至保持食品文化密切相关。然而，街头食品往往因为加工环境的简陋而存在众多安全隐患。

事实上，根据美国 100 多年的立法经验，哪些事项与食品安全相关且需要通过立法保障可以总结如下。首先，从食品掺假掺杂条款到食品添加剂修正案的完善，食品安全可以通过物质安全的确保予以实现。其次，考虑到针对食品工厂的卫生条件要求，食品生产过程也与食品安全相关。需要注意的是，对沙门氏菌、大肠杆菌等微生物污染的治理需要以科学为基础的监管方式。最后，从食品错误标识条款到营养相关食品信息的编纂，食品安全保障也需要考虑信息的提供。因此，鉴于食品安全立法的历史演变，确保食品安全相关的事项，可以从物质、过程和信息三个方面考虑建立健全确保食品安全的法律体系。

从物质角度来看，食品都是由物质构成的。就物质而言，帕拉塞尔斯（Paracelsus）曾说过，万物都是有毒的，而剂量决定了其是毒物还是解药。因此，当针对成分构成的“菜单法”与化学工业发展不相匹配时，通过科学证明确保物质安全性的一般原则可以用来规范物质在食品和食品生产中的使用。在这一原则的基础上，根据物质使用目的的不同，又进一步制定了不同的法律规制方式。例如，针对食品添加物，需要申请许可并根据限量和使用范围使用，而农药的使用则需要符合肯定列表和最大残留的限量规定。

对于过程，最初的有关食品安全的考虑主要着眼于生产环境的卫生条件。在这个方面，现代食品技术大大改善了食品的生产条件。然而，食品污染，尤其是生物污染成了食品生产过程中的一个新安全隐患。此外，就食品供应链来说，环境中的金属、农药残留的污染也会带来食品安全问题[①]。因此，生产环节的控制需要依赖以风险为目标、以科学为基础的管理体系，例如良好的农业规范、良好的生产规范等。此外，食品科学的进步也为食品提供了新的生产方式。结果，以新技术为手段生产而来的食品是否与传统食品有着实质性的差别成为争论不休的话题。根据实质性等同原则[②]，技术食品与传统食品是一样的。因此，美国大型食品企业强调“食品就是食品”观念[③]，意图避免新食品与传统食品的竞争。相反，在欧洲，由新技术，如生物技术、纳米技术等开发而来的食品被认为是新食品，因此需要申请、添加标识和进行追溯。事实上，食品成分的不同、食品生产方式的不同都会导致最终食品产品的差异。例如，转基因食品和有机食品的差异正是由于两者生产方式的不同。因此，所谓的过程和生产方式的强调，就是为了强调食品的生产方式也与食品的安全相关。

就食品而言，食品信息是指针对食品并通过标签、其他相伴随的媒介或者任何其他包括现代技术或语言交流在内的方式向最终消费者提供的信息[④]。与严格的“菜单法”相比，清晰完善的标识、说明和广告体系可以帮助消费者更好地认识他们的食品产品。就推进食品的多样性而言，食品信息的监管同时会遇到来自食品从业者和消费者的阻挠。对于食品从业者而言，他们会反对披露一些信息或者根据言论自由而倾向于提供更多有利于他们的信息。对于消费者，他们会在“信息丛林”中迷失方向，因为缺

---

① Maherou, J., Norest, S. and Ferrer, L., “La santé est dans l'assiette: la synthèse de l'ASEF”, Association Santé Environnement France, 2013, pp. 3 - 9.

② OECD, Agriculture policies in OECD countries: monitoring and evaluation 2000: glossary of agricultural policy terms, 2000, p. 262.

③ Hamilton, N., “Food democracy II: revolution or restoration”, Journal of Food Law and Policy, 13, 2005, pp. 34 - 35.

④ 该概念可参见欧盟针对食品信息的立法：欧洲议会和欧盟理事会 2011 年 10 月 25 日第 1169/2011/EU 号关于向消费者提供食品信息的法规，第 2 条第 2 款。

乏专业训练而无法理解一些专业术语。因此，信息的监管应该在强制标注和生产者的言论自由以及消费者的自由选择之间做好平衡。以食品安全来说，针对食品信息的禁止性或强制标注有三个方面的内容。第一，禁止误导性信息，食品错误标识的条款就是针对这一问题，而这对于保护消费者免受有害物质的侵害非常重要，因为通过信息误导的食品诈骗在食品掺假掺杂的案例中非常常见，一如有害物质或者食品已过期但却继续销售。第二，就提供营养信息而言，尤其是必须标注的四个重要营养素，包括热量、蛋白质、碳水化合物和脂肪，对于这些术语和健康声明的统一有助于预防营养相关的食源性疾病，尤其是慢性疾病。第三，所谓“一个人的肉是另一个人的毒药”，这很鲜明地描述了对部分人而言存在的一个问题：即对于某些人来说，会对某一特定的食品有不良的生理反应，也就是所谓的食品敏感。这一概念又可以进一步分为食品过敏，即免疫系统对于一些食品成分的不良反应；食品不耐症，即不存在反应的食品敏感症。相较而言，食品过敏更具危险性和影响性[①]。当某一食品对多数人而言安全时，对少部分人来说，针对食品不耐症或食品过敏的信息是保障其自身安全的必要措施，对此采取的规制方法是通过提供信息确保消费者的知情选择，而不是全面禁止这一对少数人来说会导致健康问题的物质。

（三）金字塔式的立法框架

一直以来，食品安全立法的方式都是应对食品安全事故。回顾历史，不仅欧盟，包括美国在内也是这样的一种立法方式。一如前面所提到的，美国《联邦食品、药品和化妆品法》的特点是一部法典而不是法律。但是这部法典是随着时间不断完善而不是事先规划的，以至于其形成了一个“危机-立法-适用”的循环[②]。作为教训，欧盟的疯牛病危机表明，这样一种被动立法缺乏一致性，因而不足以确保公众的健康。因此，需要以一个整合的方式重新规划现行的食品安全立法，通过有序的法律框架确保法

---

① Taylor, S., “Emerging problems with food allergens”, in, FAO, Food, nutrition and agriculture, 2000, pp. 14 - 15.

② Borcher, A., et al., “The history and contemporary challenges of the US Food and Drug Administration”, Clinical Therapeutics, 29 (1), 2007, p. 1.

律体系的一致性。为了实现这一目标，一方面需要一部基本法确定基本原则和规定，明确立法的目标是保障公众健康和消费者权益；另一方面，根据这一部基本法，通过制定其他食品安全相关的法律完善法律体系，期间需要考虑各国国情。

作为范例，欧盟改革后的食品安全法律具有金字塔式的立法框架[①]。其中，《通用食品法》坐落于该金字塔的顶端，规定基本原则和各项要求，然后由次级立法进一步规定官方控制或者保护消费者免于欺诈等事项。类似的，中国的食品安全立法也是这样一个结构，其中，《食品安全法》位于金字塔结构的顶端，然后由其他分段规制的法规支撑这一顶点。

由上述两层构成的金字塔结构，其价值在于确保立法过程的有序性，并通过循序渐进的方式确保法律体系的一致性和全面性。其中，第一步就是通过基本法确定金字塔顶端的最高法；第二步是次级立法确定法律的层级性和全面性。对于这个步骤，法律的全面性要确保覆盖整个食品供应链，而无论现行的还是新制订的法律都必须遵守上述基本法的基本要求。

相较而言，欧盟的《通用食品法》制定后，其他的次级立法都是根据《食品安全白皮书》的立法计划逐步建立健全的。中国尽管已经制定了食品安全的基本法，但是法律体系的构建依旧缺乏一个有序的方式。事实上，相关规章的制定依旧是为了应对食品安全事故。例如，持续发生的食品掺假掺杂使得食品添加剂的立法备受关注，由此制定的许多食品安全标准都是用于规范食品添加剂的使用。然而，对于食品的微生物污染控制，依旧缺乏一部具体的卫生法加以规范。此外，2009 年之前已经实施的法律依旧没有根据《食品安全法》的规定进行及时变更。因此，构建金字塔式的立法框架，制定基本法仅仅只是一个开端，其仍旧需要通过制定和修订次级立法才能实现法律体系内的一致性，其中根据实际需要及时修订法律也是一个重要的环节。

---

① Collart Dutilleul, F., "Le droit agroalimentaire en Europe, entre harmonization et uniformisation" (Food law in the EU, between harmonization and uniformisation/standardisation), www. Indret. Com, Julio, 2007, available on the Internet at, http://www.indret. com/pdf/453_ fr. pdf, pp. 9 - 10.

二、法律一体化的差异

从上述案例中可以看出，食品法的发展与集中制定食品安全法律的需求相关，即把地方的管辖权集中到中央机构，因为后者的统一实施有利于实现法律的一致性，从而在既定的范围内实现共同的目标，例如早期的食品自由流通和现在予以优先考虑的公众健康保障。把不同的实体或程序性规则，如食品安全标准整合成一个整体，从而减少或消除彼此间的差异的过程叫作法律的一体化，其意义在于通过确保规则间的一致性从而保障法律安全，进而确保法律的稳定性和个体对于法律的预见性①。实践中，由于各地的差异，法律一体化的方式也并不相同。对于在全球范围内实现食品安全法律的一体化，上述案例同样提供了可借鉴的经验。

（一）一体化中的差异

根据各地的经验，有关食品安全法律一体化的差异与一国的政治和法律体系相关。此外，一国的社会、经济背景也会对食品安全立法产生一定的影响。

1. 政治和法律体系导致的差异性

尽管美国、欧盟、中国三个地区的法律体系各不相同，但制定食品安全法律时都采用了成文法的方式。对于法律一体化而言，食品安全法律的集中趋势更多的是与政治体系相关，尤其是中央和地方的分权方式。在这个方面，美国是联邦国家，欧盟是超国家组织，而中国是单一制国家，它们各自对于食品安全法律的集中化主要有以下不同的特点。

作为联邦国家，美国联邦政府和州政府各自具有食品安全的立法权。其中，联邦政府在这一方面的立法权体现了美国对于食品安全立法实现了一定程度的集中。正如立法演变历史中所述的那样，由于食品掺假掺杂问题的频发，食品从业者和消费者都希望有全国统一的食品安全监管可以替

---

① Kamdem, F., "Harmonisation, unification et uniformisation. Plaidoyer pour un discours affiné sur les moyens d'intégration juridique (Harmonisation, unification and uniformisation/standardisation". Advocacy for a refined speech on the way of legal integration), Revue Juridique Thémis, 43 (3), 2009, p. 709.

代各州不同的监管。相较而言，各州不同的立法对于守法来说既困难成本又高。而统一则有许多优势，例如提供一种共同的法律语言便于买方和卖方的理解，降低行政成本、便于法院裁决等[①]。因此，根据联邦制，各州依旧可以就本州内的食品安全事务拥有立法的权限，但是一旦涉及跨州的贸易，则由联邦政府负责立法，从而实现一定程度的立法统一。

就食品安全法律的统一而言，在立法方面的努力主要有以下几个方面。第一，根据跨州贸易条款，联邦食品安全法律执行的广泛性，尤其是《联邦食品、药品和化妆品法》的实施对全国的食品安全法律发挥了重要作用。此外，随着国内食品行业和国际食品贸易的发展，联邦政府对于食品安全监管的权限一直在扩大。第二，食品安全模范法的实施和推广。对美国而言，《联邦食品、药品和化妆品法》是最具影响力的模范法，因此，各州在制定州内食品安全法律时都会参考这一法案[②]。此外，食品协会也同样为统一食品法做出了贡献。例如，许多州都采用食品和药品协会推荐的《统一州食品、药品和化妆品草案》，而这一草案则又和《联邦食品、药品和化妆品法案》非常相似。第三，无论对法律还是法规，都有许多汇编工作。综合来说，美国所有的法律都汇编在《美国法典》中，然而，这一法典本身并不是法律，其仅仅是按照一定逻辑结构对法律进行汇编。对于食品监管而言，所有相关的法律都汇编在第 21 部食品和药品中，包括了第 9 章的《联邦食品、药品和化妆品法》和第 12 章的《肉类检查法》。此外，由政府部门制定的规章也同样汇编成了《联邦法规法典》，其章节的安排与《美国法典》一致。也就是说，所有与食品相关的法规都在上述法典中的第 21 部，其中第一章是专门针对食品和药品的监管。

尽管欧盟也致力于建设内部市场，确保食品的自由流通，但它所采取的方式主要是协调，以便实现成员国的法律趋同性。为了实现这一目标，欧盟主要的立法手段是法规和指令。历史经验表明，在上述立法手段的运用中，欧盟也有从广泛使用指令到法规的一个转变。正因如此，欧盟的协

---

① Prentice, H., "Uniform food law", Food, Drug, Cosmetic Law Quarterly, 1949, p. 503.

② Schipa, R., "The desirability of uniform food law, does a multiplicity of food laws keep food prices up?", Food and Drug Law Journal, 3, 1948, p. 522.

调也有着不同的特点，包括以指令为主要手段构建内部市场，以便保障食品流通的第一阶段，以及使用法规以公众健康保障为优先目标的第二阶段。

前文已经指出，欧盟早期协调食品监管的着眼点是经济目标。在实现食品自由流通、构建共同市场的进程中，相关的条约规定主要有三个方面，包括限制成员国之间的进出口税和任何具有类似效果的费用，禁止针对进口的限制性措施和所有具有类似效果的措施，以及禁止针对其他成员国产品征收有利于保护本国产品的内部税。然而，由于食品安全的监管职责属于成员国，从而使得以保护公众健康和生命为目的的食品安全措施成为了阻碍食品自由流通的壁垒，而针对食品安全的监管措施又不受上述三项禁止规定的约束。因此，为了确保食品的自由流通，欧盟开始在欧盟层面制定食品法律。此外，欧盟法院的案例判决也同样以此为目标①。正因如此，在疯牛病危机爆发前，欧盟协调的主要目标是促进经济发展。

首先，这一阶段的食品安全立法以指令为主，进行纵向协调，也就是说，针对某一具体的食品进行立法，包括针对兽医检查、食品卫生、食品成分等立法。其中，影响最为深远的是针对食品成分的立法。由于各成员国针对食品成分的不同规定阻碍了食品的自由流通，为此，通过确定某一食品的共有成分和数量要求这一纵向的成分立法，可以保障该类食品在共同市场内的自由流通②。然而，这一立法主要考虑的是确保食品的自由流通而不是保障消费者健康。

其次，在上述协调中，最为重要的一个贡献是第戎案的判例。在这个案例中，德国联邦共和国垄断管理烈酒，其对烈酒规定了最低25%的酒精含量的要求。而法国对这一食品的酒精含量要求在15%~20%，因此其禁止法国第戎酒在其本国的销售。根据成员国不得采取类似数量限制的禁止规定，德国的这一禁止措施遭到了起诉。尽管主管部门主张这样的措施有利于消费者保护，其理由是，过低的酒精含量会导致过多的酒精消费，此

---

① Case 158/82 Commission v Denmark [1983] ECR 3573.

② Goodhum, K., EU food law, a practical guide, Woodhead Publishing Limited and CRC Press LLC, 2001, p. 1.

外酒精含量的不同也会导致税收的差异，进而也不利于保护消费者免于不公平的竞争。然而，对于上述的这一酒精含量差异，法院认为，只要在包装处提供酒精含量的信息，即可以方便消费者作出适合自己的选择，从而避免所谓的健康问题或者不公平竞争的问题，因此法院裁决德国的这一措施具有类似数量限制的效果。最后，这一案例最终确立了“互相认可原则”。根据这一原则，在其他成员国内合法销售的产品，即便其生产方式与本国的技术规则不同，成员国也不得禁止其在本国内的销售[①]。这一原则的重要意义在于促使协调方式由纵向指令转为横向规定[②]。

遗憾的是，直到20世纪90年代中期疯牛病危机的爆发，才使欧盟意识到以经济利益为目的的协调并不能有效地保障公众健康，因此，有必要对食品安全法律进行彻底地改革。最终，当《通用食品法》强调以公众健康为优先目标时，立法协调的方式也发生了重大变化，即开始广泛使用法规这一立法手段。通过构建金字塔式的食品安全法律体系，统一成为欧盟食品安全法律一体化的趋势。

作为单一制的国家，中国并没有进行法律一体化的必要，因为凡是与国家法律不相一致的部门规章或地方法规都是无效的。然而，对于食品安全的立法，其法律特点是分散性。就食品安全监管而言，涉及的主管部门至少有5个。为了落实监管工作，每个主管部门都针对自身监督管理的领域制定执行规章。最后，法律的分散问题就无法避免，以至于一些规章之间不相一致甚至相互冲突。值得注意的是，法律的分散并不是因为大量法律的共存而是由于执行规章所致。政府在立法和执行中的主导性是由于“强势政府”这一原因所致。首先，不同于美国和欧盟，中国是一个中央集权的国家，不存在立法权和执法权之间的制衡关系。由于政府也能提交立法议案，因此他们更容易将自身的部门利益而不是公众利益转变为法律

---

① Regulation (EC) No. 764/2008 of the European Parliament and of the Council of 9 July 2008, laying down procedures relating to the application of certain national technical rules to products lawfully marketed in another Member States and repealing Decision NO. 3052/95/EC, recital 3.

② van de Velde, M. et van der Merlen, Bernd, “Preface”, in, van der Meulen, B. and van der Velde, M., European food law handbook, Wageningen Academic Publishers, 2009, p. 229.

保护的利益。其次，作为对立法的回应，长期以来的立法传统依旧对立法实践有着重要影响，而这些是与当下的立法原则相悖的，例如人治和法治之间的冲突。正因如此，中国的法律体系看似根植于西方经验，但是法律实践更多的还是受两千多年的传统所影响[①]。最后，尽管危机的发生引起了公众对食品安全监管体系的关注，尤其是职能重叠、冲突等问题，但是中国政治文化的特点使得公众始终相信政府能够通过强化监管而不是食品从业人员的能力确保食品安全。

2. 基于社会经济背景的差异

食品安全立法中的差异不仅与政治法律体系相关，同时，也与一国所要追求的利益和理念相关。对于这一点，可以通过食品经济和食品文化中的差异来说明。

美国20世纪的食品行业发展经历了从小型农场到大型食品企业的转变，因此，以家庭作坊为主的食品被预包装食品所取代，而远距离的食品供应也替代了原来的地方供给[②]。随后，在经济压力之下，食品企业开始利用规模效应，不断扩大版图，以至于食品供应链的各个环节都出现了大型食品企业。例如，食品制造行业的菲利普·莫里斯公司、食品餐饮业中的麦当劳等。此外，随着食品供应链中的纵向整合，以及由整条食品供应链整合而来的诸多大型食品企业，至此，农业不再以小规模的家庭农业为主，而是发展成为了这些大型企业的一个环节以便供应某一类农产品。如今，随着全球化的发展，这些大型企业已经着眼于国际市场的发展，以求以最低的成本调配资源并实现利润的最大化。

关于美国的饮食文化，值得一提的是，作为一个移民国家，美国有着来自全球各地的人，其商品消费中的一个特点就是文化的多样性。集中化和大众化的生产模式以及发达的交通已经促成了美国全国市场的发展[③]。随着这一全国市场的出现，现代食品工业很容易就促成了食品的标准化，

---

① 焦利：《中国行政法的传统之根与未来之路》，《上海行政学院学报》2007年第8（1）期，第88—89页。

② Nestle, M., Food politics, University of California Press, 2003, p. 11.

③ Gabaccia, D., We are what we eat, ethnic food and the marking of Americans. Boston: Harvard University Press, 1998, pp. 55 - 58.

尤其是主食的标准化，而这进一步使得美国食品消费出现了同质化的特点。因此，食品安全监管的标准化又能继续推进上述模式的扩张。

尽管欧盟和成员国之间也存在着权力划分，但是欧盟与联邦制的国家还是有很大的不同。与美国相比，欧盟食品经济和食品文化中的差异性使得欧盟统一食品立法举步维艰。在欧盟，经济一体化已经发展了 50 多年，而内部食品贸易和移民的发展也促进了食品文化的交流，但是其食品文化的特征依旧是以多样性为主而不是标准化。例如，以农业来说，欧盟农业结构中最为显著的特点是大量小农的存在[①]。由于自然环境和农业方式的差异，农业和农产品的多样性被欧盟视为竞争优势，因此采取了很多法律措施加以保护。而对食品行业来说，其特点也是分散的，因此，欧盟只有少数大型食品企业，99%的企业都是中小型企业。欧洲食品文化具有显著的多样性特点。例如，法国和意大利非常关注食品的口味和质量等级的划分，而德国更多的是关注食品的安全和化学成分，荷兰则是关注任何可以影响他们食品出口的因素。正因如此，在它们各自的食品安全监管中都体现了上述不同的关注点[②]。而这也能说明为什么针对食品的“菜单法”在欧盟遭遇失败[③]。

当美国和欧盟食品行业中的主流趋势都能加以概括时，中国的趋势却因为食品行业的飞速发展而难以定义其特点。因为在这一快速发展过程中，传统的特点正在消逝，而现代特点尚未完全成型。当整个社会由于经济发展处于重塑过程中时，其突出特点是创新追求和传统保持并进，以至于食品行业既有美国特点也有欧盟的特点，也就是说，一方面是食品工业现代化发展所带来的标准化趋势，另一方面是对于饮食乃至农业传统的继承和发扬。就食品安全来说，农业和食品工业的现代化一

---

① Csaki, C. and Jambor, A., The diversity of effects of EU membership on agriculture in new member states, Policy studies on rural transition No. 2009 - 4, FAO Regional Office for Europe and Central Asia, 2009, p. 23.

② van Waarden, F., “Taste, traditions, and transactions: the public and private regulation of food”, in, Ansell, C. A. and Vogel, D. (ed.), What’s the beef, the contested governance of European food safety? Massachusetts Institute of Technology, 2006, pp. 39 - 40.

③ Leibovitch, E., “Food safety regulation in the European Union: toward an unavoidable centralization of regulatory powers”, International Law Journal, 43, 2008, p. 432.

直在进行中，以期改变落后的格局，但其中的困难很多，例如大量小农和食品作坊的存在不利于广泛统一运用先进的食品技术。同时，食品安全标准的发展在考虑本国特点的同时也需要考虑国际食品安全标准的发展。当前中国的农业和食品工业结构依旧是以小规模为主。因此，相关立法也需要考虑这些因素。这个过程存在的困难主要有以下几点。第一，如果制定非常高的食品安全标准，很多小型食品企业将遭到淘汰，而随后将引发的是就业危机、社会问题等。第二，要适用如 HACCP 体系这样的现代化食品安全管理体系，对大量存在的小型食品企业来说将面临非常高的成本问题。此外，中国的食品文化特点是灵活性，因此，对于中国人来说，即便是一款非常著名的菜肴，每个地方的烹饪方式也不尽相同。因此，对于某一菜肴的标准化是非常难以实现的，例如对于馒头规格的标准化就失败了。

通过比较，美国和欧盟都有足够多的时间根据不同阶段的社会经济发展调整其食品行业，从而找寻到能够满足其食品安全要求所需要的方向。而到目前为止，中国依旧在调整中，以便定位好这一继续前行的方向。就美国和欧盟来说，他们都是国际贸易中的“大玩家”。然而，美国的同质性和欧盟的多样性使得两者在食品安全要求上各有特点。对于美国说，同质性是由其食品领域中的标准化所致，然而，这一同质性进一步促使了美国在国内和国际市场中对于深入标准化的需求。此外，美国食品行业是国际经济中的重要参与者，可以说，全球前 50 家食品和饮料企业中的三分之一的总部都位于美国，因此，较低且简单的食品安全标准符合美国食品行业全球化的目标，因此，其大力提倡以科学为基础的食品安全标准化。相反，欧盟将差异化视为重要的竞争优势，所谓“食品只是食品”的概念并不符合欧盟的利益。对于欧盟来说，食品安全并不只是一个科学判断。因此，当定义食品安全时，美国和欧盟就“食品安全仅是一个科学判断”与“食品安全既是科学也是价值判断”的观点上存在着分歧。在这个问题上，考虑到食品贸易的规模，食品安全监管的协调是两国的共同利益所在。然而，上述分歧的存在也使得食品安全的定义难以达成一致。如果说食品安全只是质量方面的一个最低要求，例如感官上的特点或者卫生，以科学为基础的食品安全标准无疑最能有效地促进食品贸易的发展，同时降低国际市场发展的成本。而世界贸易组织框架下对于食品贸易中的食品安全标准的协调就是采纳了这一观点。

（二）国际协调中的法律一体化

毋庸置疑，如果欧盟各成员国之间的法律是统一的，那么无疑会大大便利法律的执行和遵守。然而，考虑到两种甚至多种法律体系的共存，通过法律的一体化则会有利于各国之间的交流。一如美国和欧盟，实现法律一体化可以采取不同的方式。一般来说，主要包括协调、统一和标准化。相较而言，三者的差别在于一体化的程度，其中标准化的程度最高，其次是统一和协调[①]。随着食品贸易的国际化，世界贸易组织也对食品安全相关的立法进行了一体化，通过《实施动植物卫生检疫措施的协议》和《技术性贸易壁垒协议》的落实，有利于各国法律的协调，而其主要的手段就是确立共同标准。根据欧盟的经验，协调也可以通过确立共同的法律原则加以落实，而这一方式更有利于确立一个立法框架，以便参与者可以适用能够反映其价值、偏好或者发展水平的规则。

以标准来说，其有多层意义。例如，它可以指当今的最高权威或作为样本的衡量方式以便确保一致性，抑或如生活水平这样的更为抽象衡量标准[②]。对于第一和第二种含义来说，标准由于其所具有的普适性从而可以作为一种规范加以运用。也就是说，通过适用某一标准，确保所有的部分可以和其他保持一致，或者说，在一个以标准为基础的规制框架中，所有成员都不得违背这一标准，因此，标准的适用可以大大提高一致性，但前提是标准的定义可以被广泛接受。根据国际标准化组织（International Organization for Standardizationm，ISO）的定义，标准是指记录在案的协

---

① Kamdem, F., "Harmonisation, unification et uniformisation. Plaidoyer pour un discours affiné sur les moyens d'intégration juridique (Harmonisation, unification and uniformisation/standardisation". Advocacy for a refined speech on the way of legal integration), Revue Juridique Thémis, 43 (3), 2009, p. 605.

② Busch, L., Standards recipes for reality, Massachusetts Institute of Technology, 2011, pp. 17-22.

议，包括技术规格或其他作为规则、指南或特别定义的精确数据，从而确保材料、产品、过程以及服务符合它们各自的使用目的。

当论及食品安全规制时，标准是一个常用的确保食品符合要求的手段，其具体内容可以是针对加入食品中的物质，也可以是食品生产的方式，或者是需要标注以便说明食品情况的信息。随着区域发展对于食品安全规制协调需求的增长，标准已经成为实现法律一体化的重要手段。就国际层面来说，世界贸易组织框架下对于食品安全规制的协调是为了促进食品贸易的发展、保障公众的健康。为此，标准被定义为经某一认证机构批准的文件，包括通常或多次使用的非强制执行的关于产品或有关加工生产方法的规则、准则或特性。它还包括或只涉及那些适用于某产品、加工或生产的方法的术语、符号、包装、标志或标签方面的要求。

就食品安全而言，世界贸易组织框架下与其关系最为密切的就是《实施动植物卫生检疫措施的协议》。根据这一协议，动植物卫生检疫措施包括所有有关的法律、法令、规定、要求和程序，特别包括最终产品标准；加工和生产方法；检测、检验、出证和批准程序；检疫处理，包括与动物或植物运输有关或与在运输途中为维持动植物生存所需物质有关的要求在内的检疫处理；有关统计方法、抽样程序和风险评估方法的规定；以及与食品安全直接相关的包装和标签要求。尽管各国适用不同的食品安全标准有一定的合理性，但是无论是国家还是食品从业者，都希望可以从全球化和贸易自由化中受益，因此，协调这些动植物检疫措施就成了关键问题[①]。根据《实施动植物卫生检疫措施的协议》实现的协调意义在于由成员共同制定、承认和实施的动植物卫生检疫措施。为了实现这一目标，该协议规定将科学原则作为立法依据。此外，为了确保这一科学依据，该协议进一步规定，将食品法典委员会、国际兽疫局和国际植物保护公约框架下所制定的国际标准、准则或者建议作为国家标准的参照规定。

食品法典委员会由联合国粮食和农业组织与世界卫生组织共同成立于1963年，其目的是为了保护消费者的健康和确保食品领域内的贸易公平。

---

① Boisrobert, C., et al., "The global harmonization initiative", in, Boisrobert, C. et al. (ed.), Ensuring global food safety, Academic Press, 2009, p. 340.

自成立后，该组织的标准已经成为食品相关标准制定中的一个重要参照依据。综合来说，食品法典汇编了相关的标准、操作规范、指南和建议。其中，标准的分类有纵向和横向两种。就纵向标准来说，其所指的是法典的商品标准，主要是针对产品的特性。作为具体的标准，这些针对谷物、鱼和鱼产品、新鲜水果和蔬菜等食品的商品标准有特定的格式，包括标准名称的信息、规格、描述、必要的成分和质量因素等。对于横向标准，法典的一般标准是指以专题为制定对象的标准，适用于所有食品。例如，最大残留量是针对食品中的农药和兽药，此外也有针对食品添加剂、污染物或者有毒物的标准。法典中的操作规范是针对某一食品或者食品种类规定其生产、加工、制造、运输和贮藏中的规范，例如卫生规范。法典中的指南有两类，包括针对某些重要领域制定政策的原则和解释这些原则或者解释法典中一般标准的指南。例如，政府运用风险分析确保食品安全的工作原则。

国际兽疫局是根据国际协议于 1924 年成立的国际组织，其宗旨是在全球范围内应对动物疾病。为了实现这一目标，其职能主要包括向各国政府通告动物疫情的发生情况和控制这些疾病的方法、就动物疾病的监测和控制研究进行协调以及协调针对动物和动物产品的规制从而便于它们的贸易。通过《实施动植物卫生检疫措施协议》的认可，该机构指定的标准已经成为动物健康方面指定标准的一个基准。为此，该机构就动物健康和人畜共患病制定了两套法典，包括《陆生动物健康法典》和《水生动物健康法典》，以及《陆生动物诊断测试和免疫手册》和《水生动物诊断测试手册》。值得一提的是，当前世界动物卫生组织框架下的标准已经延伸至动物福利和动物产品的食品安全问题。

《国际植物保护公约》制定于 1951 年，其宗旨是通过共同有效的行动预防植物和植物产品的害虫，促进有效控制这些疾病的方式。尽管该公约是一个具有法律效力的协议，但是一直以来，其所制定的标准对于缔约国来说并不具有约束力。然而，《实施动植物卫生检疫措施协议》认可了其在植物卫生检疫措施的标准制定角色。之后，《国际植物保护公约》在 1997 年进行了修订。通过在国际粮农组织设立秘书处，其制定了有利于保护植物资源的国际植物卫生检疫标准，包括针对害虫监测的要求、调查和监测、进口法规和害虫风险分析等。基于此，世界贸易组织成员采取的植物卫生检疫措施一旦根据上述标准制订措施，即被认为符合了《实施动植物卫生检疫措施协议》的规定。

除了《实施动植物卫生检疫措施协议》，与食品安全相关的还有《技术性贸易壁垒协议》，其中提到了与健康相关的贸易限制。相较而言，《实施动植物卫生检疫措施协议》只涉及健康保护措施，而且主要是针对食品，但是《技术性贸易壁垒协议》的适用范围是所有技术要求、体积标准和符合评估程序，且其适用对象并不只是食品。就食品而言，《实施动植物卫生检疫措施协议》和《技术性贸易壁垒协议》都提到了标识问题。但前者仅涉及与食品安全相关的标识，后者涉及针对食品质量的成分标识以及针对非食品产品中的有害化学物质和有毒物质的标识。

尽管国际层面已经有了统一的食品安全标准，但显而易见的是，这些标准的制定都应考虑区域的差异性。例如，欧盟适用的食品安全标准都是根据欧盟的情况制定的。与热带区域相比，针对某一农药的限量能够有效确保欧盟的食品安全，但是热带的环境可能要求更高的农药用量，而这可能导致更高的农药残留量。更为重要的是，动植物卫生检疫措施的协调工作的最终目标是预防将那些武断或者歧视性的措施作为隐蔽性的限制手段，不利于国际贸易的自由流通。与此同时，也要确保成员国可以基于“对确保生命和健康安全来说是必需的”和“根据科学原则”这两个条件所采取的措施，从而不影响适宜它们的保护水平①。对此，当一些成员国履行了符合国际食品安全标准的义务后，另一成员国会制定高于国际标准所能实现的安全保障水平，但是作为法律依据，这些高于国际水平的标准需要出具科学依据。其中难以避免的一个问题就是针对食品安全监管的冲突。而对发展中国家而言，可能会出现的一个问题就是食品安全标准的两极分化。一方面，为了确保食品的出口，他们制定了较高要求的食品标准，从而可以符合国际或者其他发达国家对于食品安全的要求。然而，另

① Appellate Body Report on EC measures concerning meat and meat products, WT/DS48/AB/R, 16 January 1998.

一方面，国内食品产品适用的食品标准会远远低于上述这些标准。此外，考虑到城乡发展的差距，城市和农村的食品安全保障水平也会存在差异，致使农村的食品安全问题更甚于城市。

以中国为例，在成为世界贸易组织的成员后，必须调整国内的食品安全标准以便符合《实施动植物卫生检疫措施协议》的要求。然而，这些措施仅仅只是针对出口食品。此外，当某一食品产品出口发达国家时，食品从业者还要确保这些产品符合当地对于食品安全的要求，这些要求往往高于国内的标准。例如，中国是一个茶叶出口大国，但是其对于农药残留的标准远远低于欧盟在这个方面的要求。因此，当茶叶的出口国为欧盟国家时，其产品必须符合欧盟标准，而国内消费者所购买的茶叶仅仅只是符合了中国标准。因此，这些双重标准的存在已经遭到了中国消费者的质疑①。另一方面，即便是那些针对健康保障的国际公认的标准，一些发达国家/地区依旧认为其不足以确保进口食品的安全，所以他们内部的公共机构和私人都试图制定更为严格的标准，从而导致了安全保障水平的国别差异。因此，针对食品安全法律的协调还需要作出更多的努力。

事实上，上述通过制定标准对食品安全法律进行的协调仅是从官方控制方面入手。此外，就协调而言，还可以通过自愿适用国际操作规范或所涉及成员国之间的互认具有等同效果的食品安全监管方式等方法②。相较而言，要实现食品安全规制的协调，还需要更多立法方面的努力。就法律协调而言，需要各国/地区之间针对法律一体化的努力，这意味着，要促进两个甚至多个法律体系之间的协调，从而减少或者消除冲突。一如欧盟经验，可以通过趋同国家的食品安全法律进行协调，从而保障公众健康和促进食品的自由流通。而就国际范围内的食品流通而言，公众的健康保障也是一致的目标，可以通过借鉴欧盟的经验实现这一目标。

需要指出的是，全球范围内的协调有别于欧盟的一点是没有一个“国

---

① Mu, X., Officials say Chinese tea products safe, XinHua News, April 29, 2012, available on the Internet at: http://news.xinhuanet.com/english/china/2012-04/29/c_123056027.htm.

② Henson, S. and Caswell, J., "Food safety regulation: an overview of contemporary issues", Food Policy, 24 (6), 1999, p. 598.

际联盟”去推动各国法律的趋同。考虑到各国不同的政治和法律体系以及不同的社会经济背景，协调的目的并不是在全球范围内制定统一的食品安全法律。因此，这里所指的协调特点是针对共同的目标，成员国如何修订其国内法律以实现这些目标仍具有很大的操作灵活性。为此，需要就食品安全规制制定一些普遍适用的原则。而根据国家经验，一些规制方面的原则已经总结出来。不同于规则，原则的目的在于确保实现目标的同时对于实现这些目标的行为和理由仅有间接影响力①。因此，通过落实食品安全规制中的原则，可以避免是否落实统一的食品安全法律的冲突问题，并且更便于协调的实现。因此，本文的一个主旨就在于通过分析总结食品安全立法和控制方面的原则，进而论述如何通过落实这些原则实现协调。

第二节　食品安全立法中的共同趋势

食品安全立法的演变表明了食品安全规制经历了从地区差异到国家干预的变化以及再到全球范围内以标准为基础的协调。尽管这个过程中各国/各地区的法律模式之间存在着差异，但是立法过程中出现了两个很明显的共同点，包括食品安全规制重要性的凸显以及需要怎样的食品安全规制才能应对日益国际化的食品贸易和持续多发的食品安全问题。对于食品安全规制的重要性来说，以公共利益为出发点的食品安全立法应强调安全保障，尤其是公众健康的优先性。至于需要怎样的食品安全规制，面对风险社会的到来，食品安全规制已经成为一个典型的风险规制，其目的是保障公众免于由食品风险导致的健康威胁。

一、作为社会规制的食品安全规制

食品安全问题所造成的健康损害、生命威胁和经济损失使得食品安全保障工作必须借助国家的干预才能完成。对于食品，安全保障和经济发展是同等重要的，因此，针对食品安全规制的公共决策往往徘徊于对上述两种利益的取舍间。然而，疯牛病危机作为宝贵的经验已然表明：如果公共

---

① Avila, H., Theory of legal principles, Springer, 2007, p. x.

决策将经济利益凌驾于安全保障，尤其是公众健康之上，那么所要付出的安全代价将严重损害公众对于公共行政及食品行业的信任。因此，从社会规制的角度保障食品安全就是因为社会规制所要强调的就是保障诸如健康、安全、环境和社会团结等公共利益[①]。就食品来说，公众健康和消费者利益是保障食品安全所要确保的公共利益。

（一）确保公众健康的食品安全规制

健康不仅是指没有疾病或衰弱，而且也指生理、心理与社会功能的良好状态[②]。既可以是个人权利，也可以是公共利益。

作为个人权利，《经济、社会和文化权利公约》将健康定义为人人有权享有能达到的最佳体质和心理健康的标准。然而，对这一概念的定义并不明确，出现了许多表达这一健康权利的不同术语，如健康护理权、健康保障权等。这些不同阐释的差别主要在于是将实现健康权视为个人事务还是国家责任。显而易见，健康与个人和国家条件都相关[③]。也就是说，国家不可能针对所有的疾病提供保障，而个人崇尚风险的生活方式也会影响健康。因此，健康权应该理解为一种为了实现可获得的最高水准的健康保障而应享有必要设施、物品、符合条件的权利，相应的，国家有义务尊重、保护和实现这一权利[④]。不同的观点认为，国家对于国民的健康负有责任，在健康保障的实现中扮演着不可或缺的角色[⑤]。因此，相对于健康权这一术语，健康护理权或者健康保障权这类术语更能说明国家与实现健康权之间的关系。事实上，要保持健康，无论是个人意识还是国家干预都

---

① Regulatory reform: a synthesis, OECD, Paris, 1997, p. 6.

② Constitution of the World Health Organization, preamble, entered into force on April 7, 1948.

③ Toebes, B., "Towards an improved understanding of the international human right to health", in, Gostin. L. (ed.), Public health law and ethics, University of California Press, 2002, p. 117.

④ CESCR Gemeral Comment No. 14: the right to the highest attainable standard of health (Article 12), August 11, 2000, adopted on the Twenty-second Session of the Committee on Economic, Social and Cultural Right, Document E/C. 12/2000/4, point 8 and point 9.

⑤ Legarre, S., "The historical background of the police power", Journal of Constitutional Law, 9 (3), 2007, p. 760.

是必需的。其中，个人应该充分利用受教育的机会和获取各类信息，保持一种健康的生活方式，同时，根据法律提供的各类安全保障机制免受国家机构或者其他非国家人员的侵害。

公共利益被认为是需要认可并受到保护的公共基本福利①，该术语被广泛地用于日常生活和各类学科中。然而，对于公共利益这一概念依旧是争议不断②。根据“公益（commonweal）”原理，公共利益是指大多数人所争取的权利。为此，限制小部分人的权利是允许的，尤其是在制定安全标准的时候③。作为人类安全的一个重要方面，健康并不仅是个人所追求的价值，同时，对于整个社会而言，健康也是普遍需要的，因为不健康会威胁到社会的稳定和生产力。对此，国家有道德义务去保障其公民的健康，进而保障利益分配和负担分担的公平性④。

作为一项公共利益，公共健康这一概念本身随着社会发展的影响发生了变化⑤。一开始，国家对于公众健康的干预主要是提供医疗保健。然而，随着安全风险的日益多样化，预防和控制这些风险也成为健康保障的重要内容。因此，风险规制，尤其是风险评估的应用有助于根据科学评估对严重程度的判断在各类不同的健康风险间进行优先抉择并加以管理。健康具有两方面的含义，包括疾病的治疗和促进健康预防疾病。比较而言，目前对于健康关注的重点已经从治疗转移到了预防，尤其是健康的促进方面。因此，目前公众健康保障的着眼点在于保障公众免受健康风险的危害，而这些健康风险的存在又与科学和技术的进步有关。

健康保障不仅依赖于及时、适宜的健康护理，同时也要关注那些与健康

---

① Entry of public interest, in, Black's Law Dictionary, p. 1266.

② Belohlavek, A., "Public policy and public interest in International law and EU law", in, Belohlavek, A. and Rozehnalova, N. (ed.), CYIL-CZECH yearbook of international law: public policy and order public, Juris Publishing, Inc., Huntington, New York, Vol. III, 2012, pp. 123 - 124.

③ Cole, P., "The moral bases for public health interventions", in, Lawrence, O. (ed.), Public health law and ethics, University of California Press, 2002, p. 133.

④ Martin, R., "Law as a tool in promoting and protecting public health: always in our best interests?" Public Health, 121, 2007, p. 850.

⑤ Miyagawa, S., et al., "Food safety and public health", Food Control, 6 (5), 1995, pp. 253 - 254.

相关的主导因素。例如，安全和适宜的饮用水、卫生条件、适足的安全食品、营养和住宿、健康的工作和环境条件，以及有利于健康保障的教育和信息，包括性健康和生殖健康的信息等。在这些因素中，食品是维持生存和保持健康的基本需要。一方面，食品中的营养素是保持新陈代谢所必需的。另一方面，化学或者生物污染物等食源性危害会损害健康。作为公众健康保障的一个重要子领域，食品对于健康保障的意义在于预防食源性疾病，而后者是指通过食品进入人体的危害物质，包括传染性或具有自然毒性的物质。

一些食源性疾病由来已久。然而，食品供应链中的急剧变化，例如密集型农业、规模化生产和大众消费，加之人口的增长和城市化对于水源供应和卫生措施的压力，即便在疾病应对方面已经获得长足进步，食源性疾病也依旧持续发生[①]。目前，已知的食源性疾病有200多种，引发这类疾病的因素包括病毒、细菌、害虫、毒素、金属和阮蛋白等，而出现的症状可能是轻微的腹泻，也可能是危及生命的神经、肝脏和肾脏疾病[②]。近二十年来，食源性疾病在许多国家都已成为重要的公共健康问题，并且是致病致死的主要原因。值得一提的是，除了由于缺乏营养或者恶劣的卫生条件所导致的食源性疾病，与发展相关的所谓"富贵病"也越来越受到关注，例如糖尿病、高血压，这类食源性疾病是由西方不健康的饮食习惯所致[③]。根据世界卫生组织的调查，工业化国家中每年有30%的人经受着食源性疾病折磨。

事实上，食源性疾病不仅危害着公众的健康，同时也给社会带来了极大的经济负担。此外，随着食品供应链的全球化，食源性疾病有可能在全球范围内传播。例如，随着食品贸易和国际旅游的发展，某一国的食源性疾病可能会传播到其他国家。然而，由于缺乏资源和重视，许多国家的健康保障机构并没有采取足够多的方式调查或者预防食源性疾病，而这种疾

---

① Motarjemi, Y. and Kaferstein, F., "Food safety, hazard analysis and critical control point and the increase in foodborne diseases: a paradox?", Food Control, 10 (4-5), 1999, pp. 326-327.

② Mead, P., et al., "Food-related illness and death in the United States", Synopses, 5 (5), 1999, p. 607.

③ Campbell, T. and Campbell, T., The China Study, the Most Comprehensive Study of Nutrition Even Conducted and the Starling implication for Diet, Weight Loss and Long Term Health, First BenBella Books Paperback edition, 2006, pp. 109-110.

病的发生又反过来阻碍了食品的出口和旅游行业的发展。

因此，对食品安全进行国家干预就是为了保障公众不受食源性疾病的侵害。然而，国家以公共利益的名义干预食品安全，其目的既可以是促进经济发展也可以是保障消费者健康安全。而这两种利益既互补又冲突。就互补而言，经济繁荣可以使所有人受益，为此，消费者可以获得更安全更优质的食品；而良好的规制环境也有利于经济的发展。对此，在食品安全立法历史中，美国的食品从业者本身就非常欢迎联邦政府对于食品的规制，以便提供一个公平竞争的贸易环境。同理，欧盟的食品法和世界贸易组织的《实施动植物卫生检疫措施协议》都把促进自由贸易和保障公众健康作为立法目标。至于冲突性，经验表明：在长期的食品安全规制中，经济发展都是被优先考虑的利益。例如，美国没有针对膳食补充剂作出入市许可的要求，也没有要求转基因食品必须标注信息，而这些规制决定都不难看出其对经济发展的偏好[①]。同样，在欧盟的食品安全规制进程中，针对疯牛病危机的调查报告[②]已指出：在此次的危机处理中，所涉及的公共部门，包括欧盟理事会在内，优先考虑的都是肉类企业的经济利益而不是消费者的健康保障。遗憾的是，在这个问题上，中国也不例外。随着经济的高速发展，一直是将发展速度而不是安全作为发展的指南。因此，越来越多的安全问题被暴露出来，其中就包括食品领域。

基于此，食品安全立法现代化的一个目标就是要在经济自由、个人权利和公众安全需要等利益之间取得平衡。为了实现这一目标，通用的科学标准被用于确保食品安全。然而，以《实施动植物卫生检疫措施协议》这一国际协议为例，相关的规定都仅仅只是将科学原则作为立法的基础，从而便于食品的流通，而只有在遇到公共健康受到威胁的紧急情况时才允许通过采取谨慎措施以保护健康为先。正是因为这一规定，有主张认为，世界贸易组织的协议都是出于推进自由贸易的需要，而有关健康保障的措施

---

① Nestle, M., Food politics, University of California Press, 2003, p. 62.

② European Parliament, Report on alleged contraventions or maladministration in the implementation of Community law in relation to BSE, without prejudice to the jurisdiction of the Community and national courts, 1997.

则更多的是被认为贸易壁垒而不是与贸易自由一样重要的利益诉求[1]。

就公共决策来说，对公共利益的解读在于平衡各种不同团体的利益诉求[2]，并考虑所涉及问题的特殊性[3]。不同于利益平衡的方式，优先保障某一种利益的方式是有争议的，例如，保障个人权利和公众利益两者之间的优先选择[4]。可以确定的是，在食品安全规制中应考虑食品相关的所有利益，因为食品对于社会发展的意义是多方面的，包括经济、社会甚至环境的影响。但是，基于下列因素的考虑，健康保障应该是优先考虑的利益。

在介绍美国食品安全立法的时候已经指出，美国联邦政府对于食品的规制是根据跨州贸易的条款，除此之外，依旧是各州根据警察权对州内的食品安全进行规制。根据美国的立宪背景，警察权的概念最初是指各州可以保留所有不赋予联邦政府的立法权[5]。然而，目前对于警察权的解释比较狭义，是指确保公众健康、安全和道德的权力。正是这个意义上的警察权使得国家有权为了确保社会利益[6]而对个人采取强制性措施，其中，食品安全规制的制定就是为了保障公众健康。然而，国家根据警察权所采取的干预措施不可避免地导致了个人权利和公众利益之间的冲突。作为合法依据，一方面"使用自己的财产不应损及他人的财产（sic utere tuo ut

---

① Deboyser, P., and Mahieu, S., "La régulation internationale des OGM: une nouvelle de tour de Babel (The international regulation of GMO: a new tower of Babel)?" in, Nihoul, P., and Mahieu, S. (eds), La sécurité alimentaire et la réglementation des OGM (GMO's food safety and regulation), Larcier, pp. 284.

② Rothstein, H., "The origins of regulatory uncertainty in the UK food safety regime", in, Everson, M. and Vos, E. (ed.), Uncertain Risks Regulated, Routledge-Cavendish, 2009, p. 69.

③ Belohlavek, A., "Public policy and public interest in International law and EU law", in, Belohlavek, A. and Rozehnalova, N. (ed.), CYIL-CZECH yearbook of international law: public policy and order public, Juris Publishing, Inc., Huntington, New York, Vol. III, 2012, p. 121.

④ McHarg, A., "Reconciling human rights and the public interest: conceptual problems and doctrinal uncertainty in the Jurisprudence of the European Court of Human Rights", The Modern Law Review, 62 (5), 1999, p. 671.

⑤ Legarre, S., "The historical background of the police power", Journal of Constitutional Law, 9 (3), 2007, 第 748—750 页。此外还可参见：Crosskey, W., Politics and the constitution in the history of the United States, Volume 2, The University of Chicago Press, 1953, pp. 146 - 148.

⑥ Richards III, E., and Rathbun, K., "The role of the police power in 21st century public health", Editorial, 26 (6), 1999, p. 350.

alterum non laedas）”原则使得国家可以防止个人权利的滥用，使其不得妨碍他人。另一方面，“公共幸福就是国家的最高法律（salus publica suprema lex est）”原则在于解释国家干预是为了防止公共危害。

其次，就权利而言，可将其分为个人权利和公共（集体）权利。对于后者，为保障公共权利而实施干预不可避免，因为享有公共权利的个体成员很可能缺乏实现这一权利的能力和资源，抑或这一权利被第三者剥夺。例如，现在的消费者不再从事食品的生产，仅仅位于消费环节的他们无法有效地鉴别所购食品的安全性。因此，有必要通过食品安全标准的落实防止食源性疾病。此外，就个人性质而言的权利，确保公共利益对其的实现也能提供便利性，如食品安全规制可以保障食品从业人员之间的公平竞争。正是基于这个原因，《人权宣言》第29条规定，人人对社会负有义务，因为只有在社会中他的个性才可能得到自由和充分的发展。

第三，公共利益的定义会因为法律文化、政治和法律体系等差异存在争议，例如什么是公共秩序或者共同福利。然而，以公共利益作为限制权利或者自由可以对此达成共识。以宪法规定为例，国家针对公共利益进行干预的条文中，有诸多不同的术语，例如公共福利、社区福利、公共安全等[①]。以中国为例，《宪法》所采用的术语是公共利益，其中第10条规定：国家为了公共利益的需要，可以依照法律规定对土地实行征收或者征用并给予补偿。而欧盟则基于公共道德、公共政策、公共安全和公共健康对自由贸易作出了限制。由此，考虑到食源性疾病对于人类健康的威胁以及广泛的传播性，应优先考虑安全保障而不是食品中添加物质或食品流通的自由性，为此，需要通过许可、标识等方式对这些食品添加剂和食品流通进行规制。

因此，国际人权法就作为人权的健康权利规定了两个规范[②]。第一，从个人权利的角度出发，健康是个人的权利。然而，这一权利的实现离不

---

① 韩大元:《宪法文本中“公共利益”的规范分析》，《法学论坛》2005年第20（1）期，第6页。

② Tomasevski, K., “Health right”, in, Eide, A., Krause, C. and Rosas, A.（ed.）, Economic, social and cultural rights, Springer, Second edition, 2001, p. 125.

开国家健康保障义务的履行。为此，国家应采取相应的措施。第二，作为一项公共利益，其意义在于将公共健康的保障作为限制权利的合理依据。然而，值得指出的是，即便是保障公共利益的需要，国家在对个人权利和自由实施干预时也应该考虑以下情况。首先，作为干预的合理依据，公共利益所指的内容限于公共安全、健康。其次，干预应使公众以及具体的个人受益，例如防止保密信息的泄露。最后，为了公平，应根据“公共负担面前人人平等”原则对受损的小部分人员进行补偿①。

（二）确保消费者利益的食品安全规制

除了对于健康和安全的需要，消费者对食品的其他合法需求还包括以下几点。

（1）促进和保护消费者的经济利益；

（2）消费者获取足够的信息从而确保其能够根据个人意愿和需求作出知情选择；

（3）消费者的教育；

（4）有效获取救济；

（5）将消费者或其他相关的团体自由组织，并通过该组织在相关的决策中诉求自身的利益②。

对于消费者而言，毋庸置疑的一点是，上述的这些权利对于其获取安全食品都是不可或缺的。例如，通过教育，消费者才可以识别相关信息，进而根据偏好选择合适的食品并拒绝不安全的食品。此外，保障诉讼权利以及参与社会组织可方便消费者对因为缺陷食品而遭受的损失进行索赔。就食品安全规制而言，食品安全立法的演变史表明：长期以来，食品立法都是基于经济发展的需要而不是安全保障。尽管这些立法也考虑到了消费者的需求，但只是保护了消费者对于所购产品的经济期待，而针对安全的保障只是在过去的100年里才出现。因此，即便食品安全是消费者的一个

① Kourilsky, P. and Viney, G., Le principe de precaution (The precautionary principle), Report for the primary minister, October 15, 1999, pp. 88 - 89.

② United Nations, “Consumer protection”, A/RES39/248, 1985.

根本利益，但是健康保障只是立法上的一个次要目标而不是主要目标。幸运的是，随着消费者运动的兴起，从反对经济垄断到寻求社会公正，对于消费者的保护越来越受到关注。

在上述的历史运动中，规制理论的兴起是为了说明国家干预的合理性。广义上看，规制包括所有的社会控制，无论其是有意为之还是由国家机构或者社会机构进行[①]。作为国家对于经济行为的控制，从法律角度来说，目前基于规制制定的法律有诸多不同的概念[②]。例如，法国有经济公法，但是英国没有这一概念。对此，就规制的理解有三个方面：第一，来自上级的控制，如针对自由竞争的国家干预，其目的是确保个人对于规则的遵守并惩罚违反者。第二，与规制相关的法律是公法，因为规制是针对私人不履行义务时由国家强制执行。第三，规制是由国家进行的，因此其特点是集中化[③]。鉴于此，本文中运用的规制概念是指公共机构的干预，包括立法机构的立法和行政机构的控制。就立法层面来说，规制强调的是通过规范市场失灵而保障公共利益，因为诸如垄断和信息不对称这些市场失灵会促使私人从业者以牺牲公共利益的方式来追求个人利益。在控制层面[④]，规制是指具有法律和执行权限的行政行为，通过制定和落实规则以及针对违反行为进行制裁。

作为典型案例，美国通过合同自由推动商业发展。随着 19 世纪末国家企业的发展，为了处理新出现的社会冲突和经济行为，引入了规制。简单来说，随着社会变迁，规制的发展主要有三个阶段。第一，由于大型国家企业的出现，出现了自然垄断。第二，在大萧条期间，在特定市场内出现了卡特尔（卡特尔是指垄断利益集团、垄断联盟、企业联合、同业联盟，是垄断组织的一种表现形式）。对于这两个阶段，经济规制是最初的

---

① Morgan, B. and Yeung, K., An introduction to law and regulation, Cambridge University Press, pp. 3 – 4.

② Spulber, D. F., Regulation and markets, 1989, pp. 22 – 30.

③ Ogus, A., Regulation: legal form and economic theory, Hart publishing, 2004, pp. 2 – 3.

④ THorwitz, R., "Understanding deregulation", Theory and society, 15 (1/2), 1986, p. 142.

规制形式，其目的是通过价格和入市控制等规制手段调节经济[①]。第三，从 20 世纪 60 年代到 70 年代早期，所有行业都兴起了针对大社会的安全规制。相较而言，第三阶段的规制是社会规制，其目的是保护健康、安全、环境和社会团结等公共利益。例如，美国国会在当时发布了一系列针对健康、安全和环境的法案，并成立了执行这些法案的规制机构，并以《清洁空气法案》和环境保护机构为代表。而在食品方面，食品法早在 20 世纪初就已经制定了，但面对日渐兴起的社会规制，美国食品药品监督管理局也进一步强化了食品安全的规制。

不同于个人利益，公共利益很难界定，其间涉及“公众是谁”，而随着社会发展“谁会成为公众”也没有定论。也就是说，在历史的发展中，公众和他们的利益也是一个发展的概念。就食品而言，食品规制既可以是经济规制也可以是社会规制。例如，大型食品企业会利用市场优势欺凌那些小的食品从业者并剥夺消费者的自由选择权。而作为社会规制，食品安全保障不仅能保护消费者的健康权益，同时也能通过确保公平竞争进而保护食品从业者的权益。实际情况是，食品从业者的利益和消费者的利益都是私人利益，但是大型食品企业的兴起使得分散的消费者以及小食品从业者无法保障他们的利益。因此，“谁是公众”是一个需要根据社会情况进行定义的概念。随着经济和社会规制的引入，分别有两类不同的公众。首先，19 世纪末兴起的农业运动意在反对垄断。在这个阶段，小型独立的个体生产者被认为是公众，保护他们的生存免受大型生产企业的剥削是当时的公共利益所在。因此，为了确保公平竞争，当时的规制手段主要是限制市场的进出，利用价格控制。因此，这一经济规制被认为是“保护生产者”[②]。相较而言，当现代化的大众消费出现后，消费者就成了公众。

在公共利益理论中，优先理论将个体优先的利益视为公共利益。相

① den Hertog, J., “General theories of regulation”, in, Boudewijn, B. and Gerrit, D. G. (ed.), Encyclopedia of Law and Economics, Volume I. The History and Methodology of Law and Economics Cheltenham, Edward Elgar, 2000, available on the Internet at: http://encyclo.findlaw.com/5000book.pdf, p. 224.

② THorwitz, R., “Understanding deregulation”, Theory and society, 15 (1/2), 1986, p. 143.

反，从公共利益的角度保护消费者并不是因为他们的优势地位，而是因为他们的弱势。也就是说，基于公共利益对于消费者采取保护措施是因为要实现实质性的社会公平，必须保护这些处于弱势地位的群体。而这也成为社会法发展所关注的原则。作为一个新兴的概念，社会法主要在罗马法体系下得以发展，而在普通法体系下的英国和美国则主要是通过单行法保护一些社会利益，例如英国的《社会安全保障法》和美国的《福利法》[①]。就社会法而言，有三种不同的建议。第一，社会法是在公法和私法区分之后的第三类法[②]。第二，社会法是指促进社会政策的法律，如《劳动法》《消费者保护法》。第三，对于社会法的狭义解释就是社会保障法。尽管什么是社会法没有定论，但是社会法的发展却遵循了“保护弱者”的原则[③]。原则上，法律面前人人平等。但是，在实践中，由于信息分配的不对称、市场条件等使得双方的议价能力有所差别，而作为弱势的一方在合同协商的过程中会因为缺乏足够的信息而难以做出有利于自己的决定，为此，所谓的“合同自由”并不能很好地保护消费者免受这些不利影响[④]。正因如此，社会法的发展就是为了给予这些弱势群体更多的关注。值得一提的是，由于不同的经济和社会环境，所谓的弱势群体可能会指不同的社会群体，例如与雇主相对的，雇员是弱势一方；与销售商相比，消费者是弱势一方；与整个社会人群相比，妇女、老人或年轻人是弱势一方。此外，有必要记住所谓的特殊保护是在立法阶段而在法官面前则仍是人人平等。

就食品安全来说，消费者健康和公众健康保障是一致的，因为食品的特殊性在于人人都是消费者。此外，就信息获取权、救济权等对于保护健康免受食品侵害也是不可或缺的。在这个方面，食品安全的理解可以从物

---

① 竺效：《关于“社会法”概念探讨之探讨》，《浙江学刊》2004年第1期，第39—40页。

② 李蕊，丛晓峰：《历史视角下的社会规范》，《北极科技大学学报》2007年第23（2）期，第76—77页。

③ 龙翼飞，宋卓基：《社会法浅论》，《辽宁师范法学学报》2008年第31（3）期，第17页。

④ Cicoria, C., “The protection of the weak contractual party in Italy vs. United States “doctrine of unconscionablity”, available on the Internet at: http://www.uniformterminology.unito.it/downloads/papers/cicoriaprotection.pdf, pp. 4 - 6.

质、过程和信息三个方面入手。如农药或者污染物等物质可以根据通过许可和限量使其符合一定的安全水平，信息则可以促使消费者避开某一特定食品的不利影响，例如食品过敏问题。此外，作为一个长期存在的问题，食品掺假掺杂和食品错误标识这些行为不仅会危害健康，同时也会损害消费者的经济利益和获取足够信息等权利。因此，消费者的弱势体现在其缺乏足够的信息或专业认知作出有利于自己的食品消费选择；或者在决策阶段缺乏与大型从业者进行利益诉求的抗衡，以争取自己所需要的安全水准。鉴于此，当社会法把他们作为弱势方给予特殊保护时，食品法的意义在于保护消费者的整体利益，并重点保护消费者的安全，从而保护他们免受误导行为的侵害，并为他们的利益诉求或申诉提供法律基础。

二、作为风险规制的食品安全规制

食源性疾病对人类的生命和健康构成威胁，这一点足以说明食品是导致健康风险的载体。因此，国家对于食品安全的保障就是为了控制这一对于健康不利的影响，这使得食品安全规制成为了风险规制的一个重要子领域。就风险规制而言，其需要借助科学和社会研究的依据来确定可以接受的风险水平，即相对的安全水平。相应的，作为风险规制的一个领域，食品安全不仅仅只是一个科学判断，同时也是价值判断。

（一）安全：可接受的风险水平

生活中充满了风险，而风险也并不是现代社会所仅有的。尽管如此，以科学技术显著发展为特点的现代化重新定义了风险的内涵，这使得我们进入了一个风险社会[①]。在这个风险社会中，现代化使得风险成为科学技术发展的副产品。虽然人类从科学技术的发展中受益匪浅，但是作为代价，技术风险始终存在于科学技术的发展过程中，它是指物理、化学和生物等危害发生的可能性。不同于过去，这些所谓的技术风险具有以下

---

① Beck, U., Risk society, towards a new modernity, translated in English by Ritter, M., SAGE Publication, 1992, p. 3. 下文有关技术风险特点的分析参照了本书作者对风险的一些观点。

特征。

（1）威胁性。从乐于接受风险到极力规避风险，早期的风险挑战意味着勇气可嘉，因此人们乐于通过接受这些风险发现或者促进社会发展。相反，技术风险具有毁灭性，即便它还没有发生，其威胁性也是不能忽视的，因此，需要以前瞻性的方式加以管理。作为一种威胁，广泛传播的技术风险会将公众健康置于危险之地①，因此人们会竭尽全力规避这一风险。

（2）无处不在。从个人风险到全球危险，技术风险的广泛传播性使其不再局限于其始发地。例如，随着食品供应链从地方延伸至全国乃至全球，某一食品厂内的食品安全问题可能会危及全球人类的健康。此外，除了空间上的广泛传播性，因为一些毒素具有长期的潜伏期，不仅当代人的健康、下一代的健康也可能遭受影响。

（3）民主性。从穷人到富人，所谓的“民主”是指在技术风险面前人人都是平等的。诚然，通过更为优越的居住环境或是更健康的食品，富人在规避技术风险方面具有更多的可能性和能力，但随着风险的扩散，当所有的一切都具有危害性后，这些富人也无法逃避威胁。

（4）传播。所谓的“飞去来器效应”是指在一些需要承担风险的活动中，一些人可以无视其活动对他人造成的危害而获益，但是或早或晚他都会成为受害者。例如，当某一化学物质用于提高生产率后，其对环境造成的污染也最终降低了生产率。

鉴于此，在对这些新出现的技术风险进行管理时，需要考虑以下这些挑战。

第一，对于安全的认识需要考虑风险社会这一大环境。当风险是指不利结果发生的可能性时，安全则意味着在一定条件下，一些物质不会引起不利效果的肯定状态。因此，安全与风险是互为对应的一组概念②。事实上，并不存在零风险的行为，换句话说，就是无法实现绝对安全。以食品

---

① Fourcher, K., Principe de précaution et risqué sanitaire, Thèse de doctorat en Droit Public, Université de Nantes, sous la Direction du Professeur Helin, J. and Romi, R., 2000, p. 13.

② Luhmann, N., Risk a sociological theory, translated in English by Rhodes, B., Aldine Translation, Fourth edition, 2008, p. 19.

为例，人类食用的一些食品本身就带有毒素，如蘑菇、花生酱，这意味着要找到一种既能满足人类饮食需要又没有任何风险的食品是非常困难的[①]。因此，安全食品通常是指足够安全的食品[②]。此外，可以对风险进行管理但不能完全消除风险[③]，面对风险不确定性，安全确认的目标并不是风险本身是否存在，而是其所带来的不利结果[④]。从风险角度来说，衡量安全的意义在于确定风险（不利结果）的可接受性，或者说，足够的安全。

第二，要确定风险的可接受水平，最为困难的一点是如何处理风险不确定性。确实，当某一决定涉及未来时，由于当下无法观测未来，因而不确定性总是难以避免的。而对于技术风险，上述特征又加剧了对其不确定性预测的难度，包括它们发生的可能性、规模和严重程度。因此，对于风险技术的特点而言，其中最为突出的一点就是它们结果的不确定性[⑤]。

第三，尽管个体愿意倾尽所有以便对这些风险不确定性进行预测，从而避免这些对生命和健康构成威胁的风险，但是对于这些风险的管理已经超出了他们的能力范围。就食品来说，现在的食品生产特点是集中化和规模化，而且随着全国甚至全球范围内的食品流通，健康风险传播的范围也将难以预计。因此，这类风险已被视为公众风险，远远超出个人对于风险承受的理解力和控制范围[⑥]。毫无疑问，对于在风险事件中遭受损失的受害者来说，传统通过侵权诉讼惩罚犯错者补偿受害者的矫正公义方式[⑦]也仍可以保护这些受害者的利益，但是，考虑到技术风险的复杂性，受害者会在采取法律诉讼方面缺乏足够的信息或者动机，而且，鉴于食品安全规

---

① Ruckelshaus, W., "Risk in a free society", Risk Analysis, 4 (3), 1984, pp. 161 - 162.

② FAO/WHO, The application of risk communication to food standards and safety matters, Report of a Joint FAO/WHO expert consultation, Rome, February 2 - 6, 1998, p. 10.

③ Randal, E., Food risk and politics, Manchester University Press, 2009, p. 2.

④ Steele, J., Risks and legal theory, Hart Publishing, p. 166.

⑤ Beck, U., Risk society, towards a new modernity, translated in English by Ritter, M., SAGE Publication, 1992, p. 22.

⑥ Huber, P., "Safety and the second best: the hazards of public risk management in the courts", The Columbia Law Review, 85 (2), 1985, p. 277.

⑦ 傅蔚冈：《对公共风险的政府规制》，《环球法律评论》2012 年第 2 期，第 146 页。

制中的教训，事后规制的方式也无法有效保障公众健康。因此，对于食品安全问题进行前瞻式的规制已经达成共识，而这也能更为有效地挽回公众的信心。对此，当规制干预对于公共风险来说是不可或缺时，有必要通过前瞻式的方式决定其可接受的风险水平。

就针对公共风险的决策来说，决策者可能是立法者、规制者或法官。尽管这些决策，例如针对风险预防的立法或者应对紧急事故的行政决定，都是为了解决风险这一问题，但事实上，风险已经重构了决策模式，其目的是为了重新分配公平和责任。考虑到风险的性质，它对于决策的挑战主要有：在无法知晓未来走势的情况下，如何衡量这一可接受的水平，尤其是如何应对不确定性？对于这个问题，标准是关键也是最难的问题所在。作为对未来的一种预测与规划，法律最初是通过适用规范解决存在的冲突，从而针对“孰是孰非”提供判断依据。然而，基于科学和技术的进步，就如何确定风险的可接受水平需要在受益和风险之间进行协调，对此，科学证据已经被视为客观的评判标准。

总体来说，科学是指可以逻辑合理解释某一话题的所有可信知识。狭义来说，最早被认为科学的是思考地球和人类性质的哲学，但是到了 17 世纪，只有自然哲学被视为科学。自此，科学领域被划分为了两个类型，包括研究自然现象的自然科学与研究人类行为和社会的社会科学①。作为社会科学的一个分支，法律也是一种科学，被称为法理学，其进一步被分为多个具体学科，例如民法、刑法等②。此外，法律决定在解决法律问题的时候也借鉴自然科学和社会科学的知识。因此，法律和科学之间的互动可以概括如下：通过借用科学规则制定法律规则，科学被内化到法律中；而通过赋予科学家和其他专家在法律决策中的权力，法律问题的解决也被外化到科学中③。

---

① Manoj, G., “History of science”, Journal of Science, 2 (1), p. 26 .

② Timasheff, N., “What is ‘sociology of law’ ”, American Journal of Sociology, 43 (2), 1937, p. 225.

③ Feldman, R., The role of science in law, Oxford University Press, 2009. Also see the online publication, “The role of science in law”, available on the Internet at: http: //www. law. depaul. edu/centers_ institutes/ciplit/ipsc/paper/robin_ feldmanpaper. pdf, p. 27.

鉴于不确定性是风险的主导特征，诸如立法、执法和司法等法律决策已经开始运用科学，将可靠的科学事实作为决策的依据，从而避免因为不确定性的存在而无法作出决策的问题。贝克指出，在决策过程中无论是自然科学还是社会科学都起着重要的作用：缺乏社会理性的自然理性是空洞的，而缺乏自然理性的社会理想则是盲目的。就自然科学而言，以风险评估为形式的科学研究已经被用于确定危害的可能性和特性，例如量化风险，进而为决策提供客观的证据。在这个方面，量化风险分析最早被用于环境政策中，以便制定规范的标准，合理解释解决某一风险的特定方式和规制框架之间的关联性[①]。类似的，食品安全规制中也已经采用风险分析，科学专家在其中发挥了决定性的作用。

对于社会科学，在以法律方式解决一些新出现的问题方面，也能提供专业的意见，例如如何扩大保护基本的宪法权利、福利规制框架等[②]。在法律中使用社会科学，尤其是美国法院在这个方面的发展，是基于法律的生命不是逻辑的而是经验的这一说明。由于最初是在法院判决中使用社会科学的研究，美国法律发展对于在法律中使用社会科学做出了贡献，确保其一方面可以在司法决策中提供社会事实，例如就法庭上双方存在争议的问题，通过社会科学研究的结论进行判断。另一方面，社会科学也可以为立法决策提供社会权威，例如基于社会研究所制定或修改的法律规则能被广泛接受[③][④]。就风险规制来说，运用社会科学既不可避免也具有合理性，尤其是考虑成本/收益分析和风险认知。

运用经济学分析解决法律问题已经非常普遍，例如规制理论中的经济分析。就风险规制来说，成本/收益分析也被用于合理化某一规制行为，

---

① Steele, J., Risks and legal theory, Hart Publishing, pp. 163 – 164.

② Sarat, A., "Vitality amidst fragmentation: on the emergence of postrealist law and society scholarship", in Sarat, A. (ed.), The blackwell companion to law and society, Blackwell Publishing, 2004. Also see the online publication, "Vitality amidst fragmentation: on the emergence of postrealist law and society scholarship", available on the Internet at: http://cisr.ru/files/publ/lib_ pravo/Sarat%202004%20Postrealist. pdf, p. 4.

③ 梁坤：《社会科学证据在美国的发展和启示》，《环球法律评论》2012 年第 1 期，第 138 页。

④ Monahan, J. and Walker, L., "Twenty-five years of social science in law", Law and Human Behavior, 35, 2011, pp. 72 – 73.

即如果规制的潜在收益高于潜在成本，即可以实施这一规制行为[①]。对此，在规制中运用成本/收益分析已经达成普遍共识，其被认为是具有效益且廉价的工具，通过量化分析，可以确定某一问题的规模、不同风险规制的成本以及确定规制的优先性[②]。

遗憾的是，无论是风险评估还是成本/收益分析都只是着眼于量化分析，但是，健康却无法量化衡量。因此，就风险的接受度而言，除了进行科学或者经济的衡量，还需要借助风险认知。风险认知的研究关注人类对于风险特征和严重性的主观判断[③]，尽管这一研究是由专家开展的，但是其目的是强调公共参与，因为该项研究不仅涉及科学，同时也涉及视角、观点和价值[④]。事实上，公众并不仅仅只是暴露在风险中，同时也有着自己对于风险的感知方式。然而，公众对于技术风险的观点不同于专家。一如实验结果显示，当专家根据统计作出风险排序时，普通公众对于风险的排序则是根据质量感官进行确认，例如风险是自然而然的还是人为的、慢性的还是灾难性的、科学与否，或者是否可以进行控制等。对于不熟悉、灾难性或广为人知的事件，公众往往会夸大风险的判断[⑤]。然而，即便公众对于风险的态度很主观，他们对于风险的认知也往往成为公共担忧，进而影响决策并成为规制的主因[⑥]。因此，公众参与也同样能提升某一风险的社会接受度。

就食品安全规制而言，目前决策的确定性仅仅只是根据可靠的自然科

---

① Arcuri, A.,"Risk regulation", Rotterdam Institute of Law and Economics, Working paper serious No. 2011/05, p. 10.

② Sunstein, C., Risk and reason: safety, law and the environment, Cambridge University Press, 2002, pp. 5-6.

③ Alemanno, A.,"Public perception of risk under WTO law: a normative perspective", in, van Calster, G. and Prévost, D. (ed.), Research handbook on environment, health, and the WTO, Edward Elgar, 2012, also available on the SSRN at: http://papers.ssrn.com/sol3/papers.cfm?abstract_id=2018212, p. 2.

④ Nestle, M., Safe food: bacteria, biotechnology, and bioterrorism, University of California Press, 2003, p. 16.

⑤ Ruckelshaus, W.,"Risk in a free society", Risk Analysis, 4 (3), 1984, p. 159.

⑥ Alemanno, A.,"Public perception of risk under WTO law: a normative perspective", in, van Calster, G. and Prévost, D. (ed.), Research handbook on environment, health, and the WTO, Edward Elgar, 2012, also available on the SSRN at: http://papers.ssrn.com/sol3/papers.cfm?abstract_id=2018212, p. 2.

学事实，例如《落实动植物检疫措施协议》中确定的科学原则，但其并不认可风险认知作为立法依据①。因此，有人质疑根据上述协议作出的决策意在借助科学证据逃避决策失败的责任②。此外，即便可靠的科学证据和诸如成本/收益等的经济分析可以确保法律的有效性，但是法律是否能够被公众接受也依旧面临着挑战，因为对于风险的接受依旧有赖于社会理性，例如风险认知的作用。正因如此，学界的反思指出，即便科学可以为法律问题带来清晰、肯定的解决方式，尤其是自然科学的作用，但贸易领域中依旧存在诸多争端。食品安全规制之所以挑战重重，就是因为从风险规制的角度来说，食品安全并不只是科学判断，同时也是一个价值判断。

（二）食品安全既是科学也是价值判断

确实，人类在享用食品的同时也面临着健康的风险。例如，饥饿或者营养不良抑或诸多食源性疾病都会导致人类的死亡，更别提一些食物本身就带有致命的危害，例如河豚。然而，科学和技术的进步一方面提供了更多确保食品安全的手段，如巴氏消毒在奶制品中的作用；另一方面，作为新的技术风险，其也带来了诸多新的危害。例如，在日益规模化的食品生产过程中，沙门氏菌等微生物污染已经成为主要的食品安全问题。相较而言，大多数时候食品的消费还是愉快的，尤其是食品选择的日益多样化。然而，直到食品安全问题的频繁发生，消费者才开始意识到食品安全问题的严重性。

一如食品安全法律的历史演变，食品安全问题的变化不仅推动了立法内容的变迁，同时也影响着人们对于食品安全这一概念的认识。以美国为例，就食品安全问题的模式和它对于食品安全认识的影响可以总结如下。第一，鉴于化学物质的滥用能导致食品质量和食品安全的问题，《纯净食品法》对于食品安全的认识是从管理化学物质的角度入手，规定禁止使用有害于健康

---

① Alemanno, A., "Public perception of risk under WTO law: a normative perspective", in, van Calster, G. and Prévost, D. (ed.), Research handbook on environment, health, and the WTO, Edward Elgar, 2012, also available on the SSRN at: http://papers.ssrn.com/sol3/papers.cfm?abstract_id=2018212, p. 2.

② Feldman, R., The role of science in law, Oxford University Press, 2009. Also see the online publication, "The role of science in law", available on the Internet at: http://www.law.depaul.edu/centers_institutes/ciplit/ipsc/paper/robin_feldmanpaper.pdf, p. 6.

的有毒、有害成分。第二，食品的卫生条件也会导致食品安全问题，因此，1938 年的《联邦食品、药品和化妆品法案》进一步规定了禁止在不卫生的条件下制备、包装和持有食品。此外，20 世纪 80 年代后，由于沙门氏菌和大肠杆菌导致的食品安全问题增多，使得人们逐渐意识到了食品安全与微生物危害有关。第三，为了促进健康，越来越多的营养食品进入市场。尽管“营养不足”一直是粮食安全致力于解决的问题，但是需要指出的是，无论是营养不足还是营养过剩，都可能导致食品安全问题，尤其是慢性的食源性疾病。因此，从食品安全的角度开始了对营养信息的监管，即强制性地标注一些信息。第四，食品不仅仅来源于自然环境，同时也是科学技术的产物，因此，有关科学技术的质疑使得人们开始争论来源技术的食品是否可以安全食用。

鉴于上述这些分析，可以说，危害健康的因素发生了变化，如化学物质、微生物等，进而转变了消费者对食品安全的认识。当科学技术的进步有助于提高处理化学、微生物和营养危害的水平时，对于安全的科学定义可以总结为：一定条件下，一些物质不会导致不利结果的确定状态。对应食品安全，危害是指食品中存在的可能对健康产生不良影响的某种微生物、化学或物理性物质或条件。而风险则是指食品中某种（某些）产生某种不良健康影响的可能性及严重程度。因此，科学技术被用于发现这些危害的特征以及相应的预防和控制手段。基于此，安全被认为是一个量化的因素，在毒理数据的最低担忧水平和根据规制允许人类暴露水平之间确定安全的边界①。

在立法历史的演变中，食品安全立法的修订总是为了适应时代的挑战，尤其是源于科学技术进步所发生的变化。一方面，技术危害已经引发了公众对于环境和健康问题的担忧，一如食品安全问题；另一方面，科学技术的发展也为社会提供了可以降低新老风险的机会。例如，科学对于食品安全规制的贡献有以下几个方面，提供制定标准的科学依据，通过在生

---

① Walker, V., “A default-logic of fact-finding for United States regulation of food safety”, in, Everson, M. and Vos, E. (ed.), Uncertain risks regulated, Routledge-Cavendish, 2009, p. 143.

产中控制关键点预防微生物的污染或者通过最终产品的检测确保其符合预设的标准要求。

当食品安全规制成为风险规制的一个子领域，危害和风险的确认以及相应的管理方式必须有科学的依据。对于这一点，通过引入风险评估已经确立了科学在决策中的咨询地位。此外，随着法律将科学评估作为应对食品安全问题的基本方法，确保决策的科学基础已经具有了强制性。例如，《实施动植物卫生检疫措施的协议》就规定，各成员国应确保任何动植物卫生检疫措施的实施不超过为保护人类、动物或植物的生命或健康所必需的程度，并以科学原则为依据，各成员国应确保其动植物卫生检疫措施是依据适应环境的对于人类、动物或植物的生命或健康的风险评估，并考虑到由有关国际组织制定的风险评估技术。

根据这一规定，世界贸易组织的成员国都应确保其动植物卫生检疫措施的科学依据。考虑到科学是一种中性的价值观，对于科学原则的确认其意义在于确保决策中的价值中立。然而，当食品安全意味着可接受的风险水平时，仅有自然科学的专业知识是不足够的，除此之外，还需要社会科学的专业知识。

例如，基于疯牛病、三聚氰胺等食品安全危机的教训，各国纷纷强化其食品安全规制体制，这一事实表明：对于风险，一个显著的案例可以影响到公众对于风险的认知。以疯牛病危机为例，它极大地影响了欧盟公众对于食品风险的认知，以致公众对于食品安全的公共管理产生了极大的不信任。因此，欧盟食品安全规制在疯牛病危机后的一个主要目标就是恢复公众的信任，为此，欧盟的食品安全立法对食品安全的规制采取了谨慎的做法[①]。尽管数据统计未必能反映出上述问题，但是公众参与决策的必要性在于通过了解他们的观点，制定一个可以被广为接受的决策[②]。因此，公众参与对于获取与他们有关的风险的认知、观点是必需的，但对于这些观点的评估和解释人需要借助科学知识，一如风险认知研究的作用。

尽管社会科学理性的重要性不亚于自然科学理性，但是社会科学对于

---

① Bemauer, T. and Caduff, L., "European food safety: multilevel governance, re-nationalization, or centralization?", Center for Comparative and International Studies (ETH Zurich and University of Zurich), Working paper No. 3, 2004, pp. 7 - 8.

② Randal, E., Food risk and politics, Manchester University Press, 2009, p. 129.

达成一致性是提供了更多的可能性还是挑战依旧是存在争议的，因为与自然科学相比，社会科学本身具有更多争议。在这个问题上，值得一提的是价值在决策中的作用。事实上，价值中立是很难实现的，即便在科学评估中也是如此。例如，面对不确定性，科学评估更多的是对风险进行估计，而科学家本身的价值观会使得其得出一个既有科学依据又具有实践性的结论。正是因为如此，即便是科学评估者，在面对相同数据的时候也会作出不同的结论。

法律的目的在于实现一些社会目标，而这些目标都是根据价值判断确定的，换言之，就是对价值的评估。作为手段，法律规范是为了实现所确立的目标[①]。作为主观价值评估，价值的主观性与特定的历史时期或者特定的社会情况相关，而这些背景都会影响法律决策[②]。此外，对于决定哪一个价值应优先考虑，例如自由还是安全，价值冲突也不可避免。因此，面对价值冲突，决策者并不是判断对与错，而是选择一个相对偏好的价值[③]。然而，食品安全立法的历史演变已经说明：即便在公众健康面临风险威胁的时候，也有决策者将经济自由这一价值凌驾于安全保障之上。另一方面，对科学原则的坚持也说明了法律仅仅只是反映了科学理性而不是社会价值这一事实。

对于食品来说，价值是多元的，包括安全、营养、公平、传统等。在这些价值中，安全总的来说是第一位的[④]。尽管每个国家都会有自己的社会情况以及不同的食品偏好，但是面对风险社会的挑战，对于安全的优先考虑可以说是共同的价值所在。因此，食品法典委员会针对有关食品安全规制的原则就指出：决策不仅要考虑科学意见，还要考虑那些与消费者健康和促进公平贸易相关的其他合法因素。相应的，基本食品法优先考虑的目标是健康的保障，而这也是公众利益所在。此外，随着大众消费的发

---

① Bodenheimer, E., Jurisprudence, Harvard University Press, Third edition, 1970, p. 339.

② Freeman, M., Lloyd's introduction to jurisprudence, Sweet & Maxwell Limited, Seven edition, 2001, pp. 50 - 51.

③ Ruckelshaus, W., "Risk in a free society", Risk Analysis, 4 (3), 1984, p. 161.

④ Lusk, J. and Briggeman, B., "Food value", American Journal of Agricultural Economics, 91 (1), 2009, p. 191.

展，消费者与生产者相比是弱势群体，因此，加大对消费者的保护也是“矫正公平”的意义所在。

综上，食品安全规制应该以前瞻性的方式开展。在这个方面，科学原则的作用是值得肯定的，尤其是通过风险评估，特别是风险分析这一体系化的落实。尽管可以根据科学证据采取预防性的措施，但是科学的不确定性也是一直存在的。为了防止不可挽回的损失，谨慎预防原则已经被引入食品安全规制中，从而确保在缺乏足够科学证据的情况下采取行动。

第二篇　预防风险的食品法原则

风险管理所面临的困难来源于不确定性所带来的挑战。所幸的是，作为一种中立的价值，科学的作用在于根据事实制定标准，从而在充满不确定性的世界中发现真理所在。然而，需要思考的是：科学真的是价值中立的吗？事实上，在对科学问题的探讨中，科学工作本身就存在着不同的价值取向。为了使科学研究不受价值的干扰，需要设置具体的步骤将科学评估和行政管理职能区分开来。比较而言，前者不涉及规范的科学决定，而后者则是针对某一风险进行价值取向的行政决定。

对于决策，当其涉及风险性质和规模的不确定性时，决策者可能犯错。其中，决策结果 A 的规制行动在应对风险时可能被证实并不具有危害性，而决策结果 B 则是鉴于证据不足而没有采取规制行为，但不作为的后果是具有危害性的①。如果要实现结果 A，那么科学原则的目的就在于通过科学评估为这一决策提供可靠的科学证据，以便落实预防风险的行为。而为了避免结果 B 的出现，慎之又慎的做法不是等到确定性的科学结论或者危害的真实发生才采取行动，而是为了避免风险一旦成真所带来的不可挽回的损失，进而立即采取保护措施。尽管这一谨慎性的保护措施尚存在诸多争议，但是基于谨慎（precaution）所确立的谨慎预防原则的作用已经得到认可，即在缺乏足够证据的情况下，通过行动的方式避免结果 B 的出现。

根据上述风险管理过程，科学在食品风险管理中的作用已经得到认可，即通过科学的方式对这类风险进行管理可以提升规制的能力、减少自由裁量，进而增强公众对于食品消费的信心。因此，通过风险评估在决策阶段贯彻科学原则已经成为食品领域内通行的做法，其目的在于确定应该

---

① Ashford, N., "Science and values in the regulatory process", Statistical Science, 3 (3), 1988, pp. 377 – 378.

避免风险的类型（即不接受这一风险），或者在无法避免某类风险时，确定这一风险的可接受程度以及相应的规制措施。值得一提的是，为了避免政治影响，包括风险评估、风险管理和风险交流在内的风险分析已经在食品风险规制领域内发展成为一个结构化的完整体系。然而，当缺乏足够的科学证据时，不确定性的存在会妨害其决策。事实上，尽管谨慎预防原则的运用依旧具有争议性，但是在针对食品产品中的危害物质进行规制的过程中，一旦遇到缺乏足够的科学证据的情况时，各国都会采取谨慎性的保护措施。

第三章　结构化决策中的风险分析原则

对于确定风险问题和制定相应的保护措施，科学的作用已经得到认可，其意义在于通过决策的“科学化”确保决策的合理性和可信度。同理，根据《实施动植物卫生检疫措施协议》和食品法典委员会的标准，全球贸易的发展已经迫使各国的规制决策都必须以科学为依据[①]。随着食品安全规制中科学原则的确立，结构化的决策意味着必须同时考虑科学意见和其他合法的因素，而这一个过程被称为风险分析（Risk Analysis）。鉴于这一体系的理论发展和实践运用，本章将总结这一些体系运用中的“关键点”[②]，从而通过这些“关键点”的落实确保决策过程的合法性。

第一节　风险分析的理论和实践发展

事实上，在风险分析这一体系出现之前，针对食品风险进行管理、评估或交流的实践就已经存在。在美国，这一体系的理论发展开始于20世纪80年代。随着关注度的加深，该理论进一步得到国际层面的重视，继而发展成为食品安全规制的一个基本方式/原则，但是各国在运用这一体系的过程中存在着差异。

---

① Everson, M., Vos, E., “The scientification of politics and the politicisation of science”, in, M. and Vos, E. (ed.), Uncertain risks regulated, Routledge-Cavendish, 2009, p. 4.

② 在危害分析和关键控制点体系中，所谓的“关键点”是指预防和消除食品安全危害或者将其减弱到可以接受的水平的控制要点。根据这一概念，风险分析原则和谨慎预防原则在运用过程中涉及的关键点是指如果在运用这些原则的时候不加以考虑这些关键点，那么相关的风险预防措施将无法有效实现预期的预防目的。

一、风险分析在国际层面的理论发展

科学技术的进步使得人类可以对风险进行管理，从而加以控制。但长期以来，规制中的研究工作被视为理所当然的事情[①]。但是，随着风险规制的兴起，科学评估工作对于确定风险的规模和不确定性的作用开始受到关注。正因为如此，重新正视风险评估这一科学工作被提上了日程，以便开展相关的决策工作[②]。然而，除了科学的作用，决策者还必须考虑替代性行为、价值和意识判断等因素。因此，除了风险评估（Risk Assessment），还涉及一个风险评价（Risk Evaluation）的过程，即针对上述的这些因素以及科学意见进行评价并在此基础上作出最后的决策[③]。因此，风险评估和风险评价是两个不同的过程[④]，由这两个过程组成，风险分析的概念开始发展起来。

尽管很早之前的风险分析概念并没有像现在这样完善，但是将风险评估和风险管理（Risk Management）整合起来的做法确保了决策的科学性。然而，就决策而言，公众对于风险的认知不仅使得政府的风险规制必须强化其科学性，同时，也使得政府的相关决策必须为公众参与提供对话的机会。考虑到公众对于食品安全规制日渐失去信心，一个能够为公众参与、民主审议提供机会的决策体制不仅可以增进决策的合法性也能提高决策的公众接受度[⑤]。因此，风险交流（Risk Communication）发展的意义就在于：为利益相关者参与决策、获知风险信息提供机会，进而奠定决策的民主基础。最终，风险评估、风险管理和风险交流三个职能的发展促成了风

① Lofstedt, R., "The precautionary principle: risk, regulation and politics", Trans IchemE, 81 (B), 2003, p. 37.

② National Research Council, Risk and decision making: perspectives and research, National Academy Press, Washington, DC, 1982, pp. 64 – 65.

③ National Research Council, Risk and decision making: perspectives and research, National Academy Press, Washington, DC, 1982, pp. 32 – 33.

④ 当时，就"风险评估"和"风险评价"的概念并没有标准化，例如，风险评估可能是指对风险的估计，而风险评价直接指管理过程。现如今，这两个概念已经分别发展成为"风险评估"和"风险管理"，并整合到了风险分析这一体系中。此外，值得一提的是，风险评价可以独立发展成为风险管理中的另一个重要过程，即对其他合法因素的评估并与风险评估这一科学工作相对应。

⑤ Randal, E., Food risk and politics, Manchester University Press, 2009, pp. 199 – 200.

险分析这一体系的诞生。

为了适用风险分析这一体系，国际层面陆续发布了一系列的指南，包括1995年针对风险评估的《在食品标准问题中适用风险分析》①、1997年针对风险管理的《风险管理和食品安全》②、1998年针对风险交流的《食品标准和安全问题中适用风险交流》③ 以及2006年针对风险分析的《食品安全、风险分析：国家食品安全机构指南》④。随着这些文件的发布，风险分析的理论发展不断得以完善，最终发展成为一个定义明确、结构有序的概念，包括风险评估、风险管理和风险交流三个方面，其适用性可以通过“风险管理模式”这一方式来体现。

（一）风险分析的构成要素

尽管1995年国际层面针对风险分析的研讨只是针对风险评估这一内容，但讨论指出了风险管理和风险评估之间的互动关联性。就风险评估而言，其主要是指一个系统整理科学和技术信息以及明确它们不确定性的方法，目的则是为了从科学的角度解决健康风险的问题。为此，风险评估需要对相关的信息进行评价，确定可以从这些信息进行推论的模式。此外，风险评估需要认识到不确定性的存在，适当的时候，还要就现有数据提出替代性的解释，而这些解释应该具有科学可信度。根据采纳的模式开展风险评估，主要有以下四个步骤。

（1）危害识别是指识别可能产生健康不良效果并且可能存在于某种或某类特别食品中的生物、化学和物理因素；

（2）危害定性是指对与食品中可能存在的生物、化学和物理因素进行定性和（或）定量的评估，从而确定它们对健康的不良效果的性质；

---

① FAO, Application of risk analysis to food standards issues, Report of the Joint FAO/WHO expert consultation, Geneva, Switzerland, March 13 - 17, 1995, p. 1.

② FAO/WHO, Risk management and food safety, Report of a Joint FAO/WHO consultation, Rome, Italy, January 27 - 31, 1997.

③ FAO/WHO, The application of risk communication to food standards and safety matters, Report of a Joint FAO/WHO expert consultation, Rome, February 2 - 6, 1998, p. 10.

④ FAO/WHO, Food safety risk analysis, a guide for national food safety authorities, Rome, 2006.

（3）暴露评估是指对于通过食品的可能摄入和其他有关途径暴露的生物、化学和物理因素的定性和（或）定量评价；

（4）风险定性是指根据危害识别、危害描述和暴露评估，对某一给定人群的已知或潜在健康不良效果的发生可能性和严重程度进行定性和（或）定量的估计，其中包括伴随的不确定性。

在这个时期，为了确保风险管理中科学基础的独立性，提出了风险评估和风险管理职能相分离的原则，但是对于实践操作，它们之间还应保持适度的互动。

尽管本章重点阐述风险管理中的决策环节，但是风险管理本身不仅包括确定适宜的措施同时也包括执行这些措施、从而实现公众健康保护的目标。而对于这个目标，管理的整个过程涉及：衡量各类政策选择、咨询所有利益相关者、考虑风险评估结果和其他保护消费者健康、促进公平贸易相关的因素，必要时，还要选择适宜的预防和控制措施。

对于风险管理的框架，重要的因素包括以下几点。

（1）风险评价①：确认食品安全问题、描述风险特征、明确应开展风险评估的危害、确定管理优先性、开展风险评估和考虑评估结果；

（2）风险管理方式评估：确定可行的管理方式并选择最为适宜的一个；

（3）执行确定的管理决策；

（4）监测和审查：评估执行措施的有效性，必要时，对风险管理和风险评估都进行审查。

就风险管理的运用来说，除了风险评估和风险管理职能相分离的原则，风险管理的运用还应遵循以下这些原则，包括：运用结构化的方式，将保护健康作为首要因素，保持决策和实践的透明性，将风险评估政策作为风险管理的一个具体组成部分，考虑风险评估中的不确定性，在所有环节中都要与消费者和其他利益相关者保持清晰、互动的交流，根据新出现的数据对决策进行阶段性的评估。

---

①　风险评价是指风险管理中对风险进行初步识别的过程，与第121页注④就决策中评估科学意见以外的其他合法因素这一风险评价过程并不相同。

如上文所述，风险管理者应该与外部人员保持互动型的交流，例如消费者等利益相关者。此外，还涉及风险管理者、风险评估者和风险交流者之间的内部交流。因此，风险交流是在整个风险分析过程中针对风险、风险相关因素和风险认知在风险评估者、风险管理者、消费者、行业、学术界和其他利益相关者之间的信息和观点的互动交换，包括解释风险评估的结果以及风险管理决策的依据等①。贯穿风险分析整个过程的风险交流具有多重意义，例如有助于更好地了解某一问题、保持决策的透明性、提升公众的信任和信心等。因此，风险交流应遵循以下原则：倾听所有利益相关者的意见，确保科学成员的参与；利用易于理解和实用的信息，确保信息来源的可靠性；通过责任的共享确保规制机构在健康管理中的主导地位；在决策中通过区分事实和价值的方式更好地确定可接受风险的水平；确保透明性；考虑风险的同时也要对呈现风险的技术或过程评估其所带来的收益。

（二）适用风险分析的“风险管理模式”

上文已经明确了风险相关概念的定义及其发展，在此基础上，风险分析已经发展成为一个结构化的决策过程，包括三个不同但又密切联系的职能，即风险评估、风险管理和风险交流。从意识到通过科学评估可以明确风险，进而到可以管理风险，再到风险分析这一整体概念的完善，运用风险分析这一方式的主要原则包括：风险分析应该被纳入国家的食品安全体系，运用这一体系时要采用结构化的方式，即适用风险评估、风险管理和风险交流三个职能，确保风险评估和风险管理的职能分离以及在整个风险分析阶段通过互动的方式与所有利益相关者进行有效的交流。

尽管风险分析中的每一个组成部分都有其自身的功能、程序和运用原则，但与差异性相比，他们的关联性更为重要，而这意味着应该有序地运用它们才能实现风险分析对于保护健康的作用。鉴于此，运用风险分析的方式首推“风险管理模式”。在这个框架中，风险分析开始于风险管理活动，即确定食品安全问题，描述风险特征并制定风险评估政策。

① Codex Alimentarius Commission, Procedural manual, Twenty-first edition, 2013, p. 114.

在上述过程的起始阶段，风险特征描述是指确认食品安全问题及其相关背景，从而明确便于决策的危害或风险的因素。一个典型的风险特征描述包括：情况的简要描述、涉及的产品或商品、风险所影响的价值（人类健康、经济考虑）、潜在影响、消费者对于风险的认知、风险和收益的分配。风险评估政策是指为价值判断和政策选择制定指南，从而指导风险评估过程中的某一具体的决策。需要指出的是，这一政策的制定是风险管理者的职责所在，但是应该与风险评估者开展合作，从而确保风险评估中的科学完整性。因此，这一过程被认为是风险管理中的一个重要环节，进而确定了风险管理在风险分析体系中的领导地位。也就是说，风险管理者有职责确保风险分析顺利开展，包括召集和开展风险评估的职责。

基于上述的理论分析，风险管理尤其是决策过程，应该包含科学、价值以及谨慎这些要素。例如：就科学而言，很重要的一点是自然科学和社会科学的完整性。在决策过程中的交流可以为公众参与提供渠道，进而可以在决策中提高公众对于风险的认知。价值判断发生在风险管理中的风险评估政策制定阶段，其目的是指导风险评估以及决策的制定。值得一提的是，作为风险管理中的一个原则，保障人类健康是应该予以优先考虑的内容。同样，作为风险管理中的另一个原则，决策者应该考虑风险评估结果中存在的不确定性。事实上，应该记住谨慎是风险管理的题中之意。作为一项原则，风险分析本身就将谨慎作为决策的一个重要内容①。

二、美国、欧盟和中国对于风险分析的实践应用

国际层面有关风险分析理论的发展为国家实践提供了指导，然而，各国/各地区的实践在参考这些指导的同时，也需要考虑各国的政治和法律特点，为此，以美国、欧盟和中国为例，下文将进一步介绍风险分析在这三个地区的实际运用。

---

① CAC：Working principles for risk analysis for food safety for application by governments，CAC/GL 62－2007.

（一）风险分析在美国的应用

早在20世纪70年代，鉴于传统方式中根据慢性毒理试验所确立的“无害水平”在解释方面存在的困难，美国针对食品添加剂和污染物中对人类健康构成危害的物质采用了统计性的风险评估方式①。除了食品安全规制中针对有毒物质的评估，其他规制机构也在考虑如何整合风险评估和风险管理这两个职能，例如职业安全和健康规制机构、环境保护局等。但是，这些机构都遇到了同一个问题，即如何向外界清晰地解释他们规制决策的科学依据？为此，20世纪80年代早期的研究开始关注如何促进规制中对风险评估的运用，并提出了风险评估和风险管理的职能分离，或成立独立的风险评估机构以便服务于所有的规制机构等建议②。遗憾的是，由于所涉及的规制机构都有其自身的科学研究方式，美国最终没有采用集中风险评估、建立独立的风险评估机构的方式。

就食品安全规制而言，除了将风险评估的职能保留在原食品规制机构，还有一点是，针对食品的风险评估由于规制法律的分离，即《联邦食品、药品和化妆品法案》与其他一系列针对肉类、禽肉类和蛋类的食品立法的不同授权，针对后一类食品的风险评估被从其他食品的评估中独立开来。因此，美国的食品安全规制中，分别由美国食品药品监督管理局和食品安全检验局对其管辖范围内的食品进行风险评估和风险管理。

在风险评估成为一个独立的职能之前，美国食品药品监督管理局已将科学研究视为其内部的一个职能，并由独立的科学机构负责③。正因如此，在其食品安全规制的过程中，美国一早就有行政管理和科学管理共存的传统。当美国食品药品监督管理局的职能涉及食品、药品和化妆品时，

---

① Jackson, L. “Chemical food safety issues in the United States: past, present, and future”, Journal of Agricultural and food chemistry, 57, 2009, p. 8163.

② National Research Council, Risk assessment in the federal government: managing the process, Committee on the Institutional Means for Assessment of Risk to Public Health, Commission on Life Science and National Research Council, National Academy Press, Washington D. C., 1983, pp. 1-3.

③ Borcher, A., et al., “The history and contemporary challenges of the US Food and Drug Administration”, Clinical Therapeutics, 29 (1), 2007, p. 4.

其内部负责食品的机构是食品安全和营养运用中心（Center for Food Safety and Applied Nutrition）。

作为规制食品的内设风险管理机构，食品安全和营养运用中心主要是以小组结构[①]的方式有序地开展风险分析。当启动风险分析时，最初由该中心决定是否就解决一个潜在的风险管理问题开展风险评估。一旦认为有必要开展风险评估，则会分别设立风险管理小组、风险评估小组和风险交流小组。其各自的职能如下：风险管理小组的职责是确定风险评估所要解决的问题、提供假设的情况并监督评估以及制订管理行动方案；风险评估小组的职责是开展评估，有必要时，完善风险管理小组提供的假设、解释评估结果中的不确定性以及先前假设对评估结果的影响；风险交流小组的职责是明确利益相关者关注的问题、信息需要和认知并将这些内容向风险评估和风险管理小组进行反映。此外，还应与利益相关者保持持续的信息交流，并根据评估结果和管理方案确定有关公共健康需要发布的信息。

美国应用风险分析的方式符合上文提到的风险管理模式，即将风险评估和风险交流有机地整合在了风险管理的过程中[②]。对于这一工作，总体的程序包括：识别/选择、计划、执行、评估以及公开行动。具体来说，根据发生的事件、危机或者新出现的科学证据等就某一关注的风险启动管理，根据处理风险的能力确定优先处理的公众健康问题、采取行动的时间表，通过内部和外部的交流搜集信息进行决策并执行决策，对执行进行监督并予以评估，如果反馈表明决策需要进行改善，则对决策进行修改。在这个管理的过程中，风险评估的作用是从科学的角度确保管理决策的可信性。与此同时，外部专家和利益相关者也可以参与这一管理过程中，从而就科学问题或者社会价值提供必要的信息。

与美国食品药品监督管理局相似，食品安全检查局开展的风险分析也

---

① 有关美国的风险分析落实情况可以参考其政府文件：Initiation and conduct of all "major" risk assessments within a risk analysis framework, U. S. Food and Drug Administration, Center for Food Safety and Applied Nutrition, March 2002.

② Dennis, S. et al, "CFSAN's risk management framework: best practices for resolving complex risks", Foodsafety Magazine, 12 (1), 2006, available on the Internet at: http: //www. fda. gov/downloads/Food/FoodScienceResearch/UCM242685. pdf.

对管理和评估职能进行了分离，并就各职能小组何时和如何开展这些职能作出了规定。简单来说，公共健康和科学办公室（Office of Public Health and Science，OPHS）提供科学分析，政策和项目制定办公室（Office of Policy and Program Development，OPPD）向食品安全和检查局提供建议，公共事务和消费者教育办公室（Office of Public Affaires and Consumer Education，OPACE）则是与公众打交道，负责告知、教育等工作事项。在公共健康和科学办公室内部，风险评估局（Risk Assessment Division）负责针对肉类、禽肉类和蛋类产品中的微生物和化学危害物质进行科学评估。就启动风险分析而言，第一步是根据食源性疾病发生的情况、科学发现、公众关注以及行业实践的变化确定食品安全问题处理的优先性。接着，政策和项目制定办公室的风险管理者负责确定食品安全问题、需要解决的问题和目标。对于这个过程，其他的风险管理者、评估者和交流者都可以参与。在这之后，公共健康和科学办公室确定用于解释食品安全问题的风险评估建议、风险评估的类型以及由科学同行进行审议的机制。完成后，则进一步由风险管理者决定是否开展风险评估。如果确定开展风险评估，则由风险评估局的成员组成风险评估小组，如果合适，其他专家也可以参与这一评估小组。最后，根据评估的报告，政策和项目制定办公室的管理者进行决策，但这一过程需要为利益相关者提供审阅评估报告的机会。值得一提的是，除了通过自然科学的评估为决策提供确定性时，决策也会同时参考由经济学家进行的成本/收益分析结果，从而确保决策执行的经济确定性。

上文已经提过，风险评估对于规制机构来说是非常重要的一个工具，例如美国农业部根据《联邦作物保险改革和重组法案》对所有的规制内容都确立了风险评估，或者环保局执行《安全饮用水修订案》，而在内部建立风险评估。然而，1997 年对风险评估进行审议时发现，对食源性致病菌的风险评估工作并不充分[①]。因此，专门成立了风险评估联盟（Risk

---

① Report to the President on Food Safety from Farm to Table：A National Food Safety initiative，1997，available on the Internet at：http：//www. cdc. gov/ncidod/foodsafe/report. htm.

Assessment Consortium），由食品安全和营养运用中心联合研究中心与美国食品药品监督管理局的食品安全和营养运用中心以及食品安全检查局共同执行。虽然该联盟最初关注的只是微生物的致病菌，但是随着发展，它已经将化学物质和有毒物质的评估纳入其中。

（二）风险分析在欧盟的应用

在成为食品法的一项法律原则之前，欧盟已经逐步地在其决策中运用科学，从而为决策提供科学依据[①]。就食品领域中的科学作用而言，早在20世纪70年代就在涉及食品安全的问题中运用了科学建议。然而，食品安全问题的爆发，尤其是疯牛病危机，使得欧盟意识到应该有序地应用风险分析这一结构化的决策体系，尤其是确保风险评估的独立性。因此，当1997年对负责消费者保护的第XXⅣ总局[②]进行重组时，一并对其管辖范围内的科学委员会进行了重置。随后，2002年的《通用食品法》进一步规定成立欧盟食品安全局，这一部门是针对风险评估以及构建风险分析框架而设立的。至此，欧盟针对风险分析的应用主要经历了以下三个阶段：以委员会体系为基础的风险分析体系、在SANCO总局下的临时框架以及单一机构为基础的风险分析体系。

1. 1997年前以委员会体系为基础的风险分析体系

在很长的一段时间里，食品安全规制中对于科学的运用都是通过委员会体系。鉴于欧盟的风险分析运用中对风险评估和风险管理进行了职能、责任和组织的分离，本部分对于风险分析各职能的介绍将按照风险评估、风险管理和风险交流的顺序而不是各自建立的时间线。

就风险评估来说，食品科学委员会成立于1974年，其目的是为欧盟委员会就由食品消费导致的健康和人员安全问题提供科学意见，尤其是有关食品的成分组成、修饰食品基因的过程、食品添加剂和其他加工助剂的

---

① Alemanno, A., Trade in food, regulatory and judicial approaches in the EC and WTO, Cameron May Ltd, 2007, p. 297.

② 该总局重组后更名为健康和消费者保护总局，对应DG SANCO，下文论述沿用这一称谓。现于2015年起更名为健康总局，对应DG SANTE，其中，SANTE为法语，意为健康。

使用以及污染物的存在等方面的科学意见[①]。就风险管理来说，食品常设委员会成立于1969年，由各成员国的代表组成。食品常委会的作用是确保成员国和欧盟委员会之间的合作以及在食品问题上欧盟委员会能够向相关的专家进行咨询[②]。就风险交流而言，食品咨询委员会成立于1975年，其成员由行业、消费者、农业、商业和劳工的代表组成。在涉及协调食品法律的问题上欧盟委员会要向这一委员会进行咨询[③]。

在委员会体系的结构下，欧盟委员会向食品科学委员会进行咨询，以便获取科学建议，然后在常设委员会的框架下与该委员会的代表一起讨论这些科学建议，有时也要和食品咨询委员会的代表一起讨论[④]。然而，一方面，欧盟委员会并没有向食品咨询委员会进行充分的咨询。另一方面，即便实践已表明食品决策是以科学为基础的重要性，但是疯牛病危机的爆发还是说明了这一体系中科学专家工作存在的问题，即其独立性受到政治影响[⑤]。

2. SANCO总局下的风险分析体系

疯牛病危机的教训表明，在英国的政治压力之下，科学工作和政治决策中都存在着信息歪曲、错误等作为。因此，SANCO总局的重组遵照了以下原则：包括立法责任和科学咨询责任的分离、立法责任和监督责任的分离以及决策过程和监督措施中确保透明性和信息可及性，从而加强负责消费者健康总局的独立性[⑥]。就科学工作来说，欧盟委员会的行动在于强

---

① Commission decision 74/234/EEC of 16 April 1974 relating to the institution of a Scientific Committee for food, Article 1 and Article 2. This had been replaced by the Commission decision 95/273/EC of 6 July 1995 relating to the institution of a Scientific Committee for food.

② Council decision 69/414/EEC of 13 November 1969 setting up a Standing Committee for foodstuffs, preamble.

③ Commission decision 75/420/EEC of 26 June 1975 setting up an advisory committee on foodstuffs, Article 1 and Article 2.

④ Vos, E., "EU Food Safety Regulation in the Aftermath of the BSE Crisis", Journal of Consumer Policy, 23, 2000, p. 230.

⑤ European Parliament, Report on alleged contraventions or maladministration in the implementation of Community law in relation to BSE, without prejudice to the jurisdiction of the Community and national courts, 1997.

⑥ Communictaion of the European Commission on consumer health and food safety, April 30, 1997, COM (97) 183 fin, p. 3.

化其获取和使用科学建议的方式。为此，欧盟委员会落实了确保科学建议先进、独立和透明的原则。为了实现这一目标，SANCO 总局对其管辖内的相关科学委员会进行了重置，以避免将来的工作在经济利益（工业或农业政策）和健康保障之间举棋不定以及更好地控制这些委员会的活动[①]。

就现有科学委员会的重组来说，有两个重要的步骤。首先是重新定义这些与食品相关科学委员会的活动，包括食品科学委员会、动物营养科学委员会、动物健康和福利科学委员会、与公共健康相关的兽医措施科学委员会、植物科学委员会、化妆品和用于消费的非食品产品科学委员会、药品和医药器材科学委员会、毒理学、环境科学委员会[②]。第二个步骤是建立科学指导委员会，以便协调这些科学委员会的工作，从而强调消费者健康保护的重要性[③]。

相比较而言，食品常设委员会因为其工作和成员的神秘性而受到诸多诟病。一如疯牛病相关报告中所指出的，欧盟委员会在处理英国疯牛病问题时缺乏政治中立性，而这又是因为在食品常设委员会中，英国代表在比例方面所占有的数量优势所致。为了应对这一问题，针对规制委员会的重组，其中一个重要内容是保障该类委员会工作的透明性。然而，疯牛病危机后依旧持续的食品安全问题说明，欧盟在食品安全保障方面急需一种新的方式。事实上，在疯牛病危机后，欧盟已经开始着手通过彻底的立法改革，确保食品规制的法律基础。因此，这一阶段的机构改革也只是过渡性的应对措施。

3. 单一机构为基础的风险分析体系

随着《通用食品法》的实施，不仅风险分析被确认为一项法律原则，并且通过成立一个新的机构，即由欧盟食品安全局独立负责风险评估工作，以最终实现风险评估和风险管理在职能、组织和责任上的分离。对于

① Vos, E., "50 Years of European Integration, 45 Years of Comitology", in, Ott, A. and Vos, E. (ed.), Fifty Years of European Integration: Foundations and Perspectives, The Hague: T. M. C. Asser Press, 2009, pp. 233 - 234.

② Commission Decision 75/579/EC of 23 July 1997 setting up Scientific Committees in the field of consumer's heath and food safety, Article 1.

③ Commission decision 97/404/EC of 10 June 1997 setting up a Scientific Steering Committee, Article 2.

这一阶段的风险分析体系可以总结如下。

就风险评估而言，欧盟食品安全局成立的目的是为了共同体就直接或间接影响食品和饲料安全的立法和政策提供科学建议以及科学技术支持。由于欧盟食品安全局具有独立的法人资格，其成立对于风险评估的运用具有深远的影响。就其组织结构而言，欧盟食品安全局主要有三个职能部门。(1) 行政方面，由负责决策的管理委员会和负责日常工作的执行主任构成；(2) 咨询方面，咨询论坛成立的目的在于通过欧盟食品安全局和其成员国的对应机构之间的交流促进科学合作；(3) 科学方面，多个常设科学小组在其职能范围内开展风险评估工作，而科学委员会则是负责总体协调以确保科学意见形成一致性。

对于工作程序，需要重点指出的是，欧盟对于风险评估和风险管理职能的设置是平行而非“风险管理模式”的隶属关系。也就是说，除了按照传统的程序进行风险分析，即根据风险管理者的要求由风险评估者对涉及的风险进行评估之外，风险评估者本身可以根据事先预设的程序就涉及的安全问题开展评估工作并自行将结果告知公众以及开展相关的交流。

就风险管理而言，食品供应链和动物健康常设委员会的成立取代了原先的食品常设委员会以及其他一些相关的委员会，如动物营养常设委员会，其作用是协助欧盟委员会针对食品供应链的各阶段设立食品安全保障措施。食品供应链和动物健康常设委员会由成员国的代表组成，为了处理所有相关的问题，其进一步根据以下主题分为了八个机构：《通用食品法》、食品供应链中的生物安全、食品供应链中的毒理安全、控制和进口条件、动物营养、转基因食品和饲料及环境风险、动物健康和动物福利、植物药。特别需要指出的是，作为规制委员会，其决策应该遵循规制程序①。

鉴于整个风险分析的过程都应该开展风险交流，风险评估和风险管理环节都构建了交流机制。在风险评估阶段，欧盟食品安全局与其成员国对

① Council decision 1999/468/EC of 28 June 1999 laying down the procedures for the exercise of implementing powers conferred on the Commission, Article 5. Also see Council decision 2006/512/EC of 17 July 2006 which has amended the former decision.

应机构之间的咨询论坛可以针对潜在风险进行信息搜集以及知识汇集。此外，欧盟食品安全局还在 2005 年建立了利益相关者咨询平台，从而便于向食品供应链中的各类利益相关者组织搜集建议[①]。在风险管理中，欧盟委员会应针对食品安全、饲料安全、食品和饲料标识立法和说明等问题[②]向新成立的食品供应链和动植物健康咨询小组进行咨询。该咨询小组的成员由来自农业、食品行业、零售业、消费者等组织的利益相关者构成，是欧盟层面的咨询体系，其工作便利了欧盟委员会与相关组织就食品安全政策的咨询工作。

（三）风险分析在中国的应用

2009 年开始实施的《食品安全法》规定建立风险评估制度。尽管该法律没有使用风险分析这一完整的概念，但实践中还是有涉及风险管理和风险交流，并与风险评估有一定的互动关系。例如，所有涉及的主管部门都应在其管辖范围内进行决策并执行这些决策，而在这一风险管理的过程中，风险评估是指应考虑科学意见，而风险交流则是要听取利益相关者的意见。因此，中国也有着自身的风险分析应用实践，只是由于历史因素以及监管体系，风险分析的发展呈现了三个不同的阶段。

1. 针对食品进出口的风险分析

就进出口食品而言，风险评估的落实与科学技术的发展相关。意识到科学在食品安全保障方面的重要作用，国家技术发展规划“第十个五年规划（2001—2005）”将食品安全列为一个具体的项目。在所有涉及食品安全的风险规制计划中，最重要的一项是针对进出口食品的安全，要求落实风险分析体系。在考虑中国特色的同时，这一研究明确了针对进出口食品落实风险分析的一些原则。

根据上述的理论发展，国家质量监督检验检疫总局制定了一系列的规则，包括 2003 年的《动物和动物源性食品的风险分析》和同年的《植物

---

① EFSA, Stakeholder Consultative Platform: Terms of Reference, 1. mandate and tasks.

② Decision 2004/613/EC of 6 August 2004 concerning the creation of an advisory group on the food chain and animal and plant health, Article 1 and Article 2.

和植物源性食品的风险分析》。首先，在进出口食品领域内落实风险分析是必要之举。一方面，中国于2001年加入了世界贸易组织，对此，它需要履行该组织的贸易规则。在食品安全方面，《实施动植物卫生检疫措施协议》要求国家的食品安全监管应以科学为原则，尤其要适用风险评估。因此，国家质量监督检验检疫总局在制定上述两项规则时都参照了《实施动植物卫生检疫措施协议》的规定。另一方面，这一针对进出口食品落实风险分析的做法也反映了一个事实，即最初落实风险分析是出于贸易发展的需要。

2. 针对食用农产品的风险分析

作为初级生产阶段，风险分析于2001年开始适用于食用农产品中。一开始，风险分析，尤其是风险评估的应用是基于不同的食品类别，尤其是出于对转基因食品的安全担忧。例如，农业部在2002年针对转基因食品制定了一系列的行政规则，包括《农业转基因生物安全评价管理办法》《农业转基因生物标识管理办法》。根据国务院的《农业转基因生物安全管理条例》，应对农业转基因生物建立安全评估制度，由国家农业转基因生物安全委员会负责相关工作。

随着中国《农产品质量安全法》的制定，风险评估开始广泛适用于农产品的监管，其目的是预防潜在的危害。对此，相应的监管部门在决策中应该考虑风险评估的结果，并告知其他相关部门。此外，农业部在制定质量安全标准时不仅应考虑科学意见，同时也应考虑生产者、销售者和消费者的意见。为了落实相关的规定，2007年5月成立了农产品的风险评估委员会，其可以根据农业部的委托，就农产品安全和质量相关的内容开展风险评估，包括提出风险评估政策的建议、制订风险评估的方案、为风险评估的基准制定科学指导、组织和协调内部风险评估的工作、提供风险评估报告以及风险管理的措施，并开展国际的交流和合作。

值得一提的是，尽管《食品安全法》明确了在食品安全监管中实施风险评估这一制度，但是，早期针对农产品确定的风险评估制度并没有整合进由卫生部负责的风险评估制度中。相反，通过提高对农产品的安全和质量的风险监测以及加大风险监测和风险评估的财政支持力度，农业部进一步强化了其管辖内的风险评估制度。因此，可以说中国的风险评估制度是“双规体制”。

3. 针对非食用农产品的风险分析

由于食品安全问题的接连发生，越来越多的人开始关注食品安全。意识到食品安全保障的第一要务是确保公众健康，《食品安全法》在制定的过程中就呼吁将风险评估纳入食品安全的监管体系中，从而为整个监管提供科学基础。最终，三聚氰胺事件加速了《食品安全法》的落实，而这一有关食品安全的基本法明确规定：国家建立食品安全风险评估制度，对食品、食品添加剂中生物性、化学性和物理性危害进行风险评估。至此，除了食用农产品，其他食品监管阶段的风险评估工作都被集中整合到了卫生部的管辖内，由其负责协调针对食品安全监管的风险评估工作。

就组织机构来说，风险管理的工作由多个主管部门进行，其中，卫生部的责任是进行领导和协调。针对风险评估，卫生部负责组织该项工作并设立风险评估专家委员会①。对于后者，2009 年 12 月第一届食品安全的风险评估专家委员会成立，由分别来自医药、农业、食品、营养等领域的 42 位专家组成。对于风险评估的工作，专家委员会可以直接参与相关的工作，如风险监测、制订评估方案、起草风险评估的技术规则、解释风险评估的结果以及开展风险交流。

在具体的实践中，中国食品安全风险评估国家中心的成立进一步完善了风险评估制度的组织结构。作为新成立的公共机构，其隶属于卫生部，主要的工作是针对非食用农产品组织风险监测、风险评估。也就是说，当相关主管部门开展风险管理时，该中心通过风险评估的工作为前者提供技术支持。鉴于此，可以说中国在落实风险分析的过程中也在一定程度上实施了风险评估和风险管理相分离的原则。通过在食品安全风险评估中心设立秘书处，食品安全风险评估专家委员会和该中心的合作

---

① 此处的分析是针对 2009 年出台的《食品安全法》规定而言的。事实上，中国食品安全的监管体系经过多次改革，负责风险管理的主管部门已经发生变化。而风险评估一直由卫生部负责，由专家委员会以及随后的国家食品安全风险评估中心提供的科学意见是其制定食品安全标准的科学依据。

关系是由后者准备风险评估的结果，由前者通过评价后就科学意见制定最终决策。

就工作程序来说，卫生部在和其他主管部门的共同努力下于2010年发布了《食品安全风险评估管理规定（试行）》。根据这一规定，中国风险评估工作的特点可以总结为：只有卫生部可以直接要求专家委员会开展风险评估工作，而其他相关的主管部门只能在信息支持下，通过项目推荐书的方式建议卫生部开展风险评估。此外，根据规定，卫生部在是否开展风险评估的问题上具有最终决策权。因此，尽管针对风险评估也设立了独立的评估中心，但是中国落实风险分析的形式还是遵循了“风险管理模式”，即由风险管理起主导作用。

此外，作为补充，2015年修订的《食品安全法》进一步增加了有关风险交流制度的规定，进而有助于推进风险分析这一结构化的决策体系在中国食品安全监管领域内的落实和完善。在此背景下，有关食品安全风险交流工作规范的探讨有利于为构建风险交流制度提供规制框架[①]。在此，我国食品安全风险交流的制度规制框架可以从总则要求、内容、形式、机制四个方面予以架构。

其中，就引入食品安全风险交流制度的目的而言，在针对《食品安全法（修订草案送审稿）》的修订说明中就已经指出：完善食品安全社会共治是此次修订的主要内容，一个重要的途径就是通过国家的制度建设，由食品安全监督管理部门、食品安全风险评估机构按照科学、客观、及时、公开加强针对食品安全的风险交流。相应的，针对县级以上人民政府食品药品监督管理部门有关风险交流的活动，其目的在于通过规范食品安全监督管理信息交流沟通工作，促进食品安全社会共治。值得指出的是，作为社会共治的实现途径，风险交流是政府保证食品安全的新职能，但这一职能的履行不仅在于其自身主动或者依申请提供信息，还在于鼓励其他的社会主体参与到信息交流的过程中，包括食品生产经营者、食品检验机构、食品行业协会、消费者协会、认证机构以及新闻媒体等利益相关方。

---

① 笔者项目：食品安全风险交流工作指南（规范），中国法学会（2015）年度部级法学研究课题，CLS（2015）WT07。

针对食品安全风险交流的内容而言，鉴于保证食品安全风险交流的信息统一性和地方开展风险交流的灵活性，作为食品安全风险交流的主导机构——食品药品监督管理部门也要基于“分类分层”前提在各自的职责范围内开展食品安全的风险交流。例如，一是在国家层面，由国家食药总局负责制订食品安全监督管理的相关法律、行政法规和部门规章，拟订食品安全重要政策措施和重大发展规划等，食品药品监管总局认为需要进行食品安全风险交流的其他情形。二是在省级层面，由省级地方食品药品监督管理部门负责诸如制订地方性食品安全法规及重要政策措施和发展规划、地方有关法规规定公布本辖区的日常监管、监督抽检、案件查处、行政处罚等食品安全信息。对于上述内容，食品安全日常监督管理和食品安全调查查处工作中的信息披露，都属于食品安全风险交流中信息告知的维度，而为公众与利益相关者参与法律法规的制定、开展公众食品安全风险认知调查则涉及风险交流中通过公众参与实现的信息互动。

食品安全风险交流的形式主要是指实现风险交流的方式、途径等。其中，就信息告知的形式而言，包括通过食品安全宣传周、科普巡展、专题科普报告、知识竞赛等开展风险交流的形式。而针对公众参与，形式包括通过征求意见、问卷调查、座谈会、论证会、听证会等多种形式征求各利益相关方对食品安全风险监管的意见建议。此外，公众各利益相关方可以通过电话、信函、传真、电子邮件、社交媒体、公众平台等方式提出供食品安全风险及防控交流意见建议。需要指出的是，形式的涉及是为实质内容的实习提供制度上的保障，而无论是通过食品安全知识宣传的信息公开，还是参与决策的各类会议形式，其目的都在于通过风险交流中的互动性，尤其是公众参与食品安全相关方法律法规等的决策环节，提高其对食品安全法治的认同。

作为落实食品安全风险交流的机制，其涉及风险交流的组织安排和程序设计，从而保障食品安全风险交流工作的有序展开。对此，首先，在组织安排方面，一是需要明确各级食品药品监督管理局通过机构设置和人员安排承担各辖区内的食品安全风险交流工作。二是考虑到食品安全风险交流的专业性和技巧性，还可以通过食品安全风险交流咨询委员会的方式构建便于风险交流的专家团队。三是不仅需要向专家咨询专业内容，同时也需要识别受影响的利益相关者，为其利益的诉求提供诸如咨询委员会的参与平台，并将合法有效的诉求作为相关决策的依据。四是要重视风险交流在社会共治方面的作用，鼓励食品生产经营者、食品安全行业组织协会等开展科学有序的食品安全风险交流。其次，在程序设计方面，作为风险管理者的各级食品药品监督管理部门，一方面要通过长效机制确保日常交流信息的汇总、收集并作为相关部门决策依据的参考，另一方面也要注重食品安全事故应急处理中的即时风险交流，通过与利益相关方保持实时交流，及时、迅速发布信息，并根据事故调查的进展更新信息等方式确保应急处理中的舆论导向。最后，无论是信息的征集、处理、传达都需要借助信息网络，包括统一发布信息的平台和各级食品药品监督管理部门之间的信息通报。

第二节　风险分析运用中的“关键点”

随着对风险分析认识的加深，尤其是风险评估对于确保食品安全的重要性，越来越多的国家/地区通过落实这一以科学为基础的体系加强国内的食品安全监管。例如，非洲联盟将在考虑自身文化、社会特点等基础上，根据欧盟模式设立负责风险评估的科学机构①。尽管国际层面力推“风险管理模式”，以便促进包括风险评估、风险管理和风险交流在内的风险分析的有序落实，但各国的实践表明，在落实该体系的过程中还是有与“风险管理模式”不同的制度设计。例如，尽管美国和中国都是根据“风险管理模式”设置风险分析体系，但是各自的方式是不同的。也就是说，即便同样将风险评估的职能隶属于风险管理机构，风险分析的开展可以根据某一风险通过成立工作小组的方式进行，也可以通过独立技术机构负责风险评估，而传统的方式则是通过成立委员会负责科学工作。即便如此，

① Ishimwe, T., “Africa: AU to establish food safety body”, October 30, 2012, available on the Internet at: http://allafrica.com/stories/201210300136.html (Last accessed on August 21, 2013).

中国的实践历程也有欧盟的影子，即通过独立的机构实现了风险评估和风险管理的职能及机构分离。相反，鉴于疯牛病危机的教训，欧盟引入的新机制则将风险评估和风险管理的职能相并行，并通过设立独立的机构负责风险评估。通过这一实践，欧盟特有的政治框架[①]使得其实现了风险评估工作的集中化，即通过独立的机构为食品领域内所有的规制机构服务。

事实上，如何构建风险分析的实施体制主要取决于政治和法律体系的特点或者限制，因此，就协调的问题来说，关键是要指出通过哪些因素可以用来协调各国不同的实践，以便通过这一体系的落实共同实现风险的预防以及安全保障的优先性。作为回应，可以通过程序上的协调确保食品安全规制在应对各种变化时无须适用同一个特定的措施[②]。就决策来说，程序是指直到决定作出的这一过程和步骤。与规定义务要求的实体规则不同，程序作为次级规则只是要求如何解释或者改变第一规则。针对这些差异，实体权利是为了促进某一特定的人类美好愿望或目标的实现，而所谓的程序权利则是衡量规则以便实现一定程度的形式公平。例如，诸如健康保护等人类利益是一种状态或结果，但通过程序权利所要实现的公平是强调实现上述状态或结果的方式方法。尽管要实现这些状态或结果还存在其他的方式方法，但所谓的公平方式是为了强调这一实现过程中所要体现的一些价值[③]。而在食品安全规制领域，公平程序所要体现的这些价值包括以下几点。

（1）科学。作为中立的价值，科学的贡献在于减少决策中的武断性，从而确保其可信度。为了实现这一目标，科学的运用要遵循先进、独立和透明的原则要求。同样重要的一点是，就风险规制而言，需要反复强调的是这里的科学不仅指自然科学还包括社会科学。

（2）民主。不同于科学专家参与决策的作用，决策民主是指广泛的公

---

① 对此，不能否认的一点是，欧盟在成立该机构时，不对其进行风险管理的赋权与其作为超国家组织的权限限制有关。White paper on food safety, 1999, Brussels, 12.01. 2000, COM (1999) 719 final, p. 15.

② Majone, G., "Foundations of risk regulation: science, decision-making, policy learning and institutional reform", European Journal of Risk Regulation, 1, 2010, pp. 6－7.

③ May, L., Global justice and due process, Cambridge University Press, 2010, pp. 43－65.

众参与，如果说前者为决策提供了科学意见，而后者的意义在于确保决策可以考虑社会、经济等其他因素。然而，随着决策中的公众参与日益受到重视，突显出来的一个问题是，如果不同的参与群体在代表比例上失衡或者缺乏某一团体的代表，那么最终决策会受到某一利益集团的影响。此外，尽管这一民主方式被用来反对科学权威的滥用，但应该指出的是，仅仅强调广泛的公众参与并不能确保决策的合法性，因此，在考虑公众参与的同时也要尊重科学界的参与①。

（3）透明。对于决策，透明性也很重要。作为物理概念，透明是指人可以通过一些媒介看清另一面的物体。根据这一概念，针对信息的透明要求个体或组织应确保他人可以看到真相，而自身则不试图隐藏或掩盖真相，或不改变事实使其看起来比实际情况更好②。就信息的透明度而言，其不仅需要根据要求提供信息，同时也要求主管部门确保利益相关者可以获得信息。为了实现这一目标，信息自由的立法要求公共机构应确保公共信息的广泛获得性。可以说，透明对于机构问责和科学可信度来说都是非常重要的，而风险交流的作用在于增进风险分析过程中的透明性。

在考虑上述价值和原则的情况下，风险分析中的程序安排可以从风险评估和风险交流两个方面着手，并考虑以下这些“关键点”。

一、风险评估的独立性、合作性和全面性

在对食品风险进行管理时，最初的方式是将这一风险分解成若干部分，通过各自的专家进行事实分析并提供科学建议。那时，科学专家的角色仅仅只是咨询者，是否采纳他们的意见仍由管理者决定。随着科学对于安全保障的作用得以肯定，尤其是食品安全立法对于风险评估的落实，在决策中参考科学意见变成了管理者的义务。尽管科学一致性的达成本身就具有一定的难度，但作为中立的价值观，科学有助于确保风险管理决策的

---

① Sheila, J., Science Advisers as policymakers, Harvard University Press, 1994, pp. 16 – 17.

② Oliver, R., What is transparency? The McGraw-Hill Companies, Inc, 2004, p. 3.

合理性。同时，由于食品安全保障决策的高度敏感性，决策者本身也倾向于根据科学意见进行决策，而这一事实使得科学家的作用并不仅仅只是咨询者，而成为事实上的决策者。由此导致的一个问题是：其他非科学因素可能会在决策中被低估或者无视。事实上，食品安全既是科学判断也是价值判断，不仅需要借助自然科学也需要社会科学来对风险进行定性分析。因此，就风险评估中的“关键点”来说，其包括了风险评估的独立性、科学界的合作以及科学工作的全面性。

（一）风险评估的独立性

随着风险分析的发展，风险评估和风险管理相分离成为落实这一体系的黄金原则，以便确保科学工作的独立性。对于这一点，根据“风险管理模式”，美国在规制机构内落实了两者的职能分离，而中国则是通过独立机构负责风险评估，但其工作依旧隶属于规制部门。不同的是，欧盟通过严格的机构设置将风险评估从管理中独立开来，使得前者不再隶属于后者。考虑到各国在科学工作和政治工作中所具有的特殊性，仅仅通过设立独立的机构强调风险评估和风险管理的分离本身并不是决定独立与否的判断标准，因为一方面，两个职能间的互动是不可避免的；另一方面，科学工作的独立性还需要通过程序安排。

诚然，机构分离对于科学工作的贡献是多方面的。就科学独立性来说，欧盟食品安全局具有独立法人资格并从共同体那里直接获得财政支持。同时，工作的开展可以由自己独立进行，包括独立发布科学意见。因此，作为食品安全意见、信息和风险交流的来源，其独立性大大提高了科学工作的可信度①。此外，作为科学机构，尤其是长期设立的科学工作组，为科学工作提供了稳定的环境和可持续的机制，而这有效地解决了原有以委员会体系为基础的评估工作所面临的困难，即结构的松散性和临

---

① 根据2019年进行的一项有关食品相关风险的调研，64%的被访者表明可以信任欧盟食品安全局提供的信息。Special Eurobarometer 354：Food-related Risks，conducted by TNS Opinion & Social at the request of the European Food Safety Authority，p. 10.

时性[1]。

然而，需要指出的是，欧盟上述机构制度的创新与其所处的政治、法律环境相关。当美国开始研究风险评估工作的时候，提出了两个问题。第一，通过集中风险评估工作以便服务所有的规制机构。第二，对风险评估和风险管理进行分离，从而为决策中的科学问题和政治问题划清界限。然而，由于规制机构的不同以及工作方式和法律的限制，美国最终没有成立独立的负责风险评估的机构，而只是由规制机构在其内部对两者进行职能的分离。因此，美国食品药品监督局内部通过设立工作组的方式对风险评估和风险管理进行了职能分离。此外，值得一提的是，美国食品药品监督管理局从一开始就是科学机构，因此，开展研究是其工作的一项传统。也正因如此，在评估和管理的短暂分离中，研究工作在为风险管理提供科学技术支持方面起到了重要作用。

相反，对于具有技术含量的决策，规制者的裁量权是很有必要的，但是对于政府机构的授权限制使得欧盟并不能像美国那样设立独立的规制机构[2]。因此，欧盟层面没有权限将风险管理的职能转移到一个独立的机构。最后，根据欧盟药品评估中心的先例，成立的欧盟食品安全局只是一个独立的科学机构。正因为如此，欧盟食品安全局的成立一方面说明了原有委员会体系的科学工作在食品安全保障方面无法摆脱政治经济的影响，另一方面也说明了该机构的成立受制于欧盟政治和法律背景的特殊性。

对于风险管理和风险评估的设置，美国反对机构分离的一个原因是认为，在风险评估阶段，科学和政治的互动是难以避免的，因为政策会影响甚至是决定推论中的一些选择[3]。因此，在通过工作组的方式落实职能分

---

① Vos, E., "EU Food Safety Regulation in the Aftermath of the BSE Crisis", Journal of Consumer Policy, 23, 2000, p. 244.

② Majone, G., "Foundations of risk regulation: science, decision-making, policy learning and institutional reform", European Journal of Risk Regulation, 1, 2010, p. 17.

③ National Research Council, Risk assessment in the federal government: managing the process, Committee on the Institutional Means for Assessment of Risk to Public Health, Commission on Life Science and National Research Council, National Academy Press, Washington D. C., 1983, p. 33.

离的同时，还对两者的合作作出了安排，即风险分析协调者可以通过协调、管理活动以及促进各小组内部和相互间的沟通协助风险管理、风险评估和风险交流小组的工作。实践经验表明，欧盟对风险评估和风险管理进行严格的分离也并不实际。事实上，风险评估和风险管理之间的交流一方面可以帮助评估者理解管理者对于食品安全问题的识别和定性工作，另一方面也可以帮助风险管理者理解和更好地解释科学意见。因此，SANCO总局下面已经设立一个小组负责欧盟委员会和欧盟食品安全局的沟通工作[①]。鉴于此，可以说所谓的分离并不是隔离。相反，评估和管理工作间还是需要保持一定的互动[②]。

综上可知，职能分离是必需的，但是，至于是机构内还是机构外的分离则是根据各国的政治和法律制度进行设置。诚然，机构外的分离更有助于实现科学工作的独立性，但是更为重要的是程序的安排。以中国为例，从专家委员会到独立的风险评估中心，最大的进步是将科学技术工作整合到组织有序、独立运作的国家公共机构。此外，一些试行规则也为评估工作的标准化提供了规范，例如《食品安全风险评估管理规定（试行）》要求评估工作必须保持透明性。但遗憾的是，外部公众无法获知有关专家委员会组建的内部规则、专家招聘的标准、准备工作的分配、风险评估的方法以及程序等[③]。

在这个问题上，欧盟食品安全局的科学可信度日益提高，而这并不仅仅只是因为通过独立机构进行组织分离，更多的是其内部的程序安排。就科学工作而言，欧盟对这一方面的重组落实了三个原则，包括先进性、独立性和透明性。其中，确保科学家的先进性是为了确保科学意见的权威，而且他们的独立性和工作的透明性都能增进风险评估工作的独立性。因此，《通用食品法》规定欧盟食品安全局必须落实这三项原则。在具体实

---

① Vos, E. and Wendler, F., “Food safety regulation at the EU level”, in Vos, E. and Wendler, F. (ed.), Food safety regulation in European: a comparative institutional analysis, Intersentia, 2007, pp. 119 – 122.

② FAO, Application of risk analysis to food standards issues, Report of the Joint FAO/WHO expert consultation, Geneva, Switzerland, March 13 – 17, 1995, p. 1.

③ 沈岿：《风险评估的行政法治问题——以食品安全监管领域为例》，《浙江学刊》2011年第3期，第22页。

践中，欧盟食品安全局进一步针对确保工作的独立性和透明性制定了内部规则和程度，内容涉及科学决策的过程[①]、科学专家的利益声明[②]、咨询论坛[③]和公共咨询[④]等。当这些努力都可以确保风险评估工作的独立性时，关键的一点是强调风险评估的工作必须确保为公共利益服务而不是政治或经济利益。

（二）风险评估的合作

通过科学工作，可以促进食品安全规制的协调工作。对此，应该通过科学工作的努力促进科学共识的达成。例如，全球协调倡议（Global Harmonization Initiative）就发起建立了国际科学组织和个体科学家之间的工作网络，以便在全球范围内就食品安全规制中的科学问题达成共识[⑤]。就风险评估来说，当中央层面建立了一个科学机构后，有必要与地方、全国乃至国际层面的类似机构保持科学一致性，而这需要借助信息共享、方法协调和调解科学争端等工作。

对于风险评估，信息是最基本的因素，其可以在地方、区域和国际层面以及各种不同的信息系统进行搜集，例如官方实验室体系、覆盖食品供应链的风险监测体系或者疾病控制中心下的疾病监测系统等。因此，就风险评估开展合作的首要工作是基于信息共享建立工作网络。通过这一举措，可以尽早发现并识别潜在风险时会产生的意见分歧，而对于这一问题可以通过协调分析方法加以预防。此外，也可以通过共同努力解决这些科学争议。

作为监管措施的科学基础，风险评估广泛地用于规则制定阶段，例如

---

① EFSA, A Policy on Independence and Scientific Decision-making Processes of the European Food Safety Authority.

② EFSA, Decision of the Executive Director of the European Food Safety Authority Implementing EFSA's Policy on Independence and Scientific Decision-making Processes regarding Declarations of Interest.

③ EFSA, Decision concerning the Operation of the Advisory Forum.

④ EFSA, EFSA's Approach on Public Consultations on Scientific Outputs.

⑤ Bricher, J. "Ensuring global food safety — a public health priority and a global responsibility", in Boisrobert, C., et al. (ed.), Ensuring global food safety, Academic Press, 2009, pp. 2 - 3.

授权许可、标准制定。对此，分析方法的作用是分析食品的基本成分、发现食品产品的污染物，从而减少食品安全问题以及由于利益驱动所致的食品掺假掺杂[1]问题。然而，由于研究方式不同，包括分析方法，科学一致性是很难达成的[2]。例如，在受到高度关注的 Séralini 研究中，其针对转基因玉米 NK603 的调查报告遭到了欧盟食品安全局的否认，后者认为，该研究小组在设计和方法论上存在问题[3]。对于这一个问题，已经在协调和认可分析方法方面做出了很多努力。例如，国际标准化组织 ISO 和分析协会（Association of Analytical Communities）已经针对确保分析方法有效性的程序作出了最低建议的指南。需要重点指出的是，为了确保规制的科学基础，规制决策应该着眼于设立绩效评估参数而不是制定某一个具体的分析方法[4]。

协调分析方法可以被视为增进科学一致性的预防性方式，相对而言，争端调解机制则是在具有争议的科学意见中寻求一致性的事后解决方式。例如，在 Séralini 的研究中，作为集中的风险评估机构，欧盟食品安全局有责任解决出现的科学争议。事实上，作为纠纷中的利益相关者，这一集中的中央机构并不适合扮演争议的仲裁者，根据“没有人可以做自己的法官”这一原则，其无法摆脱偏见并以公平的方式处理争议。因此，当科学界内部无法解决科学中的不同意见时，科学不确定性就不可避免地出现了。接着，风险管理者需要作出选择，即以哪一方的科学意见作为决策依据，而这就是采取谨慎性保护措施的一个前提条件。

对于出现的科学争端，欧盟的《通用食品法》规定：通过共同组建工作网络的方式开展合作，以便交流信息、汇集知识、协调良好操作规范、

---

① Coleman, P. and Fontana, A., “Global harmonization of analytical methods”, in Boisrobert, C., et al. (ed.), Ensuring global food safety, Academic Press, 2009, pp. 107 - 108.

② Parish, M., “Science behind the regulation of food safety: risk assessment and the precautionary principle”, August 27, 1999, available on the Internet at: http://www.iatp.org/files/Science_Behind_the_Regulation_of_Food_Safety_R.htm.

③ EFSA, Séralini et al. study conclusions not supported by data, says EU risk assessment community, November 28, 2012, available on the Internet at: http://www.efsa.europa.eu/en/press/news/121128.htm.

④ Coleman, P. and Fontana, A., “Global harmonization of analytical methods”, in Boisrobert, C., et al. (ed.), Ensuring global food safety, Academic Press, 2009, p. 100.

解决争议。相应的，欧盟食品安全局有义务促进这一欧盟工作网络的发展，从而协调工作、交换信息、制定和实施合作方案、交换专业知识和最佳实践。此外，针对争议的解决，目前有两种方式。首先，预防科学问题中出现争议。为此，欧盟食品安全局应谨慎行事，尽早发现潜在的冲突并通过相关科学信息的分享预防争端的发生。其次，对于欧盟的工作，合作义务或者说团结义务是一个基本的规则①。为此，解决争端要求欧盟食品安全局与涉及的机构开展合作，通过联合文件解决冲突并告知公众。而就涉及的问题达成科学一致性，欧盟食品安全局的角色不是裁判而是观察者，这意味着他们的意见在争端解决中并不是决定性的。

（三）风险评估的全面性

就食品安全规制中的科学作用来说，早在19世纪，一本名为《食品掺假掺杂和饮食毒药的论述》② 就根据化学工业的发展为人们区分纯净食品和掺假掺杂食品提供了方法。然而，在现代化和全球化的背景下，食品科学技术的爆发性发展一方面引起了人们对于技术风险的关注，另一方面也为管理这些风险提供了可能。因此，就风险规制来说，科学可以预知风险发生的可能性、规模和严重程度，其对决策合理化的作用已经得到充分肯定，但是，这里所指的科学仅仅只是自然科学。

除了毒理学、生物学、化学等自然科学，风险的研究同样涉及社会科学的学科。例如，针对风险认知的研究需要心理学和社会学的知识，而针对风险赔偿受害者的责任学说则是由法律研究发展所得，此外，经济学家的作用是可以分析接受风险还是避免风险的成本与收益。相比较而言，对于自然科学的运用是必须的，从而确定化学或者微生物的危害。但是要确保风险评估的全面性，同样需要借助社会学、政治学、文化等方面的认知，因为后者的研究有助于更好地了解某一风险所引发的恐慌和期待，说

---

① Vos, E., Regioanl integration through dispute settlement, This paper was presented at the Workship Specific Aspects of Integration Experiences in the Eurepean Union and the Andean Community, organized by ECLAC- the British Embassy and DFID, Lima March 3 - 4, 2005, available on the Interent at: http: //arno. unimaas. nl/show. cgi? fid = 6852, p. 64.

② Accum, F., A Ttreatise on Adulterations of Food, and Culinary Poisons, 1820.

明谨慎预防原则的引用以及增加社会对于风险规制的接受程度[①]。例如，对于风险的定性不仅需要依靠危害分析同时也需要考虑公众的风险认知。而后者的研究主要是由社会科学进行。

如果说科学家因为他们的专业知识被看作为专家，那么从事社会科学的人员也同样是其研究领域内的专家。事实上，就某一问题咨询专家的意见已经无法避免。随着社会的发展，由于差异化和职能专业化导致了所谓的“脱域”的现象[②]，而这又重构了当前的社会关系。作为一个脱域机制，专家系统是指由技术成就和专业队伍所组成的体系，正是这些体系编织着我们生活于其中的物质与社会环境的博大范围。对于专业知识，专家在决策中起着提供科学意见的重要作用，一如食品规制领域中通过风险评估为管理提供科学意见。目前决策通过考虑其他经济、社会因素为社会科学的专家参与决策提供了机会，但是也要考虑这些专家的独立性。

基于上述考虑，为社会科学专家提供参与决策的机会已经有了诸多实践，并形成了许多不同的模式。例如，英国采用了规制机构内设参与平台的模式，即在食品标准局内设立社会科学研究委员会，从而为决策提供社会科学证据。而在法国，与欧盟一样，设立了独立的风险评估机构，在这个名为食品、环境和职业健康与安全的机构中引入了人类和社会科学方面的专家评估，尤其是社会学和经济学方面的专家。因此，构建风险评价（相对于从自然科学入手的风险评估）并不只是一个假设，而是完善风险分析的一个发展方向。

二、风险交流中的信息获取和公众参与

风险交流是在风险分析的全过程中，由相关人员开展的信息交换，包括风险评估者、风险管理者和风险交流者。就风险管理中的决策者来说，

---

① Wendling, C., “L’usage des sciences sociales dans des organismes publices d’évaluation et de gestion des risques”, 2011, available on the Internet at: http://www.anses.fr/Documents/SHS_ Enquete_ 2012_ 12. pdf, p. 3.

② Giddens, A., The consequences of modernity, Stanford University Press, 1996, p. 22.

风险交流既包括风险评估者和风险管理者之间为了增进了解彼此观点的内部交流，也包括与利益相关方和公众开展的外部交流。就后者而言，信息的缺失不利于决策者对风险接受类型和程度的判断，包括风险认知对于公共决策和风险预警对于私人决策的支持作用。

在实践中，类似《里约环境与发展宣言》这些国际协议已经认可了程序权利在处理环境问题中的重要性，例如信息权利、公众参与决策的权利以及获取法律救济的权利[①]。对于实现实体性的权利，这些程序权利都是不可或缺且密切相关的。例如，如果无法获取足够的信息，那么参与权将毫无意义，而获取法律救济的权利可以保障知情权和参与权的落实[②]。对于这一点，《奥尔胡斯公约》（Aarhus Convention）已经针对环境问题进一步细化了公众信息获取权、决策参与权和司法救济权利的规定，从而确保当代以及未来每一位公民都有与其健康和福利要求相当的适宜环境[③]。相类似，每个人都享有获取适足食物的权利，其中，安全的食品对于确保自身以及当代人的健康生活都是必需的。因此，针对食品安全事务，公众信息的获取和决策参与对于保障食品相关权利来说都是不可或缺的，风险交流的安排应该从这两个方面入手。

（一）公众信息的获取

作为一项基本人权，人人都有通过任何媒介和不分国别寻求、接受和

---

① 原则十：环境问题最好在所有公民在有关一级的参加下加以处理。在国家一级，每个人应有适当的途径获得有关公共机构掌握的环境问题的信息，其中包括关于他们的社区内有害物质和活动的信息，而且每个人应有机会参与决策过程。各国应广泛地提供信息，从而促进和鼓励公众的了解和参与。应提供采用司法和行政程序的有效途径，其中包括赔偿和补救措施。随后，由《奥尔胡斯公约》对这些权利程序作出进一步的规定。

② Ebbesson, J., "Participatory and procedural rights in environmental matters: state of play", High Level Expert Meeting on the New Future of Human Rights and Environment: Moving the Global Agenda Forward Co-organized by UNEP and OHCHR, 2009, available on the Internet at: http://www.unep.org/environmentalgovernance/Portals/8/documents/Paper%20participatory%20procedural%20rights.pdf.

③ The Aarhus Convention, adopted on 25th June 1998 in the Danish city of Aarhus at the Fourth Ministerial Conference in the "Environment for Europe" process entered into force on 30 October 2001, Article 1.

传递信息和思想的自由[①]。然而，在实现这一权利的过程中有两个困难。第一，由于市场失灵的问题，如信息不对称，消费者很难就某一产品获取足够的信息。作为救济方式，信息规制的意义在于通过强制要求标注某一类信息，例如食品的成分列表和营养信息，从而便于消费者作出知情选择。第二，政府有权在监管的过程中搜集信息，因为他们掌握了80%会对个人行为产生影响的信息[②]。为此，公共机构和公众之间也存在着信息不对称，这使得后者无法有效参与决策。针对这一问题，20世纪60年代就开始了有关保障知情权的运动，其目的就是为了确保社会公众可以在无关社会地位的情况下获取公众信息。

为了实现上述目标，信息自由立法又称为信息公开立法的目的就是处理政府（公共机构）信息控制和公众获取政府信息的问题。在这个方面，主要有两个关键的因素，实体因素是指确认什么是可以获取的信息，而程序因素则是如何提供这些信息。

对于风险管理者而言，无论是决策还是执行都需要掌握大量的信息。例如，对于决策，科学意见和其他的经济、社会意见对于准备食品安全立法、制定食品安全标准都是必不可少的。对于执行，通过现场检查、信息系统（风险监测体系或预警体系）等搜集而来的信息对于确保无风险的食品供应链而言，都是必需的。例如，一旦预警体系中收到相关的风险信息，就必须通过风险告知及时应对这一风险。而在上述过程中，应该告知公众的风险信息包括以下几种。

（1）科学信息。为了保障工作的透明性，风险评估阶段应该公开科学意见。当科学意见存在争议时，不仅多数人赞成的意见要告知公众，少部分人反对的意见也要予以公开，从而确保全面公开科学意见，包括科学不确定性[③]。

---

① 《世界人权宣言》第19条，有关主张和发表自由的权利包含了这一自由获取信息的要求。

② Liu, W., "Government information sharing: principles, practices and problems-an international perspective", Government Information Quarterly, 28, 2011, p. 363.

③ Muñoz Urena., H., Principe de transparence et information des consommateurs dans la législation alimentaire européenne (The transparence principle and consumer information in the European food law), Instituto de Investigation en Derecho Alimentario, 2011, pp. 274－278.

（2）其他合法意见。对于一个决策，其他合法意见的作用与科学意见一样重要。因此，公众的参与，尤其是利益代表的参与，可以通过有效组织形成一个平台，用以获取和发布信息。同时，通过多媒体，如视频会议、听证会或网络告知等手段，也可以确保信息的公开和传达。

（3）决策。作为总结，无论是针对许可的立法决策还是在紧急事件中针对食品召回的执行决策都含有诸多信息，如风险的定性、管理的方式选择和风险评估中的不确定性①。而这些信息的公开有助于提升决策的社会接纳程度，不仅要让公众知道决策的结果是什么，也要让他们了解决策是如何一步一步完善的，尤其是选择的依据及其合理性。

（4）执行。将某一具有风险的食品信息或者违反食品安全要求的食品从业人员信息告知公众时，官方在检查阶段所获取的其他信息也应一并告知。例如，通过黑红榜，政府可以告知公众存在安全问题的食品或食品企业，从而便于消费者避免由这些食品或企业带来的风险。

对于应予以公开的信息，第一个需要解决的问题是要求政府通过一些具有权威性的媒体进行信息发布。事实上，大多数国家的信息自由立法都采用了两种发布程序，一是主管部门自行决定信息的发布。随着信息社会的到来，网络为政府部门发布信息提供了平台。例如，当食品召回成为强制性要求时，美国食品药品监督管理局也被要求通过其网站发布并及时更新这类信息，从而方便个人可以及时了解到食品召回的信息以及这一召回的处理进度。二是主管部门根据要求提供信息。对于公众要求提供的信息，主管部门应在规定的时间内予以提供。对于这一点，如果主管部门拒绝提供所要求的信息，必须说明拒绝的理由。例如，要求过于宽泛，以至于无法提供相应的信息，或者涉及主管部门对这一信息没有管辖权，又或者这些信息是不可以公开的。如果获取信息需要支付一定的成本，收费不能超过合理的限度且收费情况也应一并告知公众。

对于公众信息的获取，相关的争议主要是：主张信息公开可以保障公

---

① FAO/WHO, The application of risk communication to food standards and safety matters, Report of a Joint FAO/WHO expert consultation, Rome, February 2–6, 1998, pp. 8–9.

众的知情权、防止政府滥用权力；但反对者认为，信息的公开也可能对公民个人的隐私或者国家的安全造成不利影响。为此，就食品领域内的风险交流而言，也同样有例外规定，即保护保密信息的不予公开性。例如，欧盟《通用食品法》就要求，无论是欧盟食品安全局还是主管部门都不得泄露应该予以保密的信息。

在此，有必要指出的是，风险交流中的信息告知和政府的信息公开是有区别的。其一，风险交流中的信息告知在内容上更为广泛。可以说，可供政府公开的信息都可以作为风险交流的内容，如制定或修改的食品安全法律法规、标准，制定和实施的食品行政许可，食品安全的日常监督管理和应急管理及查处情况等。在此基础上，食品安全知识的宣传教育、对误导消费者和社会舆论的食品安全信息予以纠偏都是政府通过信息告知这一方式开展风险交流的情形和关联内容。其二，风险交流中的信息告知在形式上更具针对性。相对于政府信息的主动公开和依申请公开这两种程序及各自相应的形式，风险交流在信息告知方面要考虑受众的差异性，也就是说，在对外进行信息和意见的输出时，具体到每一个公众，他们的诉求会不同，加之不同的风险偏好、教育程度会使得其对信息和意见的需求也有差异，而这意味着即便对于同一个信息内容，也要采取不同的信息传达方式以确保可以达到不同的受众目标。

（二）决策的公众参与

除了信息获取，透明性的保障还有赖于参与权，包括决策参与和执行法律、规则或政策中的参与[①]。根据人权理论，参与权是指人人有直接或通过自由选择的代表参与治理该国的权利。在实践中，民主的发展为公众参与政府治理提供了越来越多的机会。在这个方面，公众参与政府立法最早可以追溯至古希腊。而公共参与机构——议会的出现，为公众参与提供了代议民主的方式。随后，参与民主或审议民主等理论的发展又再次丰富了公众参与的概念。基于理论的发展，在针对风险进行管理的过程中，政

① Birkinshaw, P., "Freedom of information and open government: the European Community/Union Dimension", Government Information Quarterly, 14 (1), 1997, p. 28.

府也希望通过公众参与使其了解他们所面临的风险信息和危害。当决策为公众意见提供参与机会后，不仅使决策者有了更多便于决策的信息，同时公众对于风险的接受度也能相应提高。

鉴于公平的过程有助于实现预期的结果，立法决策中确保程序公平可以更好地提升公众的守法意识①。为了确保程序公平，程序的设置要使公众确信：第一，决策中有代表他们利益的诉求；第二，审议过程是中立的，也就是说并没有哪个组织获得优待；第三，利益代表者和主管部门都信任决策者②。为此，决策过程在考虑科学意见和其他合法意见时要为利益相关者和公众提供相同的参与机会。就公众参与来说，依旧有赖于构建一个平台，从而使他们可以有机会参与并主张自身的利益诉求，或通过利益代表者捍卫他们的利益。

尽管参与力求确保所有的公众都能有机会参与本国政府的事务，但是由于各自社会角色的差异，对同一事务，不同的人会有不同的利益诉求，而一些人也会因为有类似的利益诉求组织到一起，从而增强他们主张这一利益的力量。因此，就参与而言，政府需要明确诸多的利益相关者及他们的团体，确保他们的充分参与。就食品相关的决策来说，利益相关者可能涉及专家、食品从业者、消费者、食品相关的非政府组织等。尽管这些利益相关者的利益诉求各不相同，但是他们对于达成最终的决策而言都是非常重要的。例如，食品企业的参与可以便利政府搜集食品专业相关的信息，同时也能为前者的利益诉求提供机会。当食品企业都倾向于组建行业协会保障自身利益时，消费者也同样可以通过自身的组织保护自身的利益。

考虑到不同的利益相关方，要通过组织安排确保他们的参与。上文已经提过，对于科学专家的参与，要确保他们的独立性和专业知识的全面性。相比较而言，其他团体的咨询也同样有助于决策，因为他们能够增进决策的民主性和合法性。因此，也需要设置一定的程序便于咨询公众，包

① Makkal, T. and Braithwaite, J., "Procedural justice and regulatory compliance", Law and Human Behavior, 20 (1), 1996, p. 83.

② Gangl, A., "Procedural justice theory and evaluation of the lawmaking process", Political behavior, 25 (2), 2003, p. 121.

括不同的社会团体或者个人。例如，美国《联邦咨询委员会法案》规定政府要召开公开的委员会会议，听取由社会团体组建的咨询委员会的意见，确保利益平衡、避免利益冲突。根据这一规定，美国食品药品监督管理局在其内部设立了食品咨询委员会，由委员会成员或者代表负责食品安全和化妆品方面的咨询责任[①]。类似的，欧盟新成立的食品供应链和动植物咨询小组也是为了就食品和饲料安全、食品和饲料标识与说明、食品立法中的营养以及动物健康和福利等问题向欧盟委员会提供咨询[②]。在中国，《食品安全法》也规定了鼓励公众参与食品安全监管。但是到目前为止，依旧缺乏相关的组织安排。

对于咨询，需要强调的一点是，要充分考虑不同利益的诉求。诚然，利益冲突是不可避免的问题，但是，不同群体的代表比例对于利益平衡起着至关重要的作用。因此，在处理公众参与的问题中，例如美国的食品咨询委员会，要求 17 个成员代表中，有表决权代表的组成要包括 2 名具有技术资格且代表消费者利益的成员，他们可以由消费者组织推荐或者其他利益相关者推荐。此外，还有 2 名不具表决权的成员可代表企业利益。欧盟的咨询机构也对成员组成做出了要求：代表不得超过 45 人，且必须在这个领域从事保护相关利益的工作。其中，2005 年代表人数要求为 36 人时，规定应来自诸如动物福利协会、欧盟消费者组织等[③]，2011 年的改选中又增加了 9 名成员[④]。

事实上，为了有效落实风险分析，风险交流的作用与其他两项职能一样重要。例如，交流有利于确保透明性和公众参与，进而可以提升风险规制的接受度。因此，通过风险交流的制度化，尤其是组织机构的安排，来

---

① FDA, Charter of the Food Advisory Committee, available on the Internet at: http: //www.fda. gov/AdvisoryCommittees/CommitteesMeetingMaterials/FoodAdvisoryCommittee/ucm120646. htm.

② Commission Decision 2004/613/EC of 6 August 2004 concerning the creation of an advisory group on the food chain and animal and plant health, Official Journal, L 275/17, 25. 8. 2004, Article 2.

③ List of Members of the advisory group on the food chain and animal and plant health, Official Journal, C97/2, 21. 4. 2005.

④ Commission Decision 2011/242/EU of 14 April 2011 on the members of the advisory group on the food chain and animal and plant health established by Decision 2004/613/EC, Official Journal, L 101/126, 15. 4. 2011.

促进内部机构之间以及和外部利益相关者的交流，或日常交流以及危机管理时的交流等，将是落实风险交流职能的一个新发展方向。

通过上述的介绍和分析，风险分析的运用应通过有序的组织和程序安排，结合国家/地区的背景情况，落实上述提到的这些关键点，包括风险评估、风险管理和风险交流的互动、科学工作的独立、合作和全面以及风险交流中的信息公开和利益相关者及公众的参与。

第四章　针对科学不确定性的谨慎预防原则

就风险而言，同样重要的一点是，由于我们永远也无法充分地预知未来，因此，在一定程度上，所有的风险都是具有不确定性的[①]。此外，当下的风险既超越空间威胁着千里之外的人，也跨越时间威胁着下一代，而受损者也并没有获得补偿。尽管科学有助于风险预防，但是科学不确定性的存在，诸如信息的不足或者科学争议，使得难以确认风险和危害的发生以及它们的特征。因此，面对全球化的发展和风险社会的到来，在应对风险的决策时需要慎之又慎[②]，并通过保护性的措施预防风险，尤其是对于那些损害无法逆转的风险而言[③]。同时，食品领域内以侵害消费者健康为代价的逐利行为业已严重打击消费者对于政府和食品行业的信任，因此，需要通过谨慎预防原则的运用，进而以一个更为人文的方式取代原本决策中非民主的技术决定论[④]。鉴于此，源于环境保护中应对风险规制的谨慎预防原则已经被视为风险规制中重要但又具争议的手段。尽管存在一些争议，欧盟还是已经将其确立为食品法的基本原则，从而确保在缺乏科学确

---

① Wiener, J., "Comparing precaution in the United States and Europe", Journal of Risk Research, 5 (4), 2002, p. 319.

② "precaution" 可译为谨慎，作为一项原则 "precautionary principle"，建议将其译为谨慎预防原则，其所要强调的就是以谨慎性的保护措施应对具有不确定性的风险，尤其是在科学证据不足以支持结论性的判断时。

③ Feintuck, M., "Precautionary maybe, but what's the principle? The precautionary principle, the regulation of risk and the public domain", Journal of Law and Society, 32 (2), 2005, pp. 371 – 372.

④ Goldstein, B. and Carruth, R., "Implications of the precautionary principle for environmental regulation in the United States: examples from the control of hazardous air pollutants in the 1990 Clean Air Act Amendments", Law and Contemporary Problems, 66, 2003, p. 246.

定性的情况下，决策者不会以此为借口而不采取谨慎的保护措施处理会对人类构成危害的风险[1]。

第一节　谨慎预防原则的综述

作为一项法律原则，最早是由环境保护相关的法律将“谨慎”这一概念引入危害物质的风险应对中，其目的是为了在不可逆转的危害实质化前就采取行动保护环境。由于这一理念允许在尚未有结论性的科学证据下以谨慎性的保护措施应对风险，因此在其发展成为独立的谨慎预防原则后，其他有关公共健康保护的风险规制领域[2]内也开始适用这一原则，其目的是为了保护环境和公共健康不受技术风险的威胁。作为先锋，欧盟在应用谨慎预防原则方面积累了宝贵的经验，明确了适用这一原则所要重点考虑的一些关键因素，尤其是适用这一原则的条件。

一、环境保护：从谨慎措施到谨慎预防原则

作为环境保护领域内最初应对不确定性的方法，“谨慎”应对风险这一方法通过国家、地区和国家法律的发展业已成为一项法律原则，适用与否首先要明确原因、条件和方式等关键要素。

（一）谨慎预防原则的发展

随着化学物质在环境中的广泛使用，人类开始意识到环境风险以及它们的不利影响所导致的环境恶化问题。对此，20 世纪 30 年代开始爆发的一系列环境问题使得环境保护成为公众高度关注的话题。其中，蕾切尔·卡森（Rachel Carson）所著的《寂静的春天》一书因为指出了化学物质对环境和人类健康的危害而被广泛关注。一如该书的书名，因为杀虫剂

---

① Fisher, E., et al., Implementing the precautionary principle, perspectives and prospects, Edward Elgar Publishing, Inc., 2006, p. 2.

② Pearce, N., "Public health and the precautionary principle", in, Martuzzi, M. and Tickner, J. (ed.), The precautionary principle: protecting public health, the environment and the future of our children, World Health Organization, 2004, p. 57.

DDT 的使用使得鸟儿不再在春天回归，没有了鸟儿的啼叫春天变得寂静。在随后的研究中，杀虫剂 DDT 被证实对环境和人类健康都具有危害性。因此，作为持续性有机污染物，DDT 被限制使用[①]，这一做法值得所有的监管者警惕：当涉及安全问题时，决策者不应仅仅考虑技术进步带来的效益，同时也应考虑技术风险这一代价。

正因为上述的问题，环境立法开始考虑以“谨慎”的方式应对由于技术风险所带来的不确定性。这一方面最初的实践可以追溯到 1960 年后期瑞典的一项立法，其针对危害人类和环境的有害产品要求采取谨慎性的保护措施[②]。具体来说，1969 年的这一环境保护法要求在追求或者试图追求有害环境的活动时，应该谨慎行事，遵守限制性的规定并在其他需要合理预防或者救济损害方面保持谨慎。值得一提的是，瑞典如此强调环境保护，是与当地人人可以自由享受、接触自然的文化观相关[③]。

当瑞典法律将谨慎行动作为国内法律要求时，西德立法对于谨慎预防原则的认可则是希望德国能够在国际环境法的谈判中成为领导者[④]。一如德文“Vorsorgeprinzip”的意思是给予预先关心或加以担忧，其被 1974 年的《新空气清洁法》视为主要的政策原则，以便减少排污。随着社会不断发展，这一原则要求当缺乏结论性的科学判断时，应该通过行动确保所有经济、技术领域内的发展都能够大量减少环境负担，尤其是那些由于危害性物质所导致的问题[⑤]。对此，德国提倡谨慎预防原则的用意在于确保当科学不足以支持某一决策时，决策者依旧可以采取行动。德国在大力提倡这一原则的过程中，通过谨慎预防原则的倡导，不仅仅只是为了强调环境

---

① 《关于持久性有机污染物的斯德哥尔摩公约》，第 3（1）（b）条。

② Wablstrom, B., “The precautionary approach to chemicals management: a Swedish perspective”, in, Carlyn, R. and Joel, T. (ed.), Protecting public health and the environment, implementing the precautionary principle, Island Press, 1999, pp. 51 - 52.

③ Joakim, Z., The application of the precautionary principle in practice, comparative dimensions, Cambridge University Press, 2010, p. 153.

④ Lofstedt, R., et al., “Precautionary principle: general definitions and specific applications to genetically modified organism”, Journal of Policy Analysis and Management, 21 (3), 2002, p. 383.

⑤ Boehmer-Christiansen, S., “The precautionary principle in Germany-enabling government”, in, O'Riordam, T. and Cameron, J. (ed.), Interpreting the precautionary principle, London: Earthscan, 1994, p. 37.

保护应该通过前瞻性的方式，同时其也能带来经济和政治的竞争优势，例如采用谨慎做法的环境保护技术可以在国际竞争中获得优势①。

随着对环境恶化的持续关注，在环境保护中采用“谨慎”的做法得到了越来越多的关注，并从国内政策和法律日渐发展到国际层面②。对于这一点，值得一提的是，在 1987 年第二次保护北海的国际会议上部长宣言表示：为了保护北海不受那些最为危险的物质的损害，有必要通过谨慎性保护措施确保在绝对明确的科学证据可以说明因果关系之前就采取行动以控制这些物质的投入。

随后，联合国 1992 年的环境和发展会议通过《里约宣言》，进一步在国际层面肯定了将谨慎性保护措施作为一项环境保护的原则（第 15 条），其规定：为了保护环境，各国应根据他们的能力广泛采取谨慎性措施。当有严重或不可挽回的损害时，不应以缺乏充分的科学确定性为理由，而推迟采取旨在预防环境恶化的经济有效的措施。根据这一定义，国际层面第一次确认了以谨慎为主要内容的谨慎预防原则是应对科学不确定性的一项行动原则，其目的就是为了以前瞻性的方式处理不可逆转的危害。尽管这一定义指出了严重或不可逆转的危害或者缺乏充分的科学确定性时可以适用谨慎预防原则，但这些术语依旧无法明确说明该原则运用的关键问题，即何时可以采取行动③。

（二）谨慎预防原则运用中的关键因素

尽管谨慎预防原则在国际层面得到了认可，但是其依旧缺乏一个统一的定义。因此，一方是推广谨慎预防原则以应对科学不确定性的倡导者，另一方则是反对者，因为这一原则在概念上不够明确，而在实践中也存在

---

① Lofstedt, R., et al., “Precautionary principle: general definitions and specific applications to genetically modified organism”, Journal of Policy Analysis and Management, 21 (3), 2002, p. 383.

② Morris, J., “Defining the precautionary principle”, in, Morris, J. (ed.), Rethinking risk and the precautionary principle, Butterworth-Heinemann, 2000, pp. 3 – 5.

③ Applegate, J., “The precautionary preference: an American perspective on the precautionary principle”, Human and Ecological Risk Assessment: An International Journal, 6 (3), 2000, p. 415.

不一致的做法，尤其是反对将该原则作为借口阻碍科技创新。双方不同观点的存在加剧了运用谨慎预防原则的争议性。例如，当欧盟将谨慎预防原则确认为环境法的一项法律原则时，美国的环境法只是认同谨慎性的倾向做法[①]。尽管如此，针对谨慎或以谨慎为核心的谨慎预防原则的法律规定已经或多或少指出了该原则在运用中的一些关键因素，包括为什么要适用这一原则，在何种条件下适用这一原则。以《里约宣言》的定义为例，要适用谨慎预防原则，三个关键因素分别是：为什么适用、何时适用以及如何适用。

1. 适用谨慎预防原则的原因

既然谨慎预防原则的目的是为了避免严重或不可挽回的损失，那么适用该原则的原因就要依据损失的程度并以前瞻性的方式加以预防。

一般来说，损失是对于某人或某物的危害影响。对于环境而言，环境损失可能是自然资源中可量化的不利变化，抑或自然资源服务中直接或间接发生的可量化的损害[②]。对于损害，传统方式是在事后进行损害赔偿，而采取谨慎性的保护行为则是为了避免具有不可逆转性的损失，以对环境损害进行预防。其中，不可逆转性是指损害一旦发生，无法改变使其恢复到原来的样子，例如生态系统的破坏、动物的灭绝。此外，环境中使用的有害化学物质也可能给人类健康带来损害。就人类健康受损或死亡来说，即便可以支付一定的金钱予以补偿，但是这类损害对人类来说，与其等待损害后的补偿，也不如预先加以避免。值得一提的是，从未来来看，这些所谓的不可逆转的损害可能仅仅只是潜在的不利影响，只是当下缺乏结论性的科学证据进行预知。但是，当安全岌岌可危时，应该通过谨慎选择和行动，而不是承担事后的苦楚。对于这一点，由于使用 DDT 杀虫剂所导致的环境恶化是最为深刻的一个教训。而且，一些不利影响可能潜伏非常

---

① Applegate, J., "The precautionary preference: an American perspective on the precautionary principle", Human and Ecological Risk Assessment: An International Journal, 6 (3), 2000, p. 414.

② Directive 2004/35/EC of the European Parliament and of the Council of 21 April 2004 on environmental liability with regard to the prevention and remedying of environmental damage, Article 2. 2.

长的一段时间，为此，应该以前瞻性的视角，通过谨慎性的保护措施一并保障未来。

从事前到事后，“谨慎”一词意味着提前注意[①]。事实上，生活中处处有风险，谨慎决策是人之常情。作为长久以来就具有的品质，谨慎原则可以完善决策和行动，从而在充分考虑后再尝试风险。正是这样的一种处事方式促进了社会在与风险的斗争中保持了持续发展并获得了许多新发现。然而，风险的性质已经发生转变，如果说过去人们乐于挑战风险，现在，出于安全的考虑，人们更倾向于规避风险。尽管在风险管理中，科学的作用是至关重要的，但是仅仅依靠科学还是不充分的，因为科学不确定性的存在使得其在风险识别和定性上具有局限性。为此，谨慎预防原则的引入就是为了在应对科学不确定性时，遵循安全胜过事后弥补这一理念，通过前瞻性的行为保护人类免于遭受严重和不可逆转的损害。

2. 谨慎预防原则运用的条件

“缺乏充足的科学确定性”被视为运用谨慎预防原则的条件，其中的关键因素在于界定什么是科学不确定性。科学不确定性具有两个特点。第一，由于缺乏信息时，科学评估中会很难预知所评估的风险是潜在的威胁还是不切实际的恐慌，或者风险会带来多么严重的后果。因此，存在的科学不确定性与信息不足有关。相对于这一“我们知道自己不知道什么（难以决定）”的状态，还有一种事实是“我们不知道自己不知道（无知）。”因此，由于信息的不足，无论是难以决定还是无知都会导致科学的不确定性[②]。第二，科学不确定性也可以由科学争议所致。一方面，科学总是在持续变化发展中，由此，科学知识也会发生转变。另一方面，由于研究中的差异性要达成科学一致性是非常困难的[③]。正是因为如此，就某一风险

---

① Chanteur, J., “A philosopher's view”, in, Servie, L., (ed.), Prevention and protection in the risk society, 2001, p. 135.

② Ashford, N., “The legacy of the precautionary principle in U. S. law: the rise of cost-benefit analysis and risk assessment as undermining factors in health, safety and environmental protection”, in, Sadeleer, N., (ed.), Implementation the precautionary principle: approaches from the Nordic Countries, the EU and the United States Earthscan: London, 2007, pp. 352 – 353.

③ Parish, M., “Science behind the regulation of food safety: risk assessment and the precautionary principle”, August 27, 1999, available on the Internet at: http: //www. iatp. org/files/Science_ Behind_ the_ Regulation_ of_ Food_ Safety_ R. htm.

而言，要达成结论性的科学观点是非常困难的。例如，这一风险究竟是潜在危害还是不切实际的恐慌。相比较而言，决策者在难以决定时会显得很谨慎，以避免损失的发生。而在无知的情况下，他们的决策即便会带来损害，也可以因为无知而免除责任。但是在科学争议的情况下，运用谨慎预防原则就会变得很复杂。

3. 谨慎预防原则运用的方式

就谨慎预防原则而言，由于谨慎方式的多样性，这一原则的定义并没有统一的版本。在众多不同的解释中，主要的版本有三个[①]。（1）不确定性并不能说明不作为的合理性，这意味着当风险存在不确定性时，便可采取谨慎性的保护行动；（2）不确定性可以说明行动的合理性，这意味着在缺乏充分科学肯定的情况下可以采取谨慎性的保护行动；（3）不确定性要求举证责任的倒置，这意味着主张风险行为的一方必须说明这一行为不具危害性[②]。尽管这三个版本的定义都肯定了以采取谨慎性的行动应对科学不确定性，但是它们的激进程度有所不同。也就是说，在贯彻谨慎预防原则时，有强势形式或弱势形式之分[③]（strong and weak versions），其区分主要依据以下三个要素。

首先，运用谨慎预防原则是否需要考虑科学证据。毋庸置疑，不确定性是风险的内在特征，需要借助科学评估对其加以识别和定性。作为强势形式的谨慎预防原则，其运用只需考虑潜在危害的风险性。根据这一定义，Wingspread 会议有关谨慎预防原则的主张就是强势形式的，即当某一行为会对人类健康或环境带来危害的威胁时，应该采取谨慎性的保护措施，即便没有充足的科学证据说明因果关系。相比较而言，对于弱势形式的谨慎预防原则，科学不确定性的确认仍是以风险评估为前提的。也就是

---

① Wiener, J., "Comparing precaution in the United States and Europe", Journal of Risk Research, 5 (4), 2002, pp. 320 - 321.

② Ambrus, M., "The precautionary principle and a fair allocation of the burden of proof in international environmental law", Review of European Community & International Environmental Law, 21 (3), 2012, p. 261.

③ Feintuck, M., "Precautionary maybe, but what's the principle? The precautionary principle, the regulation of risk and the public domain", Journal of Law and Society, 32 (2), 2005, p. 371.

说，第一步是根据现有和最新的科学信息开展风险评估，当这一评估难以提供结论性的科学观点时，则可确认科学不确定性的存在，进而采取谨慎性的保护行动。

第二，科学本身有助于说明谨慎性保护行动的合理性。但是，举证责任在于“被告”而不是“原告”[①]。一般来说，对于社会发展，科学技术的进步是一种现状。由于科学技术相关的活动具有技术风险，作为“谨慎”原则的拥护者，成员A应该通过限制或禁止的行为反对倡导这一具有风险的行动的成员B。然而，原本应该由A举证说明限制或禁止行为合理性的责任转嫁给了B，对此，B需要举证说明其活动的安全性，及符合可以接受的风险水平或安全要求。这一举证责任的倒置原因在于减轻A为了安全保障所要采取的行动负担。此外，作为发展推动者，B更熟悉研究情况，而且又有获取信息的便利条件，从而更为容易证明其风险行为的可接受性。

第三，即便是谨慎性的保护行动也要受到限制。就《里约宣言》来说，谨慎预防原则的定义是弱势形式的，因为其要符合成本效益的审查。事实上，在政府对于谨慎预防原则的落实中，往往都是偏好弱势形式的谨慎预防原则。例如，欧盟进一步通过比例原则、一致性原则等限制谨慎性的保护行动。

二、风险规制：从科学不确定性到法律确定性

环境风险的存在说明了，尽管科学技术的进步使人类受益无穷，但是技术风险或危害的出现同样是这一进步所带来的代价。对此，贝克指出，这类由于现代化所导致的风险已经改变了其特征，鉴于它对人类健康的危害性，人们倾向于规避这一类的风险。因此，根据谨慎预防原则[②]，当这些风险尚未出现或其严重性有限的时候就应该采取行动规避这类风险或至

---

① Ambrus, M., “The precautionary principle and a fair allocation of the burden of proof in international environmental law”, Review of European Community & International Environmental Law, 21 (3), 2012, pp. 263 - 264.

② Marden, E., “Risk and regulation: U. S. regulatory policy on genetically modified food and agriculture”, Boston College Law Review, 44 (3) (3), 2003, p. 735.

少限制其发展。否则，不可逆转的损害一旦发生，那么环境和人类都将遭受苦难。正是基于这一考虑，谨慎预防原则已经成为风险规制的一个基本原则。对于反对的意见，值得指出的是，一方面，风险规制需要一个结构化的决策，在这个决策中，科学和谨慎的作用是互补而不是冲突的；另一方面，将谨慎列为一项法律原则有助于确保法律的确定性。

（一）结构化的决策：科学与谨慎

风险是指一种由于危害而对人的健康产生不利影响的可能性和严重性。在识别和定性风险的过程中，要预知一些因素必须通过科学证据予以确定。然而，由于科学的难以确定性、无知或科学争议的存在，不确定性可能无法避免。因此，根据科学评估所确定的风险性质，对于风险可以有以下几种分类。（1）未知风险，由于当前科学技术的局限不知道该风险的存在；（2）疑似风险，由于科学不确定性的存在，不知道该风险是否会发生或者其严重性的程度；（3）已知风险，根据科学证据可以确定该风险已经预防这一风险的方法；（4）发生风险，已经遭受了损失并可以对此进行补偿[①]。

作为一个普通概念，prudence 源于 pro-videre，该术语意味着前瞻性[②]。对于不确定性，应对方式可以是事前谨慎或事后补偿，抑或两者共有。从传统观点来看，法律对于这一点的规定是着眼于事后补偿，即当明确不确定性后，对受害人进行补偿。然而，风险性质的改变使得这类风险的应对应该考虑科学的不确定性并着眼于事前的预防，从而避免发生不可逆转的损失。由此，应该通过前瞻性的方式处理这类风险，一如环境保护中根据预防原则（preventive principle）采取的预防性保护措施和根据谨慎预防原则（precautionary principle）所采取的谨慎性保护措施。

---

① Collart Dutilleul, F., Rapport sur le principe de précaution (Report on the precautionary principle), éditions du Conseil National de l'Alimentation (Ministère de l'agriculture), 2001, p. 14.

② 尽管英语 prudence 和 precaution 都有要求采取前瞻性措施以便应对未来不确定性的要求，但是有关两者的差异争议认为，前者意在鼓励人民以负责人的方式作出采取风险性行为的决策，后者则是通过风险规避性的决策以避开责任。参见第 157 页注①，第 134－135 页。然而，就本书的论述而言，prudence 被视为一般意义上的谨慎概念，在此基础上，有关应对风险的预防 prevention 和谨慎 precaution 则被视为应对科学确定性即不确定性的不同风险规制方式。

值得一提的是，预防性的保护措施和谨慎性的保护措施并不一致，根据如下分类，它们所依据的风险性质和落实的谨慎程度是不一样的：

（1）通过免责原则应对未知风险；

（2）通过谨慎预防原则应对疑似风险；

（3）通过预防原则应对已知风险；

（4）通过赔偿原则应对发生风险。

随着对技术风险认识的加深，在第一和第四种情况下的民事责任也发生了转变。简单来说，在第一种情况下，根据风险发展辩护理论，民事责任可以免除，而在第四种情况下，即便不存在过错，也要承担民事责任，如在产品责任的追究中。但是对于第二和第三种情况，谨慎预防原则和预防原则的差异往往被忽视。事实上，科学、预防和谨慎三者在结构化的风险规制决策中都起着重要的作用。

就风险规制而言，它最初是凭借科学识别和定性风险并进而通过前瞻性的方式采取保护措施。因此，环境风险评估、食品风险评估等陆续发展起来，由此确立了科学原则在风险规制中的基础作用。此外，即便出现不确定性时，也要求在实质性危害发生前，规制行动必须具有确凿证据的支持。尽管科学研究和评估工作可以为风险预防提供确定性，但是科学研究本身也因为不确定性的存在而伴有风险，进而带来危险。正是因为如此，谨慎预防原则的引入就是为了应对这些存在的不确定性。然而，与科学原则的主导地位相比，谨慎预防原则被认为是对科学创新存在偏见的决策过程①，尤其是对于生物技术的使用②，因为根据谨慎预防原则，只有没有风险的行为才能被许可。

事实上，根据谨慎采取的保护行为并不对科学技术的进步构成威胁，相反，它与科学在风险规制中的角色起着互补的作用③。因为一方面，当

① Miller, H., and Conko, G., "The Science of Biotechnology Meets the Politics of Global Regulation", Issues in Science and Technology, The University of Texas at Dallas, October 9, 2000, pp. 48 - 49.

② Sandin, P., "The precautionary principle and food safety", Journal of Consumer Priotection and Food Safety, 1 (1), 2006, pp. 3 - 4.

③ Dreyer, M., et al., General framework for the precautionary and inclusive governance of food safety in European, final report of the project Safe Food, June 30, 2008. p. 11.

公共健康、环境等遭遇危险时，一味强调等待科学证据才采取行动的做法并不明智，而在实践中，谨慎应对科学不确定性的做法并不罕见。因此，科学原则和谨慎预防原则的结合是为了确保通过行动应对科学不确定性，从而避免由于不作为而招致不可挽回的损失。另一方面，根据谨慎所采取的行动依旧要受到科学的审议，因为无论是采取谨慎行动还是事后的审议都要根据当下所得到的科学信息进行。正因为如此，以科学为基础的风险分析体系将谨慎视为该体系本身就具有的因素。

根据预防采取的行动和根据谨慎采取的行动都是出于审慎的态度应对潜在损害。但不同的是，预防所应对的是已知风险，而谨慎所应对的是疑似风险。因此，在针对风险进行决策的时候，第一步是通过科学工作为处理风险提供确定性，包括识别风险确定预防行动。事实上，只有在确定的情况下才能对风险进行定性和定量分析，从而以前瞻性的方式加以预防[①]。相反，当存在不确定性时，针对疑似风险应该采取谨慎性的行为，而不是不作为的等待直到风险成真后追悔莫及。因此，谨慎预防原则的关键是尽可能地通过行动而不是坐以待毙的方式应对不确定性。

相比较而言，根据科学证据，预防行为可以是短暂的也可以是长期的。在这个方面，风险管理往往是通过应急措施控制危害。例如，中国国家食品安全应急方案将风险分为了四个等级，每个等级都有相应的应急方式，如组织风险评估、控制危害、提供医疗等。因此，当风险被识别并分级后，就可以落实相应的应急措施了。然而，谨慎行为是短暂的[②]。它的执行一方面要进行跟踪审议，另一方面则需要进行及时调整[③]。也就是说，根据后续搜集到的科学信息，要对所采取的谨慎行为进行跟踪审议，如果风险可以识别，那么就要确定相应的预防措施；相反，风险一旦被认

---

① Recuerda, M., "Dangerous interpretations of precautionary principle and the foundation values of European Union food law: risk versus risk", Journal of Food Law and Policy, 2008, pp. 3 – 4.

② Collart Dutilleul, F., "Le principe de précaution dans le règlement communautaire du 28 janvier 2002" (The precautionary principle in the Community regulation of January 28 2002), Prodotti agricoli e sicurezza alimentare (dir. A. Massart), Ed. Giuffre, 2003, p. 252.

③ Kourilsky, P. and Viney, G., Le principe de precaution (The precautionary principle), Report for the primary minister, October 15, 1999, p. 68.

为是不会发生的，那么先前的谨慎行为就要取消。

最后一点，具体采取哪些原则，要根据风险的可能性来确定。而所采取的保护行为也会因为风险的危害程度有所差异。一般来说，就预防性和谨慎性的措施，可以通过公共执行的方式落实，并告知公众。对于一个已知的风险，如果是公共风险，那么是消费者无法通过自身的理解和控制进行预防的，因此可以通过禁止或许可某一行为的方式控制这一风险的发生。相反，当消费者可以很好地识别风险并由他们自身决定是接受还是拒绝这一风险的时候，那么仅仅通过提供信息就能帮助他们在知情的情况下作出符合自身偏好的选择，对于这一点，典型的就是针对酒精和烟草的使用控制。相似的，在应对严重和不可逆转的损害时，针对疑似风险的谨慎行动也可以大范围地展开。但是，如果疑似风险并不会带来严重或者不可逆转的损害，又或者它不会对公众而只是给部分人群带来损害，就也可以通过某种途径告知消费者，由其自由选择方式从而预防风险①。

（二）确保法律确定性的谨慎预防原则

可持续发展的提出遵循了“安全好过遗憾”的理念，其目的是确保经济的发展不以损害环境为代价，进而满足多方不同的利益诉求。同理，谨慎应对科学技术的发展就是为了强调在这一过程中要同样顾及环境和公共健康的安全。因此，强调科学证据为前提的行动不可避免地延迟了应对科学不确定性的谨慎行动。当安全受到威胁时，上述反对谨慎行动的规制令人质疑其仅仅只是为了保障企业和生产者的利益②。相反，针对公共决策者，谨慎行动的要求使得他们有义务在决策中将健康、安全利益的保障置于自由贸易等利益之前。

作为指导性、抽象且概括性的标准，原则的意义在于确保决策和行动

---

① Collart Dutilleul, F., Rapport sur le principe de précaution (Report on the precautionary principle), éditions du Conseil National de l'Alimentation (Ministère de l'agriculture), 2001, p. 18.

② Ashford, N., "The legacy of the precautionary principle in U. S. law: the rise of cost-benefit analysis and risk assessment as undermining factors in health, safety and environmental protection", in, Sadeleer, N., (ed.), Implementation the precautionary principle: approaches from the Nordic Countries, the EU and the United States Earthscan: London, 2007, p. 353.

能实现社会所接受的价值。同时，原则在法律中贯彻的方式是间接性并统领各类规则[1]。因此，一方面，将谨慎确立为一项法律原则可以确保公共决策者在应对科学不确定性时优先保障健康利益而不是经济利益。此外，由于谨慎预防原则的限制，谨慎措施本身应该考虑经济和社会的接受性。另一方面，将其定性为原则而不是法律规则，其目的是引导产生某一特定的结果，但是仅仅只是规范决策过程，也就是决策如何产生。上文已经提及，针对科学不确定性的保护行为依旧需要科学支持[2]。因此，谨慎预防原则的运用本身就将科学和谨慎结合在了决策过程中，即风险分析所要求的。

当法律确定性意味着，一国有义务以可预见且一致的方式尊重和执行已制定的法律，谨慎预防原则运用中所面临的一个挑战就是如何应对上述这一要求。因为当存在科学不确定性时，对于落实的谨慎行为并没有证据说明疑似风险和危害之间的因果关系或者潜在的损害会实质化[3]。然而，风险的出现已经对现有的法律体系产生了影响，其中，谨慎预防原则对于确保法律确定性有两个方面的贡献。第一，作为一项行动原则，它赋予了应对科学不确定性时的行动权利，进而将保障社会所强调的价值放在首要位置[4]。尽管健康安全和经济增长同样是重要的利益，但是谨慎预防原则的引入强调了安全保障的优先性。第二，作为一项原则，对于如何应对科学不确定性没有法律规定时，它可以作为指导，并通过具体的规则确保执行的一致性。

事实上，无论是国际立法还是国内立法都已通过例外条款或权利条款对保护措施作出了规定，这对于没有结论的科学证据来说是谨慎应对的一

---

① Collart Dutilleul, F., Rapport sur le principe de précaution (Report on the precautionary principle), éditions du Conseil National de l'Alimentation (Ministère de l'agriculture), 2001, p. 8.

② Fisher, E., Opening Pandora's box: contextualizing the precautionary principle in the European Unison, in, Everson, M. and Vos, E. (ed.), Uncertain risks regulated, Routledge-Cavendish, 2009, p. 23.

③ Sadeleer, N., "The precautionary principle in EU law", AV & S, 2010, p. 173.

④ Alemanno, A., "The shaping of the precautionary principle by European Courts: from scientific uncertainty to legal certainty", Bocconi Legal Research Paper No. 1007404, 2007, available on the SSRN at: http://papers.ssrn.com/sol3/papers.cfm?abstract_id=1007404, p. 13.

种表现。相比较而言，反对谨慎预防原则的原因是这一原则在运用中缺乏一致性。对于这一点，欧盟法院[①]对科学不确定性的解释尤其是科学争议的定义可以促进谨慎预防原则的运用。

三、谨慎预防原则在欧盟的综合运用

在欧盟，无论是法律规定还是法院判决都推动了谨慎预防原则的发展，其目的是引导风险规制更好地处理对环境、人类、动植物健康构成危险的问题。就其综合运用来说，谨慎从一项例外逐步发展成为一项原则，其中关键的一个问题已经通过辉瑞（Pfizer）案例作出了明确，即启动的条件，换言之，即科学不确定性的定义。

（一）谨慎预防原则的演变

在被法律确认为原则前，包括《马斯特里赫特条约》将其确定为环境保护法的法律原则以及《通用食品法》将其确定为食品法的法律原则前，成员国可以根据《罗马条约》对公众健康保护的例外规定实施谨慎措施，即基于人类健康和生命的保障，在其国内限制食品的自由流通。然而，早期的案例判决表明，对于运用这一例外规定限制食品的自由流通，需要科学研究中存在不确定性以及成员国可以证实有严重威胁公众健康的风险。

例如，在Bennekom案例中[②]，维生素制品应该被归类为药品还是食品是争议所在。对此，可以明确的是，当产品中的维生素含量非常少时，可以将其认定为食品，但是当时的科学研究无法确定当产品中的维生素含量很高时是否可以界定为药品。然而，可以确定的是，如果长期过量消费维生素是有害的，而且维生素的高含量使用也有严重的健康风险。鉴于上述的科学不确定性以及欧盟层面缺乏统一的监管方式，一些成员国自行根

① Alemanno, A., "The shaping of the precautionary principle by European Courts: from scientific uncertainty to legal certainty", Bocconi Legal Research Paper No. 1007404, 2007, available on the SSRN at: http://papers.ssrn.com/sol3/papers.cfm?abstract_id=1007404, p. 1.

② Case C-227/82 Van Bennekom [1983] ECR 3883.

据健康保护的需要开始了对这类产品的监管，由主管部门对其作出了限制或许可要求。法院相关的判决认为，由于缺乏结论性的科学证据，可以通过保护措施防范健康风险，由此可见，通过谨慎方式保护健康是欧盟法院比较推崇的做法，而这也为谨慎预防原则在欧盟的发展奠定了基础。

就欧盟的法律而言，谨慎预防原则最早是被引入环境法中。在欧盟层面，《马斯特里赫特条约》最早将环境保护确认为欧盟的共同目标①。根据这一规定，继《欧盟单一法案》将预防原则确定为环境法的法律原则后，谨慎预防原则也得以确定，作为确保环境的一项法律原则②。至此，谨慎预防原则的运用也逐渐扩展到其他非环境保护的领域，如人类健康和动植物健康的保护。例如，为了保护环境同时也是保护人类健康，法国绿色和平组织根据谨慎预防原则反对法国农业部将某一转基因玉米列入官方许可种植的物种清单中，认为在官方授权许可的过程中缺乏谨慎应对该物种安全使用的做法③。

鉴于公众健康恐惧的增多，欧洲法院督促欧盟委员会更多地在其立法议案和消费者相关的活动中运用谨慎预防原则，并为该原则的运用制定指南④。尽管运用这一原则的实践增多，但是条约对于这一原则的规定缺乏明确的定义，尤其是何时以及如何运用这一原则，而在实践中，该原则的运用也会因为涉及的政策领域不同而有所差异⑤。

鉴于内部和外部⑥对于明确这一原则的压力，欧盟委员会就该原则的运用时间和方式制定了一项制度⑦。事实上，就风险规制的决策而言，需要在确立个人、企业和组织自由权利与减少环境、人类和动植物健康危害

---

① Treaty on European Union, singed at Maastricht on 7 February 1992, Article 2 and Article 3 (k).

② Treaty on European Union, singed at Maastricht on 7 February 1992, Article 130r.

③ Case C－6/99 Greenpeace GMO [2000] ECR 1－1651.

④ Morris, J., "Defining the precautionary principle", in, Morris, J. (ed.), Rethinking risk and the precautionary principle, Butterworth-Heinemann, 2000, p. 6.

⑤ Sadeleer, N., "The precautionary principle in EU law", AV & S, 2010, p. 173.

⑥ 除了内部的压力，来自外部的压力也要求欧盟进一步明确谨慎预防原则相关要素，例如，欧盟在国际贸易组织中没有赢得激素案件的胜诉就是因为该原则缺乏明确的定义。参见第164页注④，第7页。

⑦ Communication from the Commission on the precautionary principle, COM (2000) 1 final, Brussels, 2. 2. 2000.

之间进行决策。为了解决这一两难问题，有必要采取一个结构化的决策。

在这个决策过程中，启用谨慎预防原则的第一步是进行客观的科学评估，其目的是支持风险决策，确定社会可接受的风险水平，或者说保护水平，以及预防那些不可接受风险的措施，例如危害环境、人类和动植物健康的风险。然而，当风险评估中存在的不确定性显示某一风险对环境、人类和动植物健康构成潜在的危害，与所要实现的保护水平不一致时，应该采取谨慎行动而不是继续等待直到风险变成实际的危害。

对此，风险评估和谨慎预防原则的关系有以下几个要素。

（1）风险评估是启用谨慎预防原则的先行条件，这意味着谨慎行动本身就是以可靠的科学为基础的①。

（2）确定风险接受水平的决策是一项政治责任，其要求风险管理过程中确保民主这一合法要求②，因此，科学工作并不仅仅只是自然科学的评估，同时也需要社会科学的评估确保风险的接受性，例如对于风险认知的研究。

（3）在这一结构化的风险分析过程中，谨慎预防原则的启用在风险管理环节，其目的是解决安全保障和经济发展之间的问题。

此外，值得指出的是，根据谨慎预防原则所采取的行动需要考虑下列原则。

（1）比例原则：该原则要求采取的保护行动应该与所预定的保护水平相适应，而不得作为贸易保护措施的借口；

（2）非歧视性原则：该原则要求不得区别对待相类似的情况或者不得以同样的方式处理不同的情况；

（3）一致性原则：该原则要求所有类型情况下所采取的措施应保持一致性；

（4）收益/成本分析：该原则要求考虑所有经济和非经济的情况，包括社会对于行动的接受度；

---

① Jassen, A.. "A defining moment for precaution? An analysis of Post-Pfizer Case law", Master Thesis, Maastricht University, pp. 13 - 14.

② Jassen, A.. "A defining moment for precaution? An analysis of Post-Pfizer Case law", Master Thesis, Maastricht University, p. 15.

（5）对于谨慎行动的持续性审查：根据新获得的科学数据进行更为全面的风险评估。

（二）辉瑞案例：以争议形式存在的科学不确定性

尽管通过上述的制度进一步明确了谨慎预防原则运用的关键因素，但遗憾的是，它依旧没有说明谨慎预防原则运用的一个核心问题，即如何设置这一原则运用的阈值，换句话来说，就是对科学不确定性的定义①。对此，辉瑞案件的判决在明确科学不确定性这一概念上具有决定性的意义。

在这个案件中，一种抗生素（virginiamycin）根据 70/524/EEC 号指令获得了许可并被辉瑞动物健康公司作为生长素用于动物饲料。然而，官方兽医实验室的科学研究发现，这一抗生素会将动物产生的抗体转移给人类，进而降低一些人类使用药物的疗效，导致危害的感染。为此，根据紧急措施的规定，丹麦自 1998 年在其国内禁止了这一药物。随着欧盟以及国际研究的深入，越来越多的研究结果和建议提到了上述风险的存在，鉴于此，欧盟机构采取了谨慎行动，发布了第 2821/98 号法规，取消了一些抗生素的入市许可，其中就包括了上述抗生素。然而，相关的科学研究中仍然存在着争议，一些欧盟咨询委员会，如动物营养科学委员会认为，将上述抗生素作为生长素使用不会对人类健康构成真正的危害风险。根据 1970 年获得的许可，辉瑞对上述决定提起了诉讼，认为其违反了有关谨慎预防原则的规定。法院的判决支持了欧盟机构的谨慎行为，并对谨慎预防原则的运用条件作出了两个方面的说明，包括过程和科学信息。

在从风险评估到谨慎行为这一结构化的过程中，法院认为：首先，风险是一种可能性，其说明了某一特定产品会对人类健康造成不利影响，而实际中并没有一种零风险。因此，公共机构开展的风险评估要考虑每一个案例的特定情况，确定风险的可接受水平。作为第一步，在采取保护行动之前，应该根据可获得的最好科学信息以及国际研究的最新成果开展评

---

① Alemanno, A., "The shaping of the precautionary principle by European Courts: from scientific uncertainty to legal certainty", Bocconi Legal Research Paper No. 1007404, 2007, available on the SSRN at: http://papers.ssrn.com/sol3/papers.cfm?abstract_id=1007404, p. 8.

估。第二，当缺乏科学数据而无法进行充分的科学评估，进而导致就潜在的不利影响的风险性和危害性无法提供结论性科学证据，也就是说，对人类健康构成风险的存在和程度存在科学不确定性时，主管部门可以根据即时掌握的科学信息采取谨慎行动，也可以等待直到有更多的科学研究结论时才采取行动，但是后者可能会需要很长一段时间。相比较而言，谨慎预防原则可以确保主管部门在科学不确定的情况下采取行动而不仅仅只是等待更多的科学结论或者等到风险实质化后才采取行动。

在上述的过程中，无论是风险评估还是谨慎行为，关键是要掌握科学信息，这不仅是发现科学不确定性的前提，也是说明谨慎行动合理性的依据。在这个方面，对于信息有三个要求，包括可获得性、争议和时新性。

可获得性是指在开展风险评估的时候掌握的足够且有支持性的信息，例如潜在不利影响的程度、这些影响的持续性或逆转性、危害延迟的可能性以及风险认知。当信息不充分时，存在的难以决断就是不确定性。随后，谨慎预防原则要根据现有的信息开展。所谓的支持性是指，一方面，纯假设或学术认知不能作为运用谨慎预防原则的依据①；另一方面，作为程序保障，风险评估应该尊重先进、独立和透明的要求。

争议的存在会增加达成结论性科学意见的困难，包括不确定性和谨慎行动的无效，例如，上述抗生素是否对人类的健康构成风险。然而，通过辉瑞这一案例，法院将不确定性解释为不同的科学意见，并可以说明通过谨慎行动应对不确定性的合理性②。此外，当不同的意见遭到反对时，例如动物营养委员会针对这一抗生素的不同观点，一方面，即使主管部门就健康保障的职能有义务向科学委员会进行咨询，但这并不意味着最终的决定必须与这些科学意见相一致。另一方面，作为咨询委员会，科学委员会的角色是通过理论让主管部门接受他们的科学意见。他们先进、独立和透明的工作成果对于决策来说是值得肯定的，但并不是决策者唯一应该考虑的因素。然而，如果拒绝某一科学观点，欧盟的机构必须说明理由。

---

① Case E－3/00 Efta Surveillance authority v Norway［2001］EFTA.

② Jassen, A.. "A defining moment for precaution? An analysis of Post-Pfizer Case law", Master Thesis, Maastricht University, p. 21.

时新性的要求更多的是为了确保考虑当下的科研成果。事实上，随着产品的逐步使用，相关的科学知识和健康风险都会发生变化。因此，对于风险评估和谨慎行动所依据的信息同样也包括持续研究获得的成果和新发现的成果。此外，对于为了授权许可而开展的安全评估，即便已经完成，也应该通过风险监测确保根据新的信息或者对已有信息的重新评估，更新安全评估的进程，从而避免某一潜在的健康风险演变成真。正如辉瑞这一案例所显示的，当最新研究表面风险存在时，可以吊销或者撤回对这一风险行为的许可。

第二节　针对食品风险适用谨慎预防原则

毫无疑问，人类对待风险的态度总是谨小慎微的，尤其当事关个人利益的时候。例如，在杀虫剂 DDT 的案例中，该杀虫剂不仅仅只是危害环境，同时也会对人的中枢神经系统造成影响进而对健康构成危害。随着食品生产中大量使用化学物质，有毒有害物质对人类健康的威胁也会很严重且不可逆转，例如超过毒素限量导致的死亡，或对健康造成急性/慢性损害，又或者由于致癌性所导致的癌变等。因此，将源于环境保护领域内的谨慎预防原则扩展运用到食品安全规制领域是有必要的，其意义就是保障公众健康。

相比较而言，首先，从 20 世纪 30 年代至今，对于环境风险的关注已经有一段时间了，但是食品相关的风险是 80 年代后随着诸多食品安全问题的发生才受到关注的。因此，环境法以及谨慎预防原则在这个领域法内的运用都要比食品法成熟。例如，根据《里约宣言》对谨慎预防原则的定义，相关的生物多样性和生物安全公约都对该原则作出了规定。相反，在食品安全规制中运用谨慎预防原则还是充满了争议，例如有将谨慎视为一种方式、例外或原则。第二，环境风险由于其规模性和人群密集性的特点很容易引起公众的关注，为此，相关环保运动的发起可以迫使政府决策者放弃不利于环境保护的项目。但是，对于食品风险的来源，例如许可某一新技术用于食品生产，或者食品生产中发生的微生物污染，都是远离公众生活的。此外，个人是否受到损害还需要一段暴露时期，这意味着不利影响会存在很久，而人的天性则是会忽视这些尚未发生的威胁。更不用说食品是损耗性的消费，一旦食用将无法作为证据证明健康损害①。

然而，食品安全远比环境保护更敏感，因为食品安全事关所有人，而环境问题往往由于“公地悲剧”缘故被人们所忽视。考虑到食品安全的政治、经济和社会影响，如果食品风险处理中出现延迟或者不作为，那么将会大大降低公众对于公共机构在食品问题上应对管理能力的信任。因此，有必要通过保护性的措施应对食品风险，尤其是应对科学不确定性时要采取谨慎行动。值得一提的是，尽管环境风险也会对人类健康构成威胁，但是在食品规制中运用谨慎预防原则更多的则是确保人类健康②。

尽管谨慎预防原则在食品安全规制中的运用还没有像环境法那样普及，但在实践中，无论是国家层面还是国际层面，在处理食品安全问题、保障公众健康的行动中都有谨慎性。尽管将其作为一种方式、例外或原则还有待商榷，但是欧盟已经将谨慎列为食品法的一项法律原则。

一、食品领域中的谨慎性

尽管谨慎预防原则在食品安全监管中的应用尚存争议，但是保护人类免于食品风险的威胁是每个人都期望的事，对此，谨慎处理食品风险并不鲜见。例如，美国20世纪50年代就对化学物质的监管采取了谨慎方式。在国际层面，谨慎被用作科学原则的例外规定，以求在贸易发展的同时保障公众健康，而欧盟则更进一步将其确定为一项食品法的基本原则。即便中国并没有明确说明运用这一规制理念，但是从2011年5月1日开始禁止过氧化苯甲酰和过氧化钙作为面粉增白剂的作为也显示了主管部门在应对科学不确定性时采取了谨慎的做法。因此，即便没有将谨慎作为一项原则，但在实际中就公众健康保护而言，谨慎行使一直被用作坚持科学原则的例外选择。

---

① Carson, R., Silent spring, First Mariner Books, edition 2002, pp. 188 - 189.

② Collart Dutilleul, F. et al., L’agriculture et les exigences du développement durable en droit français, Revue de Droit Rural, 402, 2012, p. 24.

（一）谨慎方式（approach）

当公众健康遭到威胁时，无论谨慎是否已经被确立为一项原则，美国在环境和食品安全规制的实践中都会采取谨慎方式。早在20世纪60年代，通过德莱尼条款，美国针对致癌性物质的监管采取了谨慎方式，力求"零风险"[1]。而通过1996年《食品质量保护法案》引入的修正案要求对于安全边界，进一步确立了谨慎性安全因素。事实上，安全边界这一概念的提出考虑到了计算和事件接受度中存在的一些误差，为此其允许规制机构可以采取谨慎行为，在研究成果尚未确定之前保障合理的保护水平[2]。

法律原则是法律渊源，法院也可以通过援引这一具有约束力的原则否决或认可一项决策，为此，美国认为谨慎仅仅只是一种方式而不是原则[3]。此外，一方面，由于涉及主观判断，很难清楚界定的一个关键问题就是该原则运用的时机和如何保持一致性，为此，有可能将其作为阻碍技术进步或贸易发展的借口。另一方面，谨慎预防原则主张在科学不确定时优先保护安全，对于经济发展利益的追求也会使得主管部门不愿适用谨慎预防原则。

当谨慎预防原则的运用具有上述问题时，如主观性或者缺乏一致性，美国风险规制的基础是科学原则，其要求规制的落实必须有证明危害存在的证据。就食品安全规制来说，美国食品药品监督管理局通过工作小组的方式开展风险分析，其间，研究的作用之一就是提供确定性。在这个风险评估的过程中，研究的作用是提供数据和信息并对它们作相应的分析，然后由风险评估者向管理者提供科学意见，以便后者作出决定。其次，研究也可以应对不确定性。管理者可以向评估者咨询是否缺少信息，而后者可

---

① Fortin, N., Law, science, policy, and practice, John Wiley & Sons, Inc., 2009, p. 648.

② Applegate, J., "The precautionary preference: an American perspective on the precautionary principle", Human and Ecological Risk Assessment: An International Journal, 6 (3), 2000, pp. 424 - 426.

③ Recuerda, M., "Dangerous interpretations of precautionary principle and the foundation values of European Union food law: risk versus risk", Journal of Food Law and Policy, 2008, pp. 3 - 4.

以指出，如何通过额外的研究减少评估中出现的不确定性，或者搜集信息以便开展风险评估。随后，管理者可以决定是否继续进行研究，而研究的数量和类型以及时间则取决于风险评估所要支持的政策的重要性。因此，可以说，作为风险评估和风险管理的链接，研究的作用就是确保根据可靠的科学依据作出规制决策。

（二）谨慎例外（exception）

在国际层面，世界贸易组织下针对食品贸易的《实施动植物卫生检疫措施协议》同时对科学和谨慎作出了规定，以便确保公众健康。

第 2.2 条：各成员应确保任何动植物检疫措施的实施不超过为保护人类、动物或植物的生命或健康所必需的限度，并以科学原理为依据，如无充分的科学证据则不再维持，但第五条第 7 款规定的情况除外。

第 5.1 条：各成员应保证其动植物检疫措施是依据对人类、动物或植物的生命或健康所做的适应环境的风险评估为基础，并考虑有关国际组织制定的风险评估技术。

第 5.7 条：在有关科学证据不充分的情况下，一成员可根据现有的有关信息，包括来自有关国际组织以及其他成员方实施的动植物检疫措施的信息，临时采用某种动植物检疫措施。在这种情况下，各成员应寻求获得额外的补充信息，以便更加客观地评估风险，并相应地在合理期限内评价动植物检疫措施。

根据这些条款，成员国有义务在以下情况下依据科学原则制定动植物检疫措施。第一，如果成员国适用风险评估，可以认为其执行了科学原则，尤其是在直接采用一些国际组织制定的科学意见，如食品法典委员会针对食品的标准。第二，即便成员国有权利自行决定国内的保护水平，甚至可以高于国际要求，但前提是必须有合理的科学证据。第三，根据世界贸易组织的规定，对人类、动植物生命和健康的保护构成一个例外。就动植物检疫措施来说，所谓的例外是针对科学原则来说的，所处理的是没有足够科学证据的情况。然而，为了确保科学原则，无论是因例外采取临时性的动植物检疫措施还是事后跟踪的评审都有赖于科学评估。

鉴于此，欧盟在转基因案件中根据第 5.7 条规定的保护措施是自主权而不是例外[①]。此外，有关保护措施的解读对应第 5.7 条而不是第 5.1 条的规定，因为两者是并列存在的关系。也就是说，一方面是基于科学结论的措施，另一方面是出于谨慎采取的临时性措施。尽管专家组否定上述平行的分类方式，但其依旧将第 5.7 条的规定视为权利，因此，根据第 5.7 条采取的保护措施可以免于第 2.2 条规定的义务。这一定性的意义在于举证责任的分配，即申诉方有义务说明其反对的措施与规定不符。然而，第 2.2 条和第 5.7 条的关系到底是例外还是权利依旧是一个值得争议的问题，因为目前仅仅只是文字上的分析而没有法律解释[②]。不同的意见认为，对于第 2.2 条规定的基本义务，第 5.1 条和第 5.7 条规定是互补的且替换性的义务，也就是说，它们都是适用第 2.2 条规定的一个具体方面。

尽管对第 5.7 条的规定有所争议，但毋庸置疑，允许通过临时性的措施应对科学证据不足的情况本身就是适用谨慎预防原则的一个模式[③]。在激素案件中，[④] 出于人类健康的考虑，欧盟禁止来源于食用过激素的牛的牛肉而美国和加拿大都对这一禁令进行了申诉，认为前者没有证据说明激素对人类健康的不利影响。就申诉方，专家组也认定欧盟的措施不符合国际相关的标准，并且没有合理的证据支持这一进口禁令。在上诉中，法官支持了上述的判断但是给出了不同的法律解释。就欧盟根据谨慎预防原则来支持其的禁令，两者都指出，该原则的运用不得违背第 5.1 条和第 5.2 条清晰的规定。也就是说，成员国有义务根据科学原则制定措施。

基于上述案件，世界贸易组织的法官指出，由于《实施动植物卫生检疫措施协议》中没有对谨慎预防原则作出明确规定，该原则并不能作为动植物检疫措施的理论依据。尽管如此，在这一具有法律效力的协议中，一

---

① Dispute DS291/DS292/DS293 between United States and European Communications on the European Communities-measures affecting the approval and marketing of biotech products, 2003－2006. Report of the Panel, 29 September 2006 (06－4318).

② Broude, T., "Genetically modified rules: the awkward rule-exception-right distinction in EC-Biotech", World Trade Review, 6 (2), 2007, pp. 217－218.

③ Huei-Chih, N., "Can Article 5.7 of the WTO SPS Agreement be a Model for the Precautionary Principle?" Scripted, 4 (4), 2007, p. 368.

④ WT/DS26 and WT/DS48.

些规定如第5.7条，还是反映了谨慎预防原则所要实现的理念，在实践中，各国也是以此来预防那些不可逆转的风险。

二、欧盟在食品领域对谨慎预防原则的运用

一如上文所述，为了确保公众健康，谨慎例外在欧盟已经发展为一项原则。当食品领域内也适用这一原则后，《通用食品法》就这一原则的适用作出了规定，但实践中也面临着挑战。

（一）食品法对于谨慎预防原则的规定

欧盟条约中引入谨慎预防原则是出于环境保护的需要，但是欧盟疯牛病危机使得司法判决中第一次意识到了通过该原则保障公众健康的必要性。作为应对疯牛病的应急措施，欧盟委员会第96/239号决定颁布了一项禁令，禁止英国的牛和牛肉出口至欧盟其他国家以及第三国。至于欧盟委员会的这一措施是否滥用权限，法院[①]认为，这是合法落实保障措施的举措。一方面，欧盟委员会在决策采取保护措施而不是坐等风险的实质化时具有裁量权，而在涉及的案例中，已有科学信息显示英国影响牛的疾病因素与影响人类患上无法治愈的疾病因素间有着一定的关联。另一方面，鉴于不确定性，针对由牛和牛肉带来的风险采取谨慎措施，是将环保领域的谨慎预防原则用于食品领域，从而实现较高的保护水平。鉴于此，谨慎预防原则被定义为：当对人类健康风险的存在和程序出现不确定性时，机构可以采取保护措施，而不是等到这一风险及其严重后果实质发生。

《通用食品法》对谨慎预防原则在食品安全规制中的运作作出了如下规定。

（1）在特殊情况下，即根据现有信息进行评估后，可以确定健康危害发生的可能性，但依旧存在科学不确定性时，可以采取临时性的风险管理措施以便确保高水平的公众健康保护，直到有更充分的科学信息用以更为综合的风险评估。

---

① Case C－180/96 United Kingdom v. Commission［1998］ECR I－2265. Also Case C－157/96.

（2）根据第1款规定采取的措施应考虑比例原则，在实现共同体内高水平健康保护的同时不得对贸易形成限制，同时考虑到技术和经济的可行性以及其他相关的合法因素。根据风险对健康和生命的危害性以及用以明确科学不确定性和进行更为综合的风险评估的科学信息的类型，需要在一定时间内对上述措施进行评估。

根据这些规定，谨慎预防原则在食品领域内的运用厘清了以下几个关键因素。第一，该原则的运用应该有一个结构化的过程，即第一步是开展风险评估，再由风险管理者在面临科学不确定性时引用谨慎预防原则，以便实现较高水平的保护。第二，就科学不确定性来说，食品安全相关的科学信息和科学意见主要来源于欧盟食品安全局。第三，原则的运用受到一定的限制，包括考虑安全保障和经济发展的比例问题，考虑措施的技术可信性和其他因素，进而作出收益成本分析，持续跟踪以便开展更为全面的风险评估。为此，可以说欧盟落实的谨慎预防原则是一个弱势形式。

在上述过程中，科学信息通过欧盟食品安全局的风险评估对提供科学确定性起着重要的作用，而欧盟机构则根据不确定性的情况采取谨慎行动。为此，欧盟食品安全局能自行或者通过和成员国类似机构以及第三国或国际机构的合作搜集、分析和总结科学信息（科学和技术数据）。对于这些合作，欧盟食品安全局和成员国的一些相关机构已经构建了工作网络，一方面可以促进科学信息和知识的交流，另一方面，欧盟食品安全局也可以将一些工作分配给网络中的其他机构，但前提是能力、效率、独立性能符合标准并对工作绩效进行监督。此外，咨询论坛的存在也能促进合作工作，如明确具有共同利益的科学行动，从而在上述的工作网络中开展①。

疯牛病危机的教训表明，可靠的科学建议是共同体落实消费者健康、动物健康和福利、植物健康和环境健康规则的基础。当风险管理需要借助科学确定性时，欧盟委员会有义务咨询科学意见，为此，欧盟在针对食品

---

① Commission Regulation（EC）No 2230/2004 of 23 December 2004 laying down detailed rules for the implementation of European Parliament and Council Regulation（EC）No 178/2002 with regard to the network of organization operating in the fields within the European Food Safety Authority's mission, Official Journal, L379/64, 24.12.2004.

安全立法时需要咨询欧盟食品安全局，除非处理的事务已经有相关的科学评估而没有必要开展新的评估。相比较而言，为了避免有科学争议导致的科学不确定性，《通用食品法》规定，可以通过共同文件这一程序处理科学意见中的争议。此外，在欧盟食品安全局和成员国之间的工作网络中，在评估早期阶段就开展科学信息和风险评估方法的交流有助于避免争议。值得一提的是，尽管在决策前向科学机构进行咨询已经成为义务性的要求，欧盟委员会对于是否采取科学意见或者全部的意见还是有裁量权的，尤其是面对科学不确定性的时候。

（二）谨慎预防原则在运用中面临的挑战

就转基因食品的规制而言，有关生物技术发展的科学不确定性使得一些国家倾向于通过谨慎预防原则规制技术风险[①]。对于转基因作物的种植、生产和销售，其授权许可都必须基于风险评估所能提供的安全证明。否则，可以通过谨慎行动拒绝某一许可申请或者吊销已经获得的许可。以欧盟授权转基因玉米（810）为例，孟山都于 1998 年获得了入市许可，其安全性由科学机构——植物科学委员会[②]开展的风险评估予以证明。当一些成员国，如法国和英国根据欧盟这一决定在其国内对这一产品进行入市许可时，意大利则鉴于这一产品的潜在风险通过落实保护措施，禁止了对其的入市许可[③]。对于意大利的这一背离行为，法院认为，这一保护措施是谨慎预防原则的一种具体运用。也就是说，尚存的科学不确定性说明了这基于谨慎采取的保护措施的合理性。相反，法国绿色和平组织起诉法国政府违背了谨慎预防原则，因为后者并没有综合考虑科学评估的结果，尤其是潜在风险的问题。10 年后，当上述转基因玉米再次申请许可时，法国于 2008 年 2 月对这一产品的种植颁布了禁令，因为其认为已有新的科

---

① De Sadeleer, N., "Grandeur et servitudes du principe de précaution en matière de sécurité alimentaire et de santé publique," in, Nihoul, P., Mahieu, S., La sécurité alimentaire et la réglementation des OGM, Larcier, 2005, p. 319.

② Commission Decision 98/294/EC of 22 April 1998 concerning the placing on the market of genetically modified maize pursuant to Council Directive 90/220/EEC, Official Journal L 131/32, 5. 5. 98.

③ Case C－236/01, Monsanto Agricoltura Italia（2003）ECR II－8105.

学评估显示该作物对环境产生的影响。尽管欧盟根据欧盟食品安全局的科学意见反对法国的这一禁令，但是理事会认为，成员国有权对个案进行特殊管理，即根据自身的农业或者环境特征采取限制措施，包括禁止转基因作物的种植①。

自欧盟委员会针对疯牛病采取紧急措施以来，谨慎预防原则在食品领域内的运用已经获得了合法认可，进而又在《通用食品法》中作出了明确规定。尽管这一原则的运用缺乏一致性，例如对于上述转基因玉米这一技术风险是否采取行动或者何时行动存在争议。事实上，上文已经提及，就食品安全规制而言，对于行政机构的授权既是必要的也是不可避免的。对此，科学解释不仅为决策提供了客观证据，同时也是确保行政决策合理合法的手段。然而，当信息不充分时，裁量就不可避免②，这意味着公共官员或者监管机构有权在其职责范围内给予决定。面对不确定性时，其本质是行政机构通过裁量确定谨慎预防原则的运用与否。因为这一原因，成员国在运用该原则上的不一致问题其实质是各国由于规制机构的差异存在的规制不确定性，例如各国内利益的差异或者专业文化的差异。

当欧盟委员会和成员国都能各自落实谨慎行动时，谨慎预防原则的应用主要就是公共决策者的事宜，其目的是当事关环境、公共健康等问题出现科学不确定性时，规制国家的规制权力。然而，食品法对于谨慎预防原则的规定并没有清楚说明私人决策者是否可以像公共决策者那样在应对科学不确定性时采取谨慎做法。对于这一问题，有建议认为，所有的决策者都应该考虑其与健康相关活动的危险性，包括对当下和未来人群的安全以及环境安全。为此，除了强调公共机构应该根据谨慎预防原则优先保护健康而不是自由交换时，食品行业中的私人从业者和专业人士也可以适用谨慎预防原则确保安全③。

---

① Council Conclusions on Generically Modified Organisms (GMOs), 2912th Environment Council Meeting, Brussels, December 4, 2008.

② Calvert, R., McCubbins, M., Weingast, B., "A theory of political control and agency discretion", American Journal of Political Science, 33 (3), 1989, p. 589.

③ Galibert, T., Le principe de précaution: du droit de l'environnement au droit de la sécurité des aliment, Mémoire de Université de la Réunion, 2002, pp. 70 - 71.

事实上，无论是公共决策者还是私人，都可以适用谨慎预防原则。对于前者来说，他们同样包括其国内自治地区的公共决策者。例如，当针对餐饮的安全控制倾向于地方化时，地方的主管部门也可以针对疑似风险适用谨慎预防原则[①]。对于后者，企业在信息搜集方面占有优势，例如专业的科学评估，或者来自消费者的信息反馈和内部研究，而这些使得他们可以自行发现疑似风险的存在并通过谨慎行为确保安全，如召回有问题的食品[②]。

尽管究竟谁可以适用谨慎预防原则并没有清楚的界定，但是一旦适用这一原则，将会涉及许多参与者，包括进行风险评估的科学专家，开展风险管理的官员，提供信息、参与交流的私人从业者，或者信息传递中的公共媒体。因此，谨慎预防原则的发展应该考虑到所有人的义务包括违背这一义务时的处罚，从而确保安全第一。例如，对于风险评估中的科学组织，他们有义务以透明和独立的方式开展科学工作，公民应该积极参与决策过程进而保障他们的知情权[③]。

就谨慎预防原则对于赔偿责任的影响，目前有两个方面的内容[④]。一方面，国家可以根据谨慎预防原则采取保护措施，确保公众免受疑似风险的危害。否则，个人在遭受损害时可以通过诉讼进行索赔。在这个方面，谨慎预防原则使得公共决策者有义务采取行动应对科学不确定性，而不作为就构成了申请赔偿中的过失依据[⑤]。另一方面，个人应用谨慎预防原则也涉及民事责任。当私人从业者因为自身风险性的行为而受益时，他有义

---

① Collart Dutilleul, F., Rapport sur le principe de précaution (Report on the precautionary principle), éditions du Conseil National de l'Alimentation (Ministère de l'agriculture), 2001, p. 22.

② Collart Dutilleul, F., Rapport sur le principe de précaution (Report on the precautionary principle), éditions du Conseil National de l'Alimentation (Ministère de l'agriculture), 2001, pp. 24 – 25.

③ Kourilsky, P. and Viney, G., Le principe de precaution (The precautionary principle), Report for the primary minister, October 15, 1999, pp. 28 – 29.

④ Rigal, M., Principle de précaution et responsabilité civile, Groupe CEA, available at: p. 1.

⑤ Fourcher, K., Principe de précaution et risqué sanitaire, Thèse de doctorat en Droit Public, Université de Nantes, sous la Direction du Professeur Helin, J. and Romi, R., 2000, p. 341.

务向这一活动中的受害者进行赔偿，即便他没有过错。但在抗辩损害赔偿责任时，其可以根据发展风险原则予以免责，但应举证说明将食品投入流通时的科学技术水平尚不足以使其发现导致损害的缺陷。

随着谨慎预防原则的发展，其关键的问题即启用谨慎预防原则的条件，欧盟经验已经对科学争议这一科学不确定性的内容作出了说明。此外，当食品安全规制应该考虑安全第一时，所谓的“安全胜于遗憾”的规制理念也肯定了谨慎预防原则在处理食品安全中的必要性，即以前瞻的方式确保安全。尽管实践中依旧存在各种挑战，但应对这些挑战，也为该原则在食品安全规制方面的运用奠定了重要基础。

小　结

诚然，确保食品安全的意义具有多重性，包括保障公民身体健康、确保从业者之间的公平竞争以及食品的自由流通，而后者又能促进经济发展。目前，考虑到食品安全规制已经成为一个典型的风险规制，针对安全保障的决策已经是一项公共决策，为此要平衡不同利益的诉求。而这一关键问题在于如何定位公共利益[①]。风险和安全是相对应的概念，风险规制的意义在于确保公众安全。因此，即便食品安全规制可以满足诸多不同的需要，包括安全保障和经济发展，但是首要考虑的应该是确保公众/消费者的健康。然而，在对安全和经济的考量中，即便强调安全第一也不是为了否定食品安全的经济效益，只是为了强调食品立法的初衷，而就经济而言，还有竞争法、贸易法等予以保障。此外，上述利益的冲突会导致经济保障凌驾于安全保障之上。因此，明确立法的目的是确保法律在面临价值冲突问题时，如何衡量和取舍，进而限制行政机关裁量的任意性。

就风险规制来说，其涉及不同的规制体系如何构建法律和科学之间的关系，以及他们如何影响公众对于以科学为基础的决策信任[②]。然而，当科学意见为针对健康保障的决策提供客观依据时，其他合法因素，包括社会科学家对于风险进行的社会认知评估，也是不可或缺的。因为一方面，决策不仅仅只需要科学基础，还需要考虑民主，其要求保障公众的信息获取和决策参与。对于信息的获取，毫无疑问的是，科学意见可能遭到道德绑架。对于后者，有必要意识到社会价值是不能忽视的。因此，风险规制需要在科学合理性和社会价值之间找到平衡。

---

① Rothstein, H., "The origins of regulatory uncertainty in the UK food safety regime", in, Everson, M. and Vos, E. (ed.), Uncertain Risks Regulated, Routledge-Cavendish, 2009, p. 69.

② Walker, V., A default-logic model of fact-finding for United States regulation of food safety, in, Everson, M. and Vos, E. (ed.), Uncertain risks regulated, Routledge-Cavendish, 2009, p. 127.

对于食品安全规制，风险管理包括决策和执行两个主要的内容，其首先整合了风险评估，以便将反应式的规制方式转变为以科学为基础的前瞻式规制。随后，风险交流的作用是确保风险评估者和风险管理者以及其他相关团体和公众可以参与到管理的过程中。因此，作为一个结构化的体系，风险分析的发展已然受到关注。为了便于实践，各国/地区的经验表明，风险分析的运用要落实以下几个关键点：风险评估和风险管理的分离、通过整合自然科学和社会科学确保风险评估的全面性、通过信息发布和公共参与确保风险交流的透明性。

尽管科学可以为决策提供确定性，但是科学不确定性的存在使得难以对风险进行识别和定性，例如科学难以决定、无知或科学争议。鉴于不作为会导致不可逆转的损害，谨慎预防原则的意义就是确保以通过行动应对科学不确定性，从而以前瞻性的方式处理不可逆转的损害。虽然谨慎预防原则作为环境法的一项原则已经得到各层面的认可，但是其在食品安全保障领域内的运用还是争议不断。例如，尽管也在食品安全规制中表现得谨小慎微，但是美国只是将谨慎作为一种方式，而世界贸易组织下的《实施动植物卫生检疫措施协议》只是将其作为一项例外。

尽管存在这些不同的意见和做法，欧盟还是首开先河将谨慎预防原则确定为食品法的一项原则。通过法院判例和立法规定的完善，欧盟已经确定了谨慎预防原则在运用中的一些关键点。第一，一国有权根据科学依据确定保护水平。第二，在结构化的决策中，风险评估是第一步，其目的是明确科学确定性，但是，当存在科学不确定性时，要通过谨慎行为加以应对，而科学不确定性往往是指科学争议。第三，作为一项弱势形式的原则，谨慎预防原则的运用一方面要根据持续的科学评估进行审议，并遵守比例、一致性等原则的要求。另一方面，作为一个临时性的措施，还需对其进行修订，即根据科学确定性被预防措施取代或者当风险消失时取消这一措施。

第二部分　食品安全控制的协调

对于食品安全的国家干预，1906年的《纯净食品法》说明了其必要性，即防止经济利益驱动下的食品掺假掺杂和错误标识行为[①]。尽管技术进步提高了确保食品安全的能力，但保障食品安全依旧需要国家的干预[②]，为此，应建立官方控制，即由主管部门执行强制性的规制活动，保护消费者并确保生产、处理、仓储、加工和销售等环节中的食品符合以下要求：安全卫生且适宜人类消费，符合法律规定的安全标准且正确加注了标识[③]。

与官方控制相对应，食品从业者也有符合食品安全规制要求的意愿。这一方面是为了遵守有关食品安全的法律要求，以便获得入市资格，例如申请许可或者标注标签；另一方面也是为了避免由于不符合食品安全法律要求所导致的行政和刑事处罚。此外，为了保障自身的经济利益，食品从业者也会提供安全的食品，因为食品安全问题会导致名誉受损，丢失市场份额[④]，严重时，甚至会使得消费者因其提供的缺陷产品而遭受损害，为此可能要承担巨额的经济赔偿。而且，消费者对食品安全的高度关注不仅给主管部门同时也给食品从业者带来了改善食品安全控制的巨大压力。因此，作为一个新的趋势，在过去的三四十年中，确保食品安全的私人控制取得了长足发展，进而使得以政府为中心的控制转向以市场为主导的控

---

① Trexler, N. "Market regulation: confronting industrial agriculture's food safety failures", Widener Law Review, 17 (311), 2011, p. 313.

② Remarks of President Barack Obama, Weekly Address, Saturday, March 14, 2009, Washington, DC, available on the Internet at: http://www.whitehouse.gov/the_press_office/Weekly-Address-President-Barack-Obama-Announces-Key-FDA-Appointments-and-Tougher-F/.

③ WHO, Guideline for strengthening a national food safety programme, WHO/FNU/FOS/96.2, 1996, p. 12.

④ Henson, S. and Hooker, N., "Private sector management of food safety: public regulation and role of private controls", International Food and Agribusiness Management Review, 4 (1), 2001, p. 9.

制，而后者由私人倡导的控制则有多种形式。

随着私人控制的发展，一方面为官方和私人控制的合作提供了机会，从而可以更好地应对日益复杂的食品安全问题；但另一方面私人控制的崛起也同样给官方控制带来了挑战，即如何针对公私控制共存的现状以及食品供应链中诸多利益相关者之间的关联重新分配确保食品安全的责任。因此，食品安全控制的协调应该考虑到由于食品安全问题多发所导致的官方控制和私人控制共存这一现状，并重点强调食品安全人人有责这一关键问题，尤其是食品从业者和主管部门的责任。

第三篇　官方控制和私人控制间的互动

对于组织官方控制，第一步应建立健全食品安全法律，从而为执法提供法律基础，例如官方许可应遵循的程序要求、食品产品和生产过程应符合的食品安全标准等。在这一法律规范体系中，作为基本法，食品法/食品安全法应明确负责执行法律、有效落实各项规定的主管部门。就主管部门的职能而言，有两个重要的内容，即控制管理和检查服务。

控制管理这一职能是指根据授权在全国层面制定政策和执行指南，明确行政框架，以便分配相关主管部门的责任和食品安全的规制活动。随着食品安全立法的集中，控制管理职能也日趋集中，包括成立一个中央的食品机构以便协调、执行官方控制体系所要求的所有活动。然而，由于不同的政治和法律体系，行政框架对于控制管理的责任分配可以采取多部门的方式，也可以采取单一机构的方式，又或者两者皆有的方式。因此，目前主要有三种安排，包括多部门体系、单一部门体系和整合体系①。

执行主要是通过日常的检查服务开展，其是指具有规制或执行权限的机构对食品产品以及涉及原材料、加工和销售的体系进行检查，包括内部过程和最终产品的检测，以便确保它们符合规制要求②。设置这一检查服务的职能是为了对核实合法行为、调查和惩罚违法行为的权力和责任进行分配。诚然，检查工作一般都是在地方上开展，但如何确立中央和地方政府的关系以及设立主管部门都与一国的政治体系相关，例如联邦制国家的中央和地方职能是各自独立的，而单一制国家内两者的关系则是隶属的。为此，如何安排两者之间的合作就非常必要，尽管方式多样化，但都应确保检查的一致性或等同性。

---

① Vapnek, J. and Spreij, M., “Perspectives and guidelines on food legislation, with a new model food law”, the Development Law Service, FAO Legal Office, 2005, p. 13.

② FAO/WHO, Assuring food safety and quality: guidelines for strengthening national food control system, Joint FAO/WHO Publication, 2002, p. 20.

随着食品安全立法的演变，官方控制的方式也应该与时俱进，即从事后的应变机制转变为事前预防式的控制。

官方控制的执行是私人控制符合规制要求的原因所在，但保证食品安全也能为私人带来经济效益，因此，私人也以自己的方式落实食品安全保证体系，例如私人的食品标准。然而，私人食品标准的繁荣并不仅仅是为了保证食品安全，更多的则是为了提升食品质量。

就标准来说，历史发展显示其有两个并行的趋势。一方面，随着工业化而兴起的标准是通过落实一些基本的安全要求方便食品的自由流通。与此对应，另一方面是为了获得非价格竞争的优势而兴起的标准差异化，换言之，就是通过标准使自身产品区别于其他产品。相比较而言，官方控制主要通过标准化克服地区的差异，从而实现协调。在这个方面，世界贸易组织框架下以科学为基础的标准对确保食品安全发挥了重要的作用，因为这些标准对于食品从业者来说都是必须遵守的技术规则。相反，食品从业者更偏好标准的差异化，因为这可以增强他们的比较优势，从而获得更多的市场份额。

如果说食品安全保证有利于实现食品安全要求的标准化，那么食品质量提升则是差异化关注的内容。也就是说，食品安全对于市场准入起着“门票”的作用，而通过差异化或等级化实现的食品质量则是赢得竞争的“武器”。此外，由于生活质量的提升以及可支配收入的增加，消费者对产品的选择也从价格关注转变到了质量关注，尤其是从健康保障和环境保护方面实现增值的食品。因此，对于食品从业者来说，他们最为关心的还是如何提升食品质量。

相比较而言，对于食品从业者来说，食品安全只是食品质量的一个方面。一直以来，他们发展起来的内部控制体系是为了确保食品质量，而食品安全只是这一体系的内在目标之一。然而，随着食品安全事故的多发，不仅主管部门的行政管理活动受到诸多质疑，食品从业者也因为将经济利益置于消费者安全之上的失责而备受指责。因此，随着对食品安全关注度的高涨，私人控制也开始重视保证食品安全，以便回应消费者的担忧以及获得他们的信任。

随着私人食品标准的实质性发展，私人控制在提供更安全、更高质量的食品方面扮演着越来越重要的角色。

第五章　官方控制的改进

由于食品安全法律中的规定不同，尤其是基本食品法的规定，美国、欧盟和中国的官方控制也各不相同，包括控制管理和检查服务中的差别。一般来说，美国的《联邦食品、药品和化妆品法案》规定美国食品药品监督管理局对于跨州贸易中的食品具有官方控制的权限。与此同时，其他的部门和规制机构也会涉及其中，例如美国农业部和环境保护局。相比较而言，美国食品药品监督管理局肩负着食品安全保障的主要职责，因为美国80%的食品控制都在其管辖内。因此，在美国多部门的监管体系中，美国食品药品监督管理局扮演着领导者的角色。对于欧盟，欧盟条约中有关公众健康的条款使得欧盟机构有权组织官方控制。然而，相比成员国在执法检查中就制订国内控制计划的裁量权来说，欧盟机构的权限仅仅只是对成员国的执行情况进行审计。因此，欧盟的官方控制具有层级化的特点，包括成员国的执行和欧盟的审计。而在中国，针对食品安全的官方控制也涉及诸多部门。不同于美国由食品药品监督管理局主导的多部门体系，中国分段监管的多部门体系在中央和地方合作方面显得更为复杂，而这又和中国行政体系中的条块结构相关。

第一节　美国食品药品监督管理局主导的多部门控制体系

当美国联邦政府被赋予食品安全监管的权限后，美国食品药品监督管理局是主要的执行机构，然而，尽管该机构极为重要，但其并不是唯一负责确保食品安全的机构。根据食品安全法律的规定，美国食品药品监督管理局对于确保食品安全的官方控制有两个分离特点。首先，美国食品药品监督管理局的权限不涉及肉类、禽类和蛋产品的监管。因此，为了确保所有食品的安全，美国食品药品监督管理局需要和农业部的食品安全检验局开展合作，而后者负责肉类、禽类和蛋产品的官方控制。此外，美国食品药品监督管理局还要和其他直接或者间接涉及食品安全监管的机构进行合作，如负责监管农药和设立农药残留容忍度的环境保护局。第二，美国食品药品监督管理局对于食品安全监管的工作仅限于州际贸易的范围。也就是说，通过检查服务确保全国范围内的食品安全工作还需要借助州和地方政府的配合。此外，美国食品药品监督管理局一方面在加强规制，另一方面也有放松规制的趋势，其目的是促进自由市场和竞争的发展。

一、美国食品药品监督管理局在联邦层面的官方控制

1906 年被认为是美国食品安全监管集中到联邦层面的转折年。事实上，在那之前，由于州际贸易和国际贸易的发展，美国联邦已经开始对动物源性食品实施监管，尤其是肉产品。例如，19 世纪 60 年代财政部被赋予了对进口动物进行检疫的权限。更重要的是，1884 年美国在农业部下成立了动物行业办公室（Bureau of Animal Industry），其目的是防止患病的动物用于食品的生产。随后，官方要求所有用于出口的活体牛和牛肉都要符合肉产品的检查和认证。当小说《屠场》曝光了肉加工厂内肮脏的卫生条件后，政府颁布了《纯净食品法》和《肉类检查法》，进而确立了联邦政府对于食品安全监管的职权。为了执行这两部法律，当时的农业部将监管职责分别赋予了化学办公室和动物行业办公室，其中，前者是美国食品药品监督管理局的前身，而后者则是食品安全检验局的前身。对于这一分离，美国食品药品监督管理局作为主要的主管部门，有义务与其他联邦机构，包括食品安全检验局一起开展官方控制。

（一）美国食品药品监督管理局官方控制的演变

对于美国确保食品安全的多部门体系，美国食品药品监督管理局是

主导机构，其特点是兼具科研和监管的职能，负责国内生产的以及进口食品、化妆品、药品、生物制品、医疗器械和辐射产品的安全。一开始，美国食品药品监督管理局是命名为化学分部（Division of Chemistry）的科研机构，随后于1901年更名为化学办公室，其主要工作是运用化学方式探查食品的掺假掺杂。作为一个研究机构，它像实验室一样，配备了必要的实验器材，以便针对农业化学开展实践和科学实验[①]。随着1906年《纯净食品法》的实施，化学办公室被赋予了确保食品安全的监管职权。至此，化学办公室成了规制机构。1931年更名为美国食品药品监督管理局之前，化学办公室再次重组为两个独立的机构，包括具有监管职能的食品、药品和杀虫剂行政部（Drug and Insecticide Administration, Food），其后变更为美国食品药品监督管理局；另一个则是化学和土地办公室（Bureau of Chemistry and Soils），负责非监管的工作[②]。在成为独立的食品安全规制机构后，美国食品药品监督管理局的组织特点主要有两个。

第一，作为美国食品药品监督管理局的前身，化学部或化学办公室都隶属农业部门。这样安排的原因是因为该部门下集合了众多兽医学方面的专家，他们有能力识别患病的动物，以便将它们从食品供应链中分离出来。随着美国农业部的扩张，出现了机构内的利益冲突问题，即保障食品安全的监管职责和促进食用农产品生产的职责。鉴于此，美国食品药品监督管理局的上级部门于1940年变更为了联邦安全局（Federal Security Agency），后者于1953年变更为健康、教育和福利部（Department of Health, Education and Welfare），并在1980年重新命名为健康和人类服务部（Department of Health and Human Service）。最后，美国食品药品监督管理局的上级部门是以安全保障为主要职能的机构，其目的就是为了避免利益冲突，即经济发展和健康保障之间的冲突。

第二，在美国食品药品监督管理局的内部组织结构中，负责食品项目

---

① Hutt, P., "A history of government regulation of adulteration and misbranding of food", Food Drug Cosmetic Law Journal, 39, 1984, pp. 2 – 73.

② 袁曙宏，张敬礼：《百年FDA美国药品监管法律框架》，中国医药科技出版社，2007年，第391页。

的是食品安全和应用营养中心（Center for Food Safety and Applied Nutrition），其工作的开展还有赖于与美国食品药品监督管理局食品办公室下的兽药中心以及规制事务办公室内部的食品机构展开合作。然而，尽管美国食品药品监督管理局根据《联邦食品、药品和化妆品法案》具有食品监管的权限，但是食品监管只是其中一个职能，还涉及药品和化妆品的监管。因此，美国食品药品监督管理局的工作不得不在食品、药品和化妆品之间进行分工。最后，当这些职能都在同一时间执行时，美国食品药品监督管理局对于食品安全的工作安排不仅捉襟见肘，而且在药品和食品的工作分配上也存在着不均衡的问题。

美国食品药品监督管理局的组织结构特点说明了它是一个典型的规制机构，该类机构由国会授权，负责分析和管理危害健康、安全和环境的风险。一直以来，1906 年的法律授权非常有限，针对违法的执法行动只能根据确凿的证据开展，如证实食品有掺假掺杂或者错误标识的问题[①]。随着 1938 年法律的确立，美国食品药品监督管理局的权限主要是委托立法和执行两个方面，对于前者，美国食品药品监督管理局为了有效执行《联邦食品、药品和化妆品法案》，可以进一步制定规章。

上述的委托立法变得越来越重要，究其原因有两个方面。第一，行政机构对于日常的行政工作更为熟悉，但这些工作需要一定的专业技术。第二，对于行政机构，有必要将法律要求转变为便于执行的标准。对于这一点，很重要的一点是，美国食品药品监督管理局是一个具有科学研究能力的监管机构，正因为如此，对于需要具有高度技术要求的决策，美国食品药品监督管理局有能力进行决策。对于执行，美国食品药品监督管理局有权开展检查和调查。此外，美国食品药品监督管理局有权开展工厂检查，对于这一检查，企业不得拒绝其进入和检查工作。至此，法律的变更都在不断扩大美国食品药品监督管理局的执行权限。例如，新的《食品安全现代化法案》授予了美国食品药品监督管理局进行强制召回的权限。

对于食品检查，工厂的检查职权是 1938 年的《联邦食品、药品和化

---

① Sullivan, T., "Uniform state laws and the impact of federal amendments", Food, Drug, Cosmetic Law Journal, 14, 1959, p. 168.

妆品法案》授予的，其目的是检查食品生产、加工、包装和储存的卫生情况。尽管食品技术的进步改善了食品生产和制备的卫生条件，但食品生产的集中化使得微生物、化学危害的传播变得更为容易。因此，在生产环节预防危害变得越来越重要。相应的，食品的检查应该考虑食品从业者的参与。例如，食品加工企业应该符合良好生产规范，从事鱼和鱼产品的加工者应该执行有利于确保人类食品安全的预防控制体系，而这一体系已经包含了 HACCP 的七大原则。随着新制定的《食品安全现代化法案》实施，美国食品药品监督管理局有了新的检查措施，包括新的检查权限、对于记录的获取、就实验室的认可制订计划等。

（二）美国食品药品监督管理局和食品安全检验局的合作

许多法律对食品安全监管的职责分配作出了规定。对此，食品安全法律的历史演变已经说明，美国食品安全立法框架中最为重要的法律包括《联邦食品、药品和化妆品法案》，分别针对肉产品、禽产品和蛋类产品的检查法以及其他与食品相关的法律。因此，除了美国食品药品监督管理局和食品安全和检查局之间需要就食品安全的监管工作开展合作，对于其他因为相关的法律规定而享有相应的管辖权的部门和机构也需要与其开展合作。例如，美国食品药品监督管理局和环境保护局就农药的监管开展合作，美国食品药品监督管理局和联邦贸易委员会就涉及食品的广告开展合作。比较而言，对于美国食品药品监督管理局的监管，联邦层面就动物源性食品的监管是最为有效的补充。

同样作为科研机构，动物行业办公室于 20 世纪初期也被授予了执行肉产品检查法的执行权。随着进一步的授权，其分别于 20 世纪 50 年代和 20 世纪 70 年代被授予了禽产品和蛋产品的检查权限。在这一方面，1951 年成立的农业研究服务部（Agricultural Research Service）替代了原先的动物行业办公室和奶业办公室（Bureau of Dairy），负责相关的科研工作。由于肉产品和禽产品的监管各有负责机构，两个职能于 1965 年整合到了动物研究服务部下面的消费者和市场服务部（Consumer and Marketing Service），并于 20 世纪 70 年代进行了重组，并划分到了新成立的动物和植物健康服务部（Animal and Plant Health Service）。随后，1977年成立了食品安全和质量服务部（Food Safety and Quality Service），负责肉产品和禽产品的质量等级和检查服务，而这就是食品安全和检查局的前身。如今，在与美国食品药品监督管理局的配合下，食品安全和检查局负责肉产品和禽产品，而对蛋产品的监管需要两者的合作。

一直以来，食品安全和检查局负责的检查方式主要是感官观察，例如看一下、摸一下或闻一下。随着食品生产方式的转变，食品生产中的污染不再是由那些肉眼可见的危害物造成，而是一些不可视的微生物污染，例如1993年暴发的大肠杆菌导致400起病患，其中更有4人死亡。鉴于此，食品安全检验局引入了以科学为基础的检查体系，从而确保减少肉产品和禽产品中微生物致病菌的数量。相应的，企业应该制定和执行书面的卫生标准执行程序以及HACCP体系，从而提高他们产品的安全性。

在食品的加工过程中，美国食品药品监督管理局负责除肉类、禽类和蛋产品（除了有壳的鸡蛋）之外的其他食品的安全监管。为此，其监管人员应定期访问工厂，并重点监督高风险的食品以及生产技术。作为补充，食品安全检验局负责监管肉类、禽类和蛋产品，其监管人员应到屠宰场和加工企业开展检查，确保相关产品的安全性以及标签的正确性。考虑到检查范围的有限性和微生物污染的激增，尤其是1994年在冰淇淋中发现的沙门氏菌，美国食品药品监督管理局和食品安全检验局于1996年共同发布了有关规章提案的通告，意在收集提高食品安全方式的意见和信息。在此基础上，以科学为基础的HACCP体系被引入食品安全监管，如美国食品药品监督管理局于1997年针对水产品的HACCP要求和食品安全检验局于1997年针对肉类和禽类的HACCP要求。

尽管机构间的合作是必需的，但是由于联邦行政组织机构的复杂性，依旧存在着诸多困难。如就食品安全的监管而言，涉及的法律多达35部，而监管机构有12个。因此，为了提高联邦机构之间的合作政府已经开展了很多工作。例如，1997年的总统食品安全倡议就是为了加强六个部门的合作，包括美国食品药品监督管理局和食品安全检验局，希望借此提高政府内部的协调以及国家食品供应的安全。此外，也有建议指出，应该合并食品安全检验局和美国食品药品监督管理局①，或者在卫生部下面重新建立一个食品安全监管机构，从而更好地保护国家的食品供应②。然而，最新的《食品安全现代化法案》还是选择通过扩大美国食品药品监督管理局的监管权限，而不是建立一个单一机构的方式强化美国食品安全的规制。

二、美国食品药品监督管理局在全国开展的官方控制

作为一个联邦国家，宪法明确规定了联邦政府和州政府之间的权责划分，例如食品在州外和州内的不同监管。就安全问题而言，联邦政府和州政府的合作权限，一方面健康和人类服务部在执行相关法律的时候有权接受州和地方政府的协助；另一方面，健康和人类服务部的秘书处在法律落实的过程中也应该与州和地方政府开展合作，协助后者。对此，尽管美国食品药品监督管理局和美国农业部在确保食品安全方面起着重要的作用，但实际上州和地方政府的监管项目覆盖了80%的食品企业，对食源性疾病开展调查，并就食品的微生物和化学缺陷进行了抽样检查。对此，联邦和州之间的合作有两种形式，包括州际合作和州内合作。

第一，由于联邦资源的有限性，美国食品药品监督管理局对于州际食品检查的权责可以通过合同和伙伴协议的方式委托给州。对此，就州开展的企业检查，美国食品药品监督管理局应进行监督。而州应在其权限范围内开展检查，并将结果提交美国食品药品监督管理局③。

在过去三十多年的时间里，美国食品药品监督管理局通过和州监管机构签订合同的方式开展检查合作。简单来说，就是根据与食品安全相关的联邦法律，如针对饲料、疯牛病、组织残留、奶药等，由州相关的机构开

① Flynn, D., OMB says food agency merger is next, Food Safety News, January 14, 2012, available on the Internet at: http://www. foodsafetynews. com/2012/01/omb-says-food-agency-consolidation-is-next/#. UcgVNztA3zw (last accessed on July 29, 2013).

② Robert Wood Johnson foundation, Keeping America' food safe: a blueprint for fixing the food safety system at the U. S. Department of Health and Human Services, 2009, pp. 10 - 13.

③ Yessian, M. and Greenleaf, J, "FDA oversight of State food firm inspections, a call for greater accountability", OEI's Boston Regional Office, 2000, available on the Internet at: http://www. fda. gov/downloads/ICECI/Inspections/FieldManagementDirectives/ucm056730. pdf, p. 1.

展检查，而费用则由美国食品药品监督管理局支付。对于这有关检查的合同项目，应对被选中的食品生产和加工者开展检查，目的是为了确保其符合《联邦食品、药品、化妆品法案》或者州相关法律或所有这些法律的要求。检查的重点是落实GMP的关键点或者卫生条件的情况以及会导致食品危害健康的操作，尤其是在微生物的环节、缺乏控制的环节以及会使得食品被异物污染，而使其会导致食品污染等环节引入控制。通过合同计划的合作可以说是互补的。一方面，州可以从联邦政府那里获得技术、培训以及更好地熟悉联邦的要求。另一方面，美国食品药品监督管理局也可以扩大企业的检查范围以及将资源分配给其他需要关注的问题。最后，在这一合作方式下的执法能更好地确保执行的统一性。

为了尽可能地利用有限资源保护消费者，美国食品药品监督管理局进一步发展了通过协议确立伙伴机制的工作关系，其特点是相互参与、利益互通并联合联邦、州和地方多个层面的政府机构、教育机构、贸易协会或其他组织。就食品检查来说，伙伴协议是美国食品药品监督管理局近几年才开始开展起来的项目。不同于合同项目，美国食品药品监督管理局和州监管机构根据伙伴协议开展的合作是没有联邦经费的。

第二，州内的食品检查主要是由州和地方政府开展，而美国食品药品监督管理局只是通过合作项目协助前者，其方式也是通过一种伙伴协议来确立美国食品药品监督管理局和州监管部门的合作事宜。为了构建这一美国食品药品监督管理局和州的伙伴关系，美国食品药品监督管理局和某一国家会议之间正式的协议是谅解备忘录，该会议联合了各级政府机构、食品行业、学术界和消费者组织的所有代表，从而具体解决食品问题。

目前，有三个这样的国家会议，包括食品保护会议、州际牛奶船运国家会议和州际海鲜卫生国家会议。相应的，他们各自处理三类不同的食品问题，包括零售业食品保护项目、牛奶安全项目和全国海鲜卫生项目。以零售业为例，对于餐饮、零售店、食堂等的许可和检查主要是由州、地方、地区和部落机构负责。为了构建伙伴关系，美国食品药品监督管理局于1993年和食品保护会议签订了意在提升零售环节食品安全的协议。为此，美国食品药品监督管理局的作用包括确立美国食品药品监督管理局食品法典，其主要由一系列针对不同食物的烹饪时间、温度、冰箱温度、储存要求等标准组成，此外还包括向州和地方政府提供危机处理和灾难管理培训等内容。

三、美国食品药品监督管理局的放松规制

尽管美国食品药品监督管理局在全国的执法有助于确保跨州食品供应链的安全，但是放松规制的趋势也一直是美国食品药品监督管理局所关注的内容。由于规制会给企业造成大量监管成本，因此放松规制意味着减少或者去除政府对于商业的控制，从而通过自由市场和竞争方便跨国企业能更好地在国际市场上掌握霸权，从而应对不断发展的国际经济、工业化和自动化。对于放松规制，除了企业一直有反对美国食品药品监督管理局的监管，一些地方上的小农也反对美国食品药品监督管理局的监管，其目的是为了实现对行业的自我管理。

（一）食品行业要求放松规制

从食品行业的角度来看，有关放松规制的要求是针对不同食品进行的，包括膳食补充剂和转基因物质。

在食品领域，膳食补充剂于 20 世纪 70 年代面世。其被定义为用于膳食补充而含有一种或多种膳食成分的产品，例如维生素、矿物质、药草或其他生物、氨基酸等。从法律意义上来说，膳食补充剂既不同于药品也不同于食品。尽管其具有预防疾病的功效，但是膳食补充剂并不是药品。然而，它的形式又主要是药丸、粉状等，因此与传统意义上的食品，如水果或肉类也不相同。但最后它还是被归类为食品。值得一提的是，膳食补充剂与食品添加剂也被区分开来。

正因为如此，膳食补充剂的入市并不需要事前的安全评估，而只要符合信息标识以及营养相关的声明要求，即健康声明就能直接入市。尽管新的膳食补充剂应告知美国食品药品监督管理局，但这是指一个信息通告的过程而不是申请许可。对于监管这一特殊的食品，美国食品药品监督管理局已经就膳食补充剂的生产规定了良好生产规范，并对健康声明规定了权

威性的说明方式。

国会通过的《膳食补充剂健康和教育法》进一步推动了膳食补充剂的发展，而这一法律出台的原因是为了通过减少规制，从而便于公众更好地利用膳食补充剂，而这类食品鲜有安全问题。因此，这部法律并没有强化美国食品药品监督管理局的监管权限，而是限制了美国食品药品监督管理局对于膳食补充剂的监管。除了不需要入市前的许可，美国食品药品监督管理局如果出于安全的考虑而限制某一膳食补充剂的销售，其就负有举证责任，即提供证据说明这一限制的合理性。值得一提的是，这一放松规制的成功在于，膳食补充剂行业对于相关部门的游说努力。此外，食品行业对于规制的反对也是因为，其认为饮食更多的是个人责任以及崇尚这一方面的自由选择。

20 世纪 70 年代快速发展的生物技术给监管带来新的挑战，对此，监管理念是既要在健康和环境方面确保足够的安全，又要为这一新生产业的发展提供灵活的监管。因此，根据生物技术获得的产品被认为与传统基因改良技术获得的产品具有相似或一致的特点，而无须特别立法对这一新技术进行监管。也就是说，在已经成型的监管框架内，即有特定规制机构规制某一类产品的模式对监管这一新技术已经足够了。对此，进一步确立了生物技术监管的合作框架，以便重新定义监管要求和跨机构之间的科学合作机制。

此外，生物技术监管方面确立了四个原则，包括：(1) 规制的关键是产品而不是过程；(2) 各规制机构应在其法律规定范围内最大限度地减少规制负担；(3) 规制应与技术的快速发展相适应；(4) 规制应采用绩效评估，即设定安全边缘或容忍值而不是具体的确保守法的控制。

就转基因食品来说，鉴于其收益和风险并存，其规制具有很大的不确定性，而其中最大的难题就是针对转基因食品的规制是否有必要区别于传统食品的规制。基于上述背景，美国食品药品监督管理局对于转基因食品的监管无须有别于其他传统食品的监管。为了实现这一目标，美国食品药品监督管理局最后在其针对来源于新植物品种食品的政策说明中确立了针对转基因食品监管的法律战略。从食品产品或化学物质的角度来说，转基因食品的监管可以通过食品掺假掺杂条款、食品添加剂条款以及一般被认为安全的物质（GRAS）条例来实施监管。在这三个条款中，美国食品药品监督管理局认为转基因食品属于GRAS一类，除非个别案例中存在不同的情况。因此，转基因食品不需要申请入市许可。基于这一点，食品掺假掺杂条款依旧是美国食品药品监督管理局监管转基因食品的主要手段，即当基因修饰导致食品中出现额外的成分且有害于健康时，该食品就是掺假掺杂的。根据这一规制方式，生产者有责任对新食品进行安全评估并确保其符合安全的要求，如果有安全问题，可以通过咨询美国食品药品监督管理局的科学家解决上述问题。否则，如果美国食品药品监督管理局在入市后的检查中发现上述产品存在安全问题，那么生产者就要承担相应的责任。此外，考虑到并没有信息表明来自生物技术的食品区别于传统植物育种而来的食品，因此美国食品药品监督管理局也没有要求转基因食品通过标识的方式披露信息。

就联邦政府对于基因技术的政策酝酿来看，需要着重指出的一点是，在20世纪80年代以及90年代早期，整个规制的环境是以放松规制以赢取国际竞争为背景。事实上，规制机构希望对于这一新的技术实施谨慎规制，因为他们自身的研究并没有科学界那么深入，因此无法处理一些当时看似紧要的问题。然而，这一做法与当时对于减少企业负担放松规制的承诺不相符合。因此，最后是由白宫的竞争委员会负责最为关键的决定，包括上述的四个原则。相应的，在减少对生物技术规制影响的过程中，经济和政治对于规制机构的影响也都是不容忽视的，包括美国食品药品监督管理局最后对转基因食品确立的法律战略①。

（二）地方直接销售的放松规制

为了便于比较，本书将政治体系简化为中央和地方两个层面，例如美国的联邦政府和州政府、欧盟机构和成员国以及中国的中央政府和地方政府。然而，这一纵向的划分在实际中的情况更为复杂，尤其是当体系涉及城市和乡村一级的自治时。例如，美国除了联邦和州层面，也有州内的地

① 这一领域的立法改进可进一步参见第一章第一节有关最新立法动态的论述。

方政府，包括都市和乡村两个层级。尽管联邦和州政府对于食品安全的干涉是为了确保公众健康，但是其对地方经济以及消费者选择的影响已经引起了一些地方以“粮食主权（food sovereignty）”为由的地方运动，其目的就是为了放松规制。

由于被排除在全球食品体系之外且面临着饥饿的威胁，粮食主权的意义在于明确小农在农业方面的自我决定权。一如Nyéléni有关粮食主权的声明，粮食主权是人民通过生态可持续的方式生产和获取健康食物的权利，这一权利使得他们可以自行决定其食品和农业体系。鉴于此，2011年美国具有深远影响的食品安全故事中，其中一个就是地方以粮食主权为主题的运动，其目的在于推动取代联邦或州对地方食品安全干预的自治体系。

在上述活动中，一些地方通过立法确立了地方自治。例如，考虑到联邦和州规制干预到了地方的食品生产，缅因州的许多城镇在Sedgwick的领导下，在当年3月制定了《保护健康和地方食品体系完整的指令》，对于仅仅在生产者或加工者之间的交易或者食品生产仅供自家消费的经营者，免除了他们申请许可和接受检查的义务。不同于缅因州农业部门“等待-观望”的方式，密歇根州2011年在《新乡村食品法》中规定，村里的食品生产者如果在其自家厨房生产或包装没有潜在危害的食品，可以免除密歇根对于许可和检查的要求义务，但食品的消费仅限于家庭、农村市场、路边摊位、城市农业集市、村集市以及城市庆典、节日或展会等。然而，这些产品需要有标签说明他们是在自家厨房生产的且不接受密歇根州农业部检查。在联邦层面，Tester修订案也建议《食品安全现代化法案》免除小食品生产者对于遵守美国食品药品监督管理局监管的义务。相应的，农场可以免于联邦的检查，例如，每年食品销售货值小于5万美元。然而，从食品安全保障的角度来说，这一地方化可能会造成公众健康保障和农民商业自由及消费者自由选择之间的冲突，尤其是在直接由农场向消费者供应的直销模式中。一方面，食品销售主要是通过私人合同，其在许可和安全规则方面不受官方控制。因此，如果不符合官方要求的食品安全标准，那么就可能会导致健康风险。以鲜奶为例，饮用未经巴氏消毒的鲜奶会导致健康风险。因此，州际贸易中销售鲜奶的行为是被美国食品药品监督管理局禁止的，而在州内销售鲜奶也需要向州申请许可。否则，直接销售鲜奶可构成轻微的刑事罪。另一方面，消费者对于安全的认知与官方控制需要实现的安全标准会有所不同，且从农场向消费者直销的实践也变得越来越多。

事实上，直销的发展作为替代性的商业有助于实现食品的多样性，因此对于农场和消费者来说都是有益的。但由此而来的问题是官方控制需要面临一定的挑战，尤其是在一定区域内发展的直销，要重新平衡食品安全和食品质量，如确保食品的多样性、政府干预和小农自由或自治以及消费者的自由选择等。

第二节　欧盟多层级的控制体系

鉴于欧盟食品安全立法的演变，食品安全规制在欧盟层面已经实现了一定程度的集中，而规制的目标也已经从内部市场建设转移到了公众健康的保障上。在立法层面，这一变化主要是通过以法规的形式制定《通用食品法》，从而为欧盟确保公共健康和消费者利益提供法律基础。而对于官方控制，欧盟委员会也提出了以一个全新的方式加强食品安全的监管，这一方式主要有三种定位，包括通过风险评估确立官方控制的优先性，采用“从农场到餐桌”的全程式监管和通过审计评估国家执法情况。为了实现上述目标，欧盟层面以单一机构的形式成立了欧盟食品安全局，由其负责有关科学合作的事宜。此外，为了便于集中化管理，还重组了与食品相关的欧盟委员会总局并建立了食品和兽医办公室（Food and Veterinary Office，FVO），从而强化欧盟层面的官方控制。

根据欧盟《官方控制法规》[①]，官方控制是指主管部门为核查食品法及动物卫生和动物福利规定的合规情况而实施的任何形式的监管活动。对

① Regulation (EC) No 882/2004 of the European Parliament and of the Council of 29 April 2004 on official controls performed to ensure the verification of compliance with feed and food law, animal health and animal welfare rules, Official Journal L 165/1, 30. 4. 2004, Article 2 (1).

于确保食品安全，不同的利益相关者都有着各自的职责，包括食品从业者、国家主管部门和欧盟委员会。因此，他们的相互合作构成了欧盟多层级的控制体系。相对于食品从业者的自我规制，官方控制包含了两个层级，第一层级是由国家主管部门开展的官方控制，其目的是确保食品从业者符合食品法律的要求，如卫生规则；第二个层级是由欧盟开展的官方控制，其目的是对国家的官方控制开展审计，从而确保后者确实在其国家范围内履行欧盟的法规、指令。

尽管美国的官方控制也具有两级的层级特点，但其联邦政府和州政府开展的官方控制是平行的关系，其区别是，前者负责州际贸易内的食品安全工作，而后者负责州内的相关工作。相比较而言，欧盟的官方控制中的层级关系是纵向安排，但是欧盟设立的主管部门——食品和兽医办公室，并不是控制者而是审计者。因此，欧盟的食品安全规则还是由成员国的主管部门执行，欧盟的角色仅仅只是监督前者的履行情况。为了确保独立性、客观性、等同性和有效性，欧盟委员会和成员国都改进了官方控制方式。

一、欧盟层面的官方控制

一如上文所述，欧盟层面通过重组欧盟委员会的一些相关总局以及建立食品和兽医办公室强化了官方控制。其中，总局的一些重组是为了避免利益冲突并着重突出公众健康保护，而食品和兽医办公室则是为了审计成员国的官方控制，并确保相关检查的等同性。

（一）欧盟层面的机构重组

对于欧盟的机构，欧盟委员会负责日常的管理，包括落实欧盟政策、执行欧盟法律。为了履行这一职责，其内部又设置了一些被称为总局（Directorate-General，DG）的部门和服务机构分别负责不同的职能。一直以来，食品监管涉及多个目标，包括共同农业政策、内部市场建设和公众健康保护。因此，第三行业总局、第六农业总局和第二十四消费者保护总局都涉及食品监管的职能。相比而言，第三总局和第六总局在食品领域内非常强势，而第二十四总局则较为弱势，其结果就是，欧盟在执行相关政策和法律时以经济发展为优先目标。然而，疯牛病危机的爆发反映出了这一组织结构在安全保障方面存在的问题，即部门之间的责任推诿和无法开展联合行动。为了解决这一问题，欧盟决定将公众健康保护相关的权能整合在一个独立的监管机构内，为此，第二十四总局进行了重组并由其单独负责消费者保护的事宜。

就内部的机构设置来说，所有与食品安全相关的职能都被整合到了第二十四总局。由于其他的总局，包括第三总局和第六总局都在职能的履行中涉及经济利益，因此，第二十四总局的整合有利于通过欧盟的单一机构负责食品安全，从而避免利益冲突。在这个方面，原本由农业总司负责的欧盟兽药和植物卫生检疫控制办公室也被划分到了第二十四总局，并由其负责在成员国和第三国开展工厂内的检查。目前，该机构已经更名为食品和兽医办公室。此外，第二十四总局也更名为消费者政策和消费者健康保护总局（即前文提及的 SANTE），其主要工作包括确保欧盟内销售的食品和消费产品符合安全标准，欧盟内部市场的运作使消费者从中收益，以及欧盟致力于提升和保护公民健康。

作为开展官方控制的主管部门，欧盟食品和兽医办公室通过审计、检查以及相关的活动执行以下任务，包括欧盟内以及向欧盟出口的第三国对欧盟食品安全和质量、动物健康和福利以及植物健康法律的遵守情况，协助发展欧盟政策和有效的针对食品安全、动物健康和福利以及植物健康控制体系、告知利益相关者审计和检查的结果。随着欧盟《官方控制法规》的执行，控制体系的框架已经建立健全。值得一提的是，欧盟的食品和兽医办公室并不是一个规制机构，因为其并不直接执行欧盟有关食品安全的法律要求，而是对成员国的执行情况进行审计。

对于食品安全相关决策，食品供应链和动物健康常设委员会起着关键的作用，并协助欧盟委员会的相关工作。其成员由成员国的代表以及欧盟委员会的代表构成，根据欧盟的委员会体系，该委员会是一个规制性的委员会，这意味着，在欧盟范围内执行相关措施时，他们具有监管责任。然而，疯牛病的相关调查报告指出，政府机构管理无效的一个问题就是欧盟的委员会体系缺乏透明性，因此无法在理事会、欧盟委员会和相关常设委员会之间进行有效的责任分配。鉴于此，食品供应链和动物健康常设委员会在重组后取代了原先的食品常设委员会和其他相关的一些常设委员会，其目的就是能够以更为简单、告知性的规制程序履行其执行权力。

（二）欧盟通过食品和兽医办公室开展的审计

一般来说，官方控制的目的是为了确保遵守欧盟法律的有效性。尽管成员国和欧盟委员会都有确保这一有效性的职责，即通过检查以及考虑客观证据查看某一具体的要求是否得到执行，但他们开展的工作方式不相同。与成员国在其内部开展的官方检查相比，欧盟委员会仅仅只是派遣专家进行一般或特别的审计，即通过系统、独立的检查，确定成员国的活动和结果是否符合先前制订的计划，以及这些计划是否有效地得以实施，且达到了一定的目的。对此，国家的控制计划为欧盟委员会开展审计工作提供了依据。

根据《官方控制法规》，每一个成员国都要制订多年的控制计划，包括官方控制体系的框架和组织信息，尤其是这一计划的战略性目标和控制的优先性，以及如何通过资源分配反映这些目标，此外，还涉及相关活动的风险定性。在执行中，计划可以根据新执行的法律、新出现的疾病或其他监控风险进行修订。特别需要指出的是，国家控制计划的修订应该考虑到欧盟控制审计的结果。

除了控制计划，成员国还应针对控制计划的修订、官方控制的结果、在执行跨年控制计划一年后发现的不履行案件的类型和数量向欧盟委员会提交一份报告。这一要求同样适用于欧盟委员会，其需要在考虑国家每年报告、自身官方控制结果的基础上总结官方控制的总体情况。为此，它要向欧盟议会和理事会进行陈述并向公众公开这些内容。

欧盟委员会的审计是查验成员国开展的官方控制是否符合跨年国家控制计划和欧盟相关的法律。为此，欧盟委员会也需要执行年度控制计划，并将其告知成员国。在审计过程中，成员国应该提供协助，从而促进确认工作的有效性，而就如何改善官方控制的意见也要告知成员国。在遇到成员国不符合要求执行的情况时，食品和兽医办公室可以采取两种处罚措施，包括先前诉讼和保障措施。

二、成员国层面的官方控制

在吸取疯牛病危机的教训后，许多成员国都重新整改了他们的控制体系，以便强化食品安全的保障工作。尽管《通用食品法》对此作出了基本规定，但是成员国依旧有权组织自己的控制体系，包括针对违法行为的处罚力度，但前提是，这些处罚应该具有有效性、比例性和惩戒性，且能执行食品法律的规定以及监督和确保食品供应中的从业者符合相关规定。为了确保成员国官方控制的等同性，也需要对协调作出一些规定。

（一）成员国的官方控制

为了开展官方控制，控制体系的一个环节就是设立主管部门。由于政治体系和法律体系的差异，成员国的组织安排也有不同，有的成员国采用单一体系，也有成员国采用多部门体系。

在疯牛病危机中，英国涉及的农业、渔业和食品部（Ministry of Agriculture Fisheries and Food，MAFF）主要负责保障农业生产者的利益以及相关的行业利益。此外，它也有责任保护公众免受由于农产品所导致的健康风险。然而，前者的责任使得该机构在处理疯牛病危机时盲目乐观，认为疯牛病并不会构成健康风险，如果采取过多监管则会损害行业利益。为了改变监管中的利益冲突，2001 年设立的独立食品标准局接管了原农业和健康部的职责，由其为英国涉及食品安全、食品标准以及重要营养问题的政策提供咨询。将公众健康作为首要目标，这一独立的机构一方面负责起草和建议政府部门在其管辖内的立法工作，另一方面也要监督地方机构的官方控制。为此，它可以就执行设立标准，并在执行失败的情况下直接采取行动。根据由食品标准局和国家农业部及地方农业机构，如苏格兰农业部门食品和乡村总局等准备的近年国家控制计划，食品标准局就确保法律执行方面起着重要的作用，因为它是英国主要的食品法部门，且与地方和海港健康部门保持着密切联系。食品标准局并不是一个规制机构，而是具有咨询和执行权力的公共机构，其通过健康部门直接向议会负责。由于其在咨询方面所具有的独立性，如果部委没有采纳它所提出的意见，则应说明理由。而这一咨询独立性不仅确保了公众利益，同时也对立法和执行起着重要的监督作用。

爱尔兰食品安全局成立于1998年，作为一个独立的机构，其目的在于确保在爱尔兰生产、流通和销售的食品符合最高的食品安全标准以及食品安全相关立法的要求。相比较而言，这是一个规制机构，其可以开展官方控制，并支持农业部和卫生部有关食品政策和立法的工作。在与农业部的配合下，由其制定了现行的跨年国家控制计划，时间从2012年1月1日至2016年12月31日。相应的，爱尔兰食品安全局作为主管部门全权负责食品法在爱尔兰的执行。为此，它可以和官方机构签订合同，监督他们的工作并向主管部门报告。

同样的，法国也设立了独立的机构——国家食品、环境和工作安全局，负责食品安全的风险评估。作为一个科学机构，其成立的目的在于确保风险评估和风险管理的分离。就风险管理来说，法国的模式是多部门体系。其中，农业部下面的食品总局负责食品的安全和质量、动物的健康和福利以及植物的保护和健康。作为官方控制的执行手段，食品总局针对食品污染执行了多项监测和控制计划，并对所有食品供应链体系中的场所开展控制。此外，竞争、消费和反欺诈总局也对其他食品和流通及消费环境开展了官方控制，健康总局负责饮用水的质量控制。

近年来，食品和兽医办公室每年都开展250多次审计，其中70%与食品安全相关。食品和兽医办公室的报告不仅反映了主管部门如何落实控制体系，同时也是修正问题的手段。以英国为例，2009年在根据英国跨年国家计划开展的审计中发现，尽管一些确保HACCP体系的程序已经落实，但是一些案例中的官方控制和核实工作无法有效发现HACCP体系中的问题，例如缺乏关键控制点和关键限制。对于食品和兽医办公室就此对卫生要求提出的建议，2011年11月28日至12月9日针对屠宰和加工鱼肉开展的审计中发现有主管部门落实的以HACCP体系为基础的程序已经完全到位。

（二）有关官方控制的协调框架

尽管各成员国对官方控制的组织安排都不尽相同，但还是通过一些基本规则的设定对成员国的官方控制进行了协调，从而确保主管部门的设置可以避免利益冲突，在实验室、有经验的工作人员、适宜的器材、足够的法律权限、控制计划和食品从业人员的合作下开展有效和适宜的官方控制。

此外，为了协调欧盟的官方控制，有关食品安全的白皮书建议，通过以下三方面的安排改善欧盟层面的执行情况。第一个方面是在欧盟层面设定执行标准，由成员国的主管部门执行。而这些标准是食品和兽医办公室在对成员国开展审计时的参照标准，从而确保审计工作的一致性和完整性。第二个方面是制订欧盟的控制指导。这些指导可以促进现有成员国的战略，明确风险预防的优先目的和最有效的控制程序。欧盟战略应该以全面、整合的方式实施这些控制。而这些指南也为制订执行记录系统、控制行动结果以及设定表现参数提供意见。第三个方面是发展和实施控制体系时促进行政合作，包括成员国之间通过整合和执行现有法律框架的互相协助。此外，上述合作也包括诸如培训、信息交流、长期战略考量等方式。通过《官方控制法规》，上述这些要素都得到了进一步的明确。

对于第一个方面，成员国层面开展官方控制的工作应采用适宜的控制方法和技术，包括监测、监督、核查、审计、检查、抽样和分析。对于每一种方法和技术，应该明确各自的定义。例如，检查是指对饲料、食品、动物健康和动物福利开展检查，目的是确保他们符合饲料和食品法以及动物健康和动物福利的规则；监督是指通过对一个或多个饲料或食品行业、饲料或食品从业者以及他们的活动开展仔细观察。

对于第二个方面，欧盟委员会应该根据委员会程序制定控制指南，其中，食品供应链和动物福利常设委员会应协助欧盟委员会的工作。这一指南包含了 HACCP 原则执行信息，饲料和食品从业者为了落实法律要求的管理体系以及确保饲料和食品在生物、物理和化学方面的安全性的信息。例如，欧盟委员会针对国家的控制计划制定了指南，从而可以促进统一、综合和整合的方式开展官方控制。

对于第三个方面，相关成员国对于跨国开展的官方控制应该提供协助。为此，有四种不同的行政协助和合作。（1）成员国可以设立一个或多个联络点，从而便于和其他成员国的交流。（2）成员国应该根据其他成员国的合理要求提供信息和文件，而这些信息和文件可以为其他成员国在核查手法情况方面提供信息。（3）当存在不执行的情况时，即便其他成员国没有提出要求，成员国也可以提供信息。在这种情况下，收到信息的成员国应该就涉及的问题开展调查并将调查结果告知成员国。（4）对于违法的情况，目的地成员国应该和始发成员国取得联系，由后者调查涉及的问题并告知前者调查的结果。此外，行政协助和合作也包括来自第三国的信息以及欧盟委员会的协调。

作为补充，欧盟的《官方控制法规》已于2015年进行了修订。其中，2013年爆发的马肉风波使得欧盟意识到：除了不得误导消费者的原则性要求，欧盟层面并没有针对食品欺诈的规制框架。相应的，在既有针对食品安全的规制框架下，也存在着如下问题，包括各国应对食品欺诈的监管部门组织情形不一、欧盟层面监管人员有关食品欺诈监管能力缺失、行政部门和业已意识到食品欺诈犯罪的欧洲刑警合作不足，等等①。为此，就欧盟的官方控制而言，第2017/625号新法规在原有安全和质量官方控制的基础上，进一步纳入了针对食品欺诈的监管。其内容包括要求基于风险分级对欺诈行为进行日常检查，且不予事先通知；刑事处罚应当与欺诈的预期经济收益过罚相当；成立针对食品链真实性和完整性的欧盟基准机构，为官方控制的有限性提供技术和研究支持②。

第三节　中国分段监管的控制体系

在中国，食品安全规制的发展主要有三个阶段。第一个阶段是1949—

① European parliament, Draft report on the food crisis, fraud in the food chain and the control thereof (2013/2091 (INI)), October 8 2013, p. 3－4.

② 相关说明可以参见：http：//europa. eu/rapid/press-release_ MEMO－17－611_ en. htm.

1978年。在这一阶段，主要是针对食品卫生有一些相关的立法。第二个阶段是1979—2003年。在这期间，针对食品，制定并修订了一些重要的法规，例如《食品卫生法》《产品质量法》《农产品质量安全法》等。这些法律的制定以及适用都是针对食品供应链的某一个环节，因此形成了以分段监管为特色的官方控制体系。自此，通过明确涉及主管部门的职能以及相互之间的合作和协调，无论是政府有关部门制定的行政规章还是最终出台的《食品安全法》都肯定了这种分段监管的控制体系。在最近一次的行政机构改革中，国家食品药品监管管理总局的食品安全监管角色得到了强化，其目的在于减少官方控制中的碎片化。就中央政府中的主管部门的改革而言，其不仅影响着地方食品检查的落实，同时为了确保食品安全，地方政府的责任也进一步得到了强化。

一、从分段监管到中国式FDA主导的多部门控制体系

尽管针对多部门体系的争议不断，2009年出台的《食品安全法》在主管部门的结构设置上还是保留了分段监管的模式，但是为了加强各主管部门之间的合作，该法律进一步强化了卫生部门和食品安全委员会在协调和合作方面的作用。鉴于依旧持续不断出现的食品安全问题，2013年的行政机构改革通过对食品药品监督管理局的调整整合了食品生产、流通和消费环节的官方控制，即由升级后的食品药品监管管理总局作为单一的机构负责上述环节的食品安全监管职责。作为中国特色，中国针对食品安全的官方控制与其说是相关法律规定的落实，不如说是一定背景下进行行政机构改革的结果。

（一）多部门监管体制

在食品安全立法的章节中已经提过，就食品安全的监管而言，涉及的主管部门主要有五个。以食品供应链为基础，它们分别是：初级生产阶段的农业部、生产和进出口环节的质量监督检疫总局、流通环节的工商总局和食品餐饮环节的食品药品监督管理局。（1）农业部主要负责初级生产环节的官方控制。由于农业部在风险评估制度以及针对有关的规章制定、标

准设定和执行等风险管理中的独立职能，可以说，中国食用农产品和其他食品产品之的不同管理构成了食品安全监管双重体系。（2）质量监督检验检疫总局一方面要负责有关食品生产环节的官方控制，另一方面也要负责进出口食品的官方控制。为了实现上述目标，该主管部门主要由两个机构构成，分别为负责国内质检的国家质量技术监督局和负责进出口检验、检疫的国家出入境检验检疫局。在执行中，主要由各省市的质量技术监督部门负责生产环节的质量技术监督。此外，中国各省市也有 31 个进出口的出入境检验检疫部门针对进出口食品进行检查和检疫。（3）工商总局主要负责食品流通环节的官方控制。根据《产品质量法》，最初是由质量监督局负责对加工食品的检查。自从 2001 年工商总局改革后，有关流通领域内的食品检查就由后者负责。（4）食品药品监督管理局在 2008 年改革后，成为卫生部的一个内设部分，负责食品餐饮的监督检查工作。

然而，在实际的官方控制中，涉及食品安全管理的部门有十多个。就同一个监管环节而言，其不仅涉及负责执行的主管部门，同时还涉及一个负责统筹规划的行业主管部门。以生产和流通环节为例：在生产环节，除了负责监督管理工作的质量监督总局，还涉及工业和信息化部对于食品行业的管理。作为行业主管部门，其主要职责是制定食品行业的规划和产业政策。在流通环节，行业主管部门是商务部统筹流通行业。就食品流通而言，它可以制定食品行业和产业规划。此外，它还可以根据《生猪屠宰管理条例》[①] 负责全国生猪屠宰的行业管理工作以及根据《酒类流通管理办法》负责全国酒类流通的监督管理工作。

（二）合作和协调的强化

为了提升多部门分段管理的水平，有关合作和协调的工作主要由卫生部和食品安全委员会负责。

作为领导机构，卫生部承担食品安全综合协调职责，负责食品安全风

---

① 根据第十二届全国人大一次会议表决通过的《国务院机构改革和职能转变方案》要求，生猪定点屠宰监督管理职责已由商务部划入农业部，包括起草相关法律法规草案，制定配套规章、规范；制定行业发展规划；负责行业统计；负责屠宰环节质量安全监督管理，组织开展监督检查、技术鉴定等活动。

险评估、食品安全标准制定、食品安全信息公布、食品检验机构的资质认定条件和检验规范的制定以及组织查处食品安全重大事故①。

该体制的合作和协调工作，除了具有加强卫生部的领导作用之外，2009年的《食品安全法》还设立了食品安全委员会。该委员会于2010年正式成立，之后设立国务院食品安全办公室，作为该委员会的办事机构，具体承担委员会的日常工作。其主要职责包括组织开展重大食品安全问题的调查研究，推动健全协调联动机制，督促检查国务院有关部门和省级人民政府履行食品安全监管职责，并负责考核评价等。为了避免卫生部和该食品安全委员会在协调和合作工作上的重复作业，原本由卫生部负责的食品安全综合协调、牵头组织食品安全重大事故调查、统一发布重大食品安全信息等三项职责被划入国务院食品安全办。这些努力显示了中国政府加强食品安全规制的决心，尤其是在国务院层面设立这样一个负责综合协调的机构，但是实际情况却没有预期的那样卓有成效。

（三）中国食品药品监督管理局的强化

上文已提过，国家食品药品监督管理局的几次改革都是为了通过加强各主管部门之间的合作和协调，从而改善分段监管体制的问题。从其命名可以看出，该机构创建的初衷是为了效仿美国食品药品监督管理局，加强食品和药品的监督管理。但是，作为一个副部级机构，其缺乏足够的权威对其他正部级的机构发布命令。在2008年的大部制改革中被编入卫生部之后，其仅仅负责食品餐饮的监督管理。而在2013年的机构改革中，再一次进行机构重组，成为现在正部级的食品药品监督管理总局，其整合了国务院食品安全委员会办公室的职责、国家质量监督检验检疫总局的生产环节食品安全监督管理的职责、国家工商行政管理总局的流通环节食品安全监督管理的职责、国家食品药品监督管理局食品餐饮环节的食品安全监督管理的职责。此外，将工商行政管理、质量技术监督部门相应的食品安

---

① 随着食品药品监督管理总局的成立，有关重大食品安全事故应急处理、食品安全检验机构资质认定条件和制定检验规范的范围、食品安全信息公布的职能都由原卫生部划入了新成立的总局。参见《国务院办公厅印发关于国家食品药品监督管理总局主要职责内设机构和人员编制规定的通知》，国发办［2013］24号。

全监督管理队伍和检验检测机构划转食品药品监督管理部门，保留国务院食品安全委员会。国家食品药品监督管理总局加挂国务院食品安全委员会办公室牌子，不再保留国家食品药品监督管理局和单设的国务院食品安全委员会办公室。

二、监督管理体系的调整

当行政机构改革导致食品安全主管部门的机构重组时，同样的，对于在地方上具体开展食品安全的监督管理也会产生影响。此外，就地方食品安全保障而言，地方政府也可以根据地区内的实际情况，创新食品安全的监督管理体系。

（一）行政机构改革背景下的食品检查

就中国的行政管理体制而言，一个重要的特征就是条块结合，以块为主，分级管理。其中，所谓的“条”是指从中央到地方的垂直系统。在这一系统中，地区的主管部门仅受命于上级主管部门。也就是说，其任务以及完成该任务的所有资源都来自上级部门的分配。该系统的设计是为了避免地方政府对于上述任务的干涉。相比较而言，“块”则是指各级地方政府的横向系统。在该系统中，主管部门面临着双重领导。一方面，要接受上级领导的专业指导，另一方面又需要听命于地方政府。而这意味着，在接受上级任务分配的同时，需要从地方政府那里获取落实该任务的人力、物力和财力资源。这一系统存在的问题是，无法避免地方政府对上述任务的干预，而其干预的目的可能是将地方政府所追求的目的置于中央政府所设定的目标之前。考虑到中央和地方的权限划分，主管部门的设置可以在上述两种模式中进行选择。

鉴于地方政府将经济发展的目标置于安全保障之上，有关安全的监管权有必要在中央进行统一。因此，于 1998 年组建的工商部门采取了垂直管理的模式，以便确保该部门在地方的行政执法活动免受地方政府的干扰。国家质量监督检验检疫总局也同样采用了垂直管理的模式。为了提升食品安全的控制，尤其是加强地方政府落实《食品安全法》规定的食品安全保障职责，针对工商、质监提出了取消垂直管理回归地方分级管理的要求。事实上，根据《食品安全法》，县级以上地方政府统一负责、领导、组织、协调本行政区域的食品安全监督管理工作，建立健全食品安全全程监督管理的工作机制，统一领导、指挥食品安全突发事件应对工作，完善、落实食品安全监督管理责任制，对食品安全监管管理部门进行评议、考核。为了实现这一目的，地方政府有权根据《食品安全法》以及国务院相关的行政规章在考虑本地区的具体情况后，确立其管辖内主管部门及其相应的职权和职责。

（二）地方政府的食品安全监督管理组织

事实上，由地方政府加强食品安全的监督管理是很有必要的。因为由于经济发展水平的不同，各个地方的食品安全问题也会有所差异。此外，有关监督管理的放权也能更好地促使地方政府利用有限的资源制定适合自身条件的监督管理体制。考虑到分段监管中存在的问题，尤其是职责划分中的重叠和缺失，有关食品安全监管体系的构建都应重视建立健全食品安全综合协调机制。在实践中，一些地方政府都已经在考虑自身特点之余建立以加强合作和协调为主要内容的地方食品安全监管体制。随着中央食品安全监管体系的整合和机构的重置以及《食品安全法》对于地方属地责任的要求，地方政府也根据2013年由国务院发布的《国务院关于地方改革完善食品药品监督管理体制的指导意见》启动了地方食品安全监管体制的改革。然而，各地改革所选择的模式多种多样，有专门设置食品药品监管局，有将食药监管局、质监局、工商局等“三合一”或“四合一”以组建综合性的市场监管局，且进度也参差不齐。因此，2014年发布的《关于进一步加强食品药品监管体系建设有关事项的通知》指出，应抓紧完成地方各级食品药品监管机构组建工作，加强基层监管执法和技术力量，健全食品药品风险预警、检验检测、产品追溯等技术支撑体系，确保各级食品药品监管机构有足够力量和资源有效履行职责。

就地方实务而言，随着“多合一”的市场监督管理局和“一家管”的食药监督管理局共存局面的形成，地方食药监管改革的方向成为眼下争议的焦点。其中，所谓的“多合一”就是通过横向整合工商、质检、食药监等部门来组建市场监督管理局。在天津模式的示范下，浙江、福建、辽宁等多个省市在不同层面推进了该综合模式的适用。且在近两年的地方机构改革中，采用综合模式进行改革的越来越多。值得肯定的是，“多合一”的综合式改革有助于办公环境的改善、基层监管所的扩张和执法信息化的提升。然而，在监管力量加强的同时，该综合模式也存在着一些弊端，包括工商市场定位、质检质量定位和食药监安全定位的价值冲突。其中，市场定位意味着监管的优先性在于消除贸易的壁垒，以确保产品的自由流通，如针对市场许可的简政放权并通过事中事后的监管确保生产经营企业的合规性。质量的定位在于既打击假冒伪劣产品，也推崇特产优质产品，后者需要借助更多的私人创新来实现质量的差异化和等级化。相比较而言，上述两者监管的主要目的在于为经济的发展提供有序的市场环境。然而，安全的定位意味着安全至上，即当保障公众健康安全和促进经济发展产生冲突时，确保经济发展的利益不会凌驾于安全保障之上。在这个方面，疯牛病危机带来的惨痛教训在于由一个部门同时保障经济发展和保护公众健康时，不可避免的利益冲突可能导向市场定位，而不是安全定位。例如现在对于网络食品销售的新业态管理，是应鼓励创新、丰富食品种类及其消费形式，还是加强安全审查，就存在监管中是市场导向，还是安全导向的冲突。相应的，存在的第二个弊端就是各类产品的市场管理、质量促进和安全保障也由于多重任务而限制了可用于食品监管的资源，尤其是市场许可、商事登记、各类执法等任务层层下压后，基层执法不可避免地遭遇了人员少而任务多的矛盾局面。此外，尽管源于工商系统的执法人员、设备和办公条件充实了基础执法的力量，但知识与经验的欠缺也进一步削弱了监管的专业性。由此可见，市场监管改革所倡导的“1+1+1 大于3”依旧是一个问题而非结论①。

对于地方上的官方控制，欧盟是通过审计的方式对成员国负责落实的官方控制进行检查，确保各成员国食品安全保障的等效性。而中国对于地

① 对于这一问题的探讨，可进一步参考：孙娟娟：《食品安全监管体系何去何从急需“一锤定音”》，《中国商报》2016 年 9 月 12 日，法治周刊版。

方政府的食品安全监督管理则是通过绩效考核的方式，确保食品安全控制的有效性。为了确保食品安全，有关食品安全保障的绩效已经成为考核某一官员任期内表现的一个重要指标。相较于经济发展所取得的成绩，这一考核指标的制定在于确保这些地方官员不会牺牲其他利益来实现经济发展，尤其是通过食品安全保障工作优先保护公众健康的目的。

第六章　私人食品安全控制的兴起

与主管部门相比，食品从业者更了解自身的食品生产情况以及这一过程存在的风险。因此，就食品安全保证而言，私人控制能在风险应对方面制定更为具体和更适宜的规则。此外，在应对不断变化的全球贸易方面，私人控制也比官方控制更具灵活性①。鉴于此，随着食品贸易全球化的发展，私人控制的兴起和繁荣不仅给传统的官方控制带来了挑战，同时也为调整官方控制提供了新的契机，从而通过提升两者的合作规制进一步保障食品安全。就合作而言，私人的自我规制（Self-Regulation）通过建立内部质量管理体系保证食品安全的优势已经得到官方的认可，为此，两者这个方面的合作已经促成一种新的规制模式，即所谓的“强制型自我规制”（Enforced Self-Regulation）。与此同时，零售商要求供应商在落实私人食品标准环节进行第三方认证的模式也日渐发展成为一种新的私人控制模式，即“标准-认证-认可”三位一体的私人规制（Tripartite Standards Regime）②，其控制效果与官方控制相当，俨然已经构成了一种双轨制。

第一节　强制型自我规制

就食品而言，食品从业者的主要关注点是通过食品质量的不同特性实

---

① Henson, S., “The Role of Public and Private Standards in Regulating International Food Markets”, Paper prepared for the IATRC Summer Symposium Food regulation and trade: Institutional framework, concepts of analysis and empirical evidence, Bonn, Germany, 2006, p. 14.

② Busch, L., “Quasi-state? The unexpected risk of private food law”, in, van der Meulen, B. (ed.), Private Food Law, governing food chains through contract law, self-regulation, private standards, audits and certification schemes, Wageningen Academic Publishers, 2011, p. 62.

现食品的多样化。然而，出于规制和经济的考虑，他们也同样会关注食品安全，尤其是消费者在一连串食品安全事故后对于食品安全的高度需求。在这个方面，由食品生产者倡导，食品从业者可以通过建立内部的质量管理体系来落实自我规制，从而使他们可以自行管理生产方式。作为食品行业快速发展的先锋，尤其是食品生产的规模化和集中化，美国企业从 20 世纪 60 年代开始兴起自我规制，其初衷是为了生产出最高品质的产品①。

由于食品供应链的变化，传统官方控制在食品安全保障方面越来越显得心有余而力不足，主要表现在两个方面。第一，就食品供应链的变化而言，其异质性使得官方控制难以作出相应的调整。相反，私人控制则可以更好地应对他们自身生产的特点②。例如，食品供应链各有特点，操作方式的不同意味着其存在的健康危害也各有差异。尽管官方控制可以根据风险等级的划分以不同的频率开展检查工作，但是食品从业者可以针对自身环节的特征，通过建立相应的管理体系预防这一阶段将会发生的风险。因此，相比官方的检查人员，食品企业的安全经理能更好地以预防性方式对上述操作作出管理。第二，私人规制能更好地弥补官方控制在财政和职能上的不足③。就财政而言，公共财政的不足使得监管部门无法对数量众多的食品生产和加工环节开展有效的检查。随着技术的不断进步，食品行业经济迅速发展，技术更新也更快捷，当食品从业者可以更快地适应这些变化时，官方控制的应对则需要一个相对漫长的规则制定程序，以至于难以及时应对上述环境中出现的风险。

正因为如此，私人控制在食品安全保证方面所呈现的优势日渐得到官方的认可。相比较而言，传统的“命令–控制”模式的官方控制要求食品从业者落实具体的法律规则，而自我规制则使得食品从业者具有一定的灵活性，进而可以自行决定适合自己生产特点的食品安全控制体系。例如，

---

① Hall, R., “Self-regulation in the food industry”, Food, Drug, Cosmetic Law Journal, 19, 1964, p. 653.

② Braithwaite, J., “Enforced self-regulation: a new strategy for corporate crime control”, Michigan Law Review, 80, 1982, p. 1469.

③ Leon Guzman, M., L’obligation d’auto-contrôle des entreprises en droit européen de la sécurité alimentaire (The obligation of self-regulation of companies in the Eurepean food law), Instituto de Investigation en Derecho Alimentario, 2011, pp. 52 – 70.

在立法改革后，欧盟在其食品安全规制中引入了企业的自我规制，其目的就是确保企业有一定的灵活性，从而通过自身建立的安全体系确保食品安全。根据欧盟机构之间的一份协议，欧盟所谓的自我规制是规制机制的一种替代方式，意味着经济从业者、社会合作者、非政府组织和协会可以在他们之间达成共同指导，尤其是良好规范或者部门间的协议[①]。通过这些实践，强制型自我规制在食品行业内的实施情况可以通过良好生产规范（GMP）与危害分析和关键控制点体系（HACCP）这两个例子来阐述。

一、基于质量管理体系的自我规制发展

有关质量的管理并不是现代的新发明，在古代中国已经有一些质量管理的思想[②]。然而，我们现在所知的质量管理体系是工业革命的产物，与工厂体系的发展密切相关。如今，对私人而言，质量管理体系已经是其确保和提升质量的必要且有效手段。具体到食品生产领域，食品相关的质量管理体系也已经有所发展，包括国际标准化组织 ISO 在这一方面的贡献，而食品安全业已成为其重点关注的目标。

（一）质量管理体系

当工厂成为主要的生产方式，弗雷德里克·温斯洛·泰勒提出了科学管理的理念，意在通过操作职能的专业化进一步提升工作的效率和生产力。其中，质量检查作为一个单独的操作环节，其目的是为了检查出低于标准的产品。就质量管理而言，对最终产品的检查只能防止低于标准的产品进入市场，却无法在生产环节确保质量。而随着批量生产的发展，上述这种着眼于事后的检查方式已经越来越缺乏效益。因此，沃特·阿曼德·休哈特针对生产评估和质量提升提出了质量控制和统计方式，而所谓的统计质量控制就是为了在生产阶段预防不合格的产品[③]。然而，直到第二次

---

① European Parliament, Council, Commission: Interinstitutional Agreement on Better Law-making, 2003, Official Journal of the European Union C321/01, December 31, 2003, point 22.

② 李攀:《浅谈中国古代质量管理》,《现代企业》2011 年第 8 期，第 24—25 页。

③ Shewhart, W., Economic Control of Quality of Manufactured Product, American Society for Quality Control, 1980.

世界大战结束之后，由于工业生产规模化的快速发展，这一思想才受到重视。武器工厂最先使用这一方法，而后，许多工业企业也纷纷效仿，并获得了成功。鉴于科学技术的进步，工业生产的快速发展对质量保障提出了更高的要求。由此，针对质量管理进一步提出了“系统工程”的概念，这意味着在企业内部通过更多环节的融合，从而实现综合的质量管理。也就是说，质量管理体系的目的在于协助企业管理他们的操作，并通过一个整合的方式确保企业可以持续实现既定的产品和过程标准①。为了实现这一目标，全面质量管理在20世纪50年代开始流行，而这也是现今私营部门中落实质量管理体系的基础所在。

根据全面质量管理体系，质量管理的概念是通过确定和管理一些活动，从而实现组织的质量目标②。在这个方面，作为全面质量管理的领军人物，约瑟夫·朱兰在20世纪50年代就提出：质量有许多不同的意义，但是关键的一点是，能够满足消费者需求并使他们获得满意且远离不足的产品特性③。而为了实现质量保障，应该有一系列的管理过程，即通过一系列的活动确保预期结果的实现。就这一过程而言，主要涉及质量计划、质量控制和质量改进三个内容，而这就是著名的“朱兰三部曲”。其中，质量控制的目的在于管理质量，通过一个统一的管理过程确保稳定性，预防相反的变化并保持现状。而要实现这一目标，也需要对实际的表现进行评估，并与既定的目标进行比较，一旦出现差异就需要通过行动加以修正。值得一提的是，尽管这一体系广泛适用于不同的国家或不同的生产环节，但其“过程检查-纠正偏差”这一理念是以过程保障质量的基础所在，而这也是HACCP体系的原则之一。

标准是落实质量管理体系的基础，而这里所谓的标准，是指以持续的方式确保质量的过程。鉴于此，私人从业者可以确立这些标准，并根据执

---

① ISO/IEC Information Center, About standardization and conformity assessment, available on the Internet at: http://www.standardsinfo.net/info/aboutstd.html.

② Charantimath, P., Total Quality Management, Dorlling Kindersely (India) Pvt. Ltd, 2006, p. 1.

③ Juran, J. and Blanton, G. (ed.), Juran's quality handbook, Fifth Edition, 1999, pp. 2.1 - 2.2.

行的收益-成本分析、风险管理目标、比较优势以及获益情况落实一个具体的质量管理体系[1]。考虑到这些意义，食品生产者也通过借鉴其他行业的经验开始落实适合食品生产的质量管理体系。从20世纪80年代后期开始，出现了许多质量管理体系和标准，例如针对产品质量的ISO9000质量管理体系、针对食品安全的HACCP体系等。作为针对过程的私人食品标准，食品从业者可以自行选择是否实施这些质量管理体系。然而，对于标准落实的合格评定，需要借助认证的方式，对此，既可以是第三方认证的自愿落实，也可以是政府强制的认证。就自愿认证的行为而言，其有助于企业的食品促销，而一些国际认可的质量管理体系还可以帮助其打开国际市场。至于政府强制落实的认证，则是官方控制中鉴于科学技术的进步和食品和生产方式的转变对质量管理体系作出认可的规制反应。

（二）国际标准化组织ISO的质量管理体系

随着国际贸易的发展，消费者对于安全和高质量的产品需求日益高涨，相应的，质量保证成了远距离交易的关键所在。鉴于官方控制所采取的技术规则和标准会对国际贸易构成技术壁垒，许多国际层面的工作都着眼于确保国际食品贸易的自由流通。例如，1980年《关税和贸易总协定》的缔约国之间签订的有关贸易技术壁垒的内容，这就是《技术性贸易壁垒协议》的前身。除了协调官方控制方面的努力，食品从业者也针对安全、质量和技术等制定国际食品标准。正因为如此，20世纪90年代后期出现了许多标准制定机构[2]。综合来说，国际标准化的运动始于1865年签订的《国际电信公约》。根据这一公约，成立了国际电信联盟。此外，考虑到电力的内在危害，必须有安全规则，而电力使用也有赖于全国范围内的电网架构，为此，1906年成立了国际电工委员会。

---

① Caswell, J., et al., "How quality management metasystems are affecting the food industry", Review of Agricultural Economics, 20 (2), 1998, p. 549.

② Busch, L., "Quasi-state? The unexpected risk of private food law", in, van der Meulen, B. (ed.), Private Food Law, governing food chains through contract law, self-regulation, private standards, audits and certification schemes, Wageningen Academic Publishers, 2011, p. 59.

至此，除了电信和电工之外的国际标准化则都由国际标准化组织 ISO 负责。

国际标准化组织 ISO 制定的标准都是非强制性的国际标准。作为一个非政府组织，其由成员国的国家标准机构和技术委员会构成。国际标准化组织 ISO 制定的标准反映了两个层面的一致性，即市场从业者之间的协商一致和国家之间的协商一致①。正因为如此，从一定程度上来说，国际标准化组织 ISO 制定的标准有别于私人标准，因为它们同样需要符合国际认可的标准制定原则，例如《技术性贸易壁垒协议》下有关标准准备、制定和执行的良好操作规范②。此外，除了食品从业者，政府部门也会采用国际标准化组织 ISO 制定的标准强化官方控制。以食品标准为例，在 19 000 多条 ISO 标准中，与食品相关的有 1 000 多条。除了针对产品和过程的标准，其中的质量管理体系标准对食品来说至关重要，包括 ISO9000 质量管理标准体系和 ISO22000 的国际标准体系。

ISO9000 质量管理标准体系包括 ISO9000 基础和术语、ISO9001 质量管理体系、ISO9004 质量管理体系-业绩改进指南，其是确保质量管理体系效率和效益的基础③。一开始，在英国军工产品的生产中，针对过程而不是产品实施的文件记录和记录保存促进了对产品质量的保障。结果，有关质量检查的任务从消费者转嫁到了供应商的身上，而其需要通过第三方的认证确保该质量保证工作。从军工产品发展到其他产品，英国 BS5750 标准成为了一个普遍适用的标准，以便说明工业产品的质量保证情况④。根据这一标准，第一版的 ISO9000 制定于 1987 年，其后经过多次修改，包括 1994 年的版本、2000 年的版本和 2008 年的版本。相比较而言，最大的改进在于 2000 年的版本，其修订的意义是强调过程管理的重要性，而 2008 年的版本意在协调该质量体系标准与其他 ISO 标准的关系。如今，

---

① ISO, "International standards and 'private standards'", February, 2010, p. 5.

② ISO/IEC Information Center, WTO, ISO, IEC and world trade, available on the Internet at: http: //www. standardsinfo. net/info/inttrade. html.

③ ISO, Selection and use of the ISO 9000 family of standards, 2009, pp. 1 - 3, available on the Internet at: http: //www. iso. org/iso/iso_ 9000_ selection_ and_ use - 2009. pdf.

④ The British Assessment Bureau, The history of ISO 9000, available on the Internet at: http: //www. british-assessment. co. uk/articles/history-of-iso-9000. htm.

根据关注消费者需求和采用过程方式等原则，ISO9000 质量管理标准体系已发展成为普遍适用的标准，其中就包括食品行业。

由于 ISO9000 质量管理标准体系并不仅仅针对食品行业，因此，许多国家又针对食品安全管理体系制定了标准。鉴于这些国家标准所带来的混乱，国际层面进一步推进这一方面的协调工作，其成果就包括制定于 2005 年的 ISO22000 的国际标准体系。着眼于食品安全，该标准体系的主要内容是明确食品安全管理体系的要求，以便使其适用于食品供应链中所有的组织，进而帮助他们确认和控制食品安全危害。作为一个标准体系，举例来说，ISO22000：2005 主要是针对食品安全管理的总指导，ISO22000：2007 是针对饲料和食品生产的追溯。与其他管理体系共存，例如，ISO9001 质量管理体系、ISO22000 标准体系既可以与其他管理体系一并使用也可以单独使用[①]。ISO22000 标准体系要求企业不仅要考虑消费者的满意度，同时也要考虑有关食品安全的规制要求[②]。就食品安全而言，该标准体系明确了两个关键性的因素与确保食品安全相关。第一，考虑到食品安全问题主要是危害所致的健康风险，而这一危害可能出现在整个食品供应链的任何一个环节，因此，该标准强调上游和下游的各组织应该保持沟通。这意味着，明确了食品安全的保障是一个共享的责任，且离不开各个环节的共同努力[③]。第二，意识到危害分析是该食品安全管理体系中的关键，该标准体系也一并考虑了 HACCP 的原则，明确其可以和其他一些预备项目共同使用。

二、强制型自我规制：从 GMP 到 HACCP 的转变

就 GMP 的实施而言，这是一个在药品监管中由官方控制和私人自我规制实现合作的典型例子：即在私人落实质量管理体系的基础上由官方控

---

① Faegemand, J. and Jespersen, D., ISO 22000 to ensure integrity of food supply chain, ISO Insider, 2004, p. 21.

② Surak, J., Comparison of ISO 9001 and ISO 22000, available on the Internet at: http://foodsqm.files.wordpress.com/2007/11/comparison_of_iso_9001_and_iso_22000.pdf.

③ Faegemand, J. and Jespersen, D., ISO 22000 to ensure integrity of food supply chain, ISO Insider, 2004, p. 22.

制作进一步的确认。该合作模式所取得的成功使 GMP 不仅被用于药品监管，同时也扩展到了食品监管。相比之下，HACCP 则是专门针对保障食品安全制定的质量管理体系。

(一) GMP 的落实

回顾历史，美国落实 GMP 的最初原因也是为了应对药品安全事故。1941 年，由于磺胺噻唑（sulfathiazole）中的安定（phenobarbital）污染导致近百人的患病和死亡①。鉴于工厂生产环节的问题，美国食品药品监督管理局彻底改变了生产和质量控制的要求，这一措施促成了 GMP 的发展②。然而，直到 20 世纪 60 年代新的药品安全问题（反应停事件）发生，美国食品药品监督管理局才于 1963 年落实有关 GMP 的规则。根据 1963 年发布的首部针对药品的 GMP 规则③，对于生产、加工、包装或持有药品时所使用的设备或控制方式，在确认其是否符合当下能够确保落实《联邦食品、药品和化妆品法案》有关药品要求的 GMP 时，应遵循针对工厂、设备、人员、成分、记录、生产和控制程序、包装和标识、实验室控制等方面的官方标准。随着科技的发展，GMP 的适用范围不断扩大。例如，1978 年，对于 GMP 的规定作了大量的修订以便使其适应现代化的要求④。就 GMP 的适用而言，需要重点指出的是：GMP 具有灵活性，且只规定最低要求。对此，生产者可以自行决定符合这些最低要求甚至超过这些最低要求的必要措施。就其现代化的发展而言，有必要提到的是术语“cGMP”，即“current GMP”，往往取代了“GMP”，以便强调企业应该考虑当下的情况，及时更新技术和管理体系，从而符合相关的规定。作为美国食品药品监督管理局的强制要求，如果药品的生产不符合“cGMP”

---

① Swann, J., “The 1941 Sulfathiazole disaster and the birth of Good Manufacturing Practices”, Pharmacy in history, 41 (1), 1999, pp. 16 – 25.

② Immel, B., “A brief history of the GMPs for Pharmaceuticals”, Pharmaceutical Technology, July, 2001, p. 46.

③ See, Drugs: Current Good Manufacturing Practice in Manufacture, Processing, Packing or Holding, Federal Register, Part 133, 28 FR 6385, 20 June 1963.

④ FDA, cGMP Regulations in the Federal Register, available on the Internet at: http://www.fda.gov/Drugs/DevelopmentApprovalProcess/Manufacturing/ucm206756.htm.

的要求，则被认定为掺假产品[①]。

对GMP在药品规制领域内的应用发展，世界卫生组织发挥了重要的推动作用，其于1967年起草了第一份GMP的指南。通过若干次的修改，2011年，世界卫生组织的技术报告961（附录3）就GMP在药品管理中的运用原则进行了总结。根据这一报告，为了消除可能发生的污染，应对人员、厂房、设备等制定高水平的卫生要求。对于落实GMP，世界卫生组织就投诉、产品召回、人员、培训等事项制定了原则[②]。相应的，对于产品的质量保证，其不仅要求根据最后的规格检测最终产品，同时也要求产品生产程序和条件在每时每刻都要保持一致。而要实现这一目标，针对生产过程的质量控制对于GMP的法规或者指南而言都是非常关键的，例如抽样、记录抽样过程等操作。根据世界卫生组织的定义，GMP是指作为质量保证的一部分，其目的是确保产品的生产和控制始终可以符合反映该产品使用目的的质量标准以及市场授权[③]。根据世界卫生组织这一指南，GMP作为系统且全面的质量保证措施，可以适用于所有涉及健康保障工作的组织，例如实验室、生产企业和诊所等[④]。在实践中，已经有100多个国家直接使用世界卫生组织所制定的GMP要求，而不是制定其自身的GMP要求[⑤]。

食品的生产过程同样与公众的健康保障息息相关，也可以适用GMP要求。以美国为例[⑥]，1938年的《联邦食品、药品和化妆品法案》针对食品生产制定了卫生条件的要求。然而，其对追究违法责任的规定却含糊不

---

① FDA：Facts about Current Good Manufacturing Practices（cGMP），available on the Internet at：http：//www. fda. gov/Drugs/DevelopmentApprovalProcess/Manufacturing/ucm169105. htm.

② WHO Technical Report Series，No. 961，WHO Expert Committee on Specification for Pharmaceutical Preparations，forty-fifth report，2011，Annex 3.

③ WHO，A WHO guide to good manufacturing practice（GMP）requirements，WHO/VSQ/97. 01，1997，pp. 6－7.

④ Jha，P. K.，et al.，"Entropy in good manufacturing system：tool for quality assurance"，European Journal of Operational Research，221，2011，p. 658.

⑤ Willig，S. H.，Good Manufacturing Practices for pharmaceuticals：A plan for total quality control from manufacturer to consumer，fifth edition，this edition published in the Taylor & Francis e-library，2005，p. 389.

⑥ FDA，Good Manufacturing Practices（GMPs）for the 21st century- food process，august 9. 2004，available on the Internet at：http：//www. fda. gov/Food/GuidanceComplianceRegulatoryInformation/CurrentGoodManufacturingPracticesCGMPs/ucm110877. htm.

清，因此，法院建议美国食品药品监督管理局可以就确保清洁的生产制定更为具体的卫生要求。在此期间，美国食品药品监督管理局本身已经开始着手准备食品规制领域内的 GMP 要求并于 1969 年正式落实。鉴于该 GMP 的相关要求并不涉及具体的细节规定，食品企业并没有就美国食品药品监督管理局这一制定实体性规章的行为提出管辖权的异议[①]。为了确保该 GMP 的实用性，美国食品药品监督管理局对其进行了多次修订。例如，在 70 年代中晚期，美国食品药品监督管理局在该原则性的 GMP 基础上，进一步制定了适用于不同企业的 GMP。此外，美国食品药品监督管理局又在 1986 年进一步将细化的规定重新整合成一般性的规定[②]。而除了针对一般食品的 GMP，也有针对膳食补充剂和奶制品的 GMP。根据美国的经验，有关 GMP 的应用既可以由主管部门强制要求，也可以由企业根据相关的指南自行落实。此外，欧盟也将 GMP 的落实扩展到了食品接触物质的生产中[③]。然而，就 GMP 的运用而言，其主要应对的还是药品规制，而不是针对食品安全设计的。比较而言，HACCP 体系则是专门针对食品安全的管理体系。

（二）HACCP 体系的应用

HACCP 体系的最初设想是为了确保航空食品可以百分百地杜绝微生物污染，由美国皮尔斯伯利（Pillsbury）公司与美国国家航空航天局（NASA）等共同努力设计而来。根据食品从业者的经验，美国食品药品监督管理局于 1973 年[④]针对低酸罐头食品企业[⑤]设计了一个试点计划，即对该行业进行随机的 HACCP 审计。然而，由于对 HACCP 缺乏明确的定

---

① Dunkelberger, E., "The statutory basis for the FDA's food safety assurance programs: From GMP, to emergency permit control, to HACCP", Food and Drug Law Journal, 50, 1995, p. 362.

② Federal Register 51. 1986. Part 110 — Current Good Manufacturing Practice in Manufacturing, Packing, or Holding Human Food. Federal Register 51. June 19.

③ Commission Regulation (EC) No 2023/2006 of December 2006 on good manufacturing practice for materials and articles intended to come into contact with food.

④ Corlett, D., HACCP user's manual, First Edition, Springer, 1998, p. 3.

⑤ FDA. gov, Regulation on acidified and low-acid canned foods, 21CFR 108, 21CFR110, 21CFR 113, and 21CFR 114.

义，该管理体系并没有受到食品企业的关注，而其应用也仅仅局限于罐头食品的生产。作为一项规制计划，该体系所关注的是控制点是否得到有效的监测，而不是考虑是否针对出现的问题设置纠正偏差的措施①。直到80年代中期，该体系才因为美国科学委员会在其绿皮书中的推荐而开始受到重视，并日渐成为食品安全规制的基础②。

鉴于HACCP在预防食源性疾病方面的作用，世界卫生组织再一次在HACCP体系的推广和协调中起到了积极的作用③。综合来说，世界卫生组织早在20世纪70年代初就对HACCP体系的适用开展了地区性的研讨，例如就HACCP方法对于食品安全的保障作用，世界卫生组织在1972年于阿根廷开展了一次技术讨论。随后，在1975年的大会上，世界卫生组织的食品卫生微生物专家委员会提到HACCP，建议通过落实该体系确保食品安全。在随后的持续努力中，世界粮农组织和世界卫生组织的共同食品安全专家委员会于1983年进一步建议以HACCP体系替代只对最终产品进行检测的传统监管方式。在这所有的努力中，最值得一提的是1993年由世界卫生组织负责的第一份有关HACCP的全球性的标准，即食品法典委员会针对HACCP体系适用的指南，其重要作用在于对HACCP体系的应用方式进行了国际协调④。

在上述发展过程中，有关HACCP的版本也几经修订。几个重要的版本包括下列三次。第一，美国食品微生物标准的咨询委员会于1989年制定的版本，其主要贡献是统一了相关的概念，明确了HACCP的七项原则，从而便利了其在食品行业和主管部门监管中的应用。第二，为了适应食品卫生法典委员会针对HACCP的文件，由美国食品微生物标准的咨询委员会改进的1982年版本对HACCP适用中的七条原则进行了完善，在此

① Bernard, D., "Developing and implementing HACCP in the USA", Food Control, 9 (2-3), 1998, pp. 91-92.

② McKinnon, M., "The why and how of federal food inspection", Food, Drug, Cosmetic Law Journal, 10, 1955, p. 2451.

③ Motarjemi, Y., et al., "Importance of HACCP for public health and development, the role of the World Health Organization", Food Control, 7 (2), 1996, pp. 77-78.

④ WHO, Hazard analysis critical control point system: concept and application, Report of a WHO Consultation with the participation of FAO, 29-31, May, 1995, p. 1.

基础上的 1992 年版本成为美国食品药品监督管理局和美国食品安全检验局制定相关规章的主要基础。第三，食品法典委员会针对 HACCP 体系的运用标准正式确立于 1997 年。作为一项国际标准，其对国际层面和国家层面运用该原则都产生了重大影响。例如，根据 1997 年的版本，美国制定于 1992 年的版本也作出了相应的修订。

就 HACCP 的应用而言，其最初只有三项原则。在随后的修订中，这些原则增至了七项，包括：(1) 进行危害分析； (2) 确定关键控制点；(3) 确定关键控制限度；(4) 监控每一个关键控制点；(5) 针对出现偏差的情况，确定应采取的纠正措施；(6) 就确认 HACCP 体系是否有效运用确定核实的程序；(7) 针对所有上述的步骤制订记录体系并记录这些原则和他们的落实情况①。

以生产控制而不是最终产品为目标，这些原则可以确保食品从业者在确定危害和关键控制点方面掌握一定的灵活性，从而确保他们在符合安全水平的同时可以根据其自身生产线的特点确定上述的内容。也就是说，HACCP 的原则是食品从业者建立 HACCP 体系的基础，而安全水平的设定仍然是主管部门的责任，因此，有关是否达到要求的安全水平，依旧需要主管部门的官方控制加以确认。以 HACCP 体系为基础的自我规制并不取代官方控制，而基于前者的自我规制，官方控制有必要作出一定的调整，以便为前者的落实提供可能性。就这一目标而言，有必要就 HACCP 体系在运用和执行中的一些职能加以界定。因为只有清楚地界定这些职能，才能明确应该完成哪些任务、如何完成这些任务以及由谁在什么时候负责②。

根据 HACCP 体系的食品法典委员会指南，这些统一表述包括以下几点。(1) HACCP 的计划，根据 HACCP 原则准备的文件从而确保对危害的控制，这对于食品供应链中每一环节的安全保障来说是极为重要的。(2) 监测，针对控制参数进行一系列的观察和衡量，从而评估关键控制点

---

① CAC, Recommended international code of practice general principle of food hygiene, CAC/RCP 1-1969, Rev. 4-2003, 2003.

② Schothorst, M., "Introduction to auditing, certification and inspection", Food Control, 9 (2-3), 1998, p. 127.

是否得到有效的控制。(3)有效性,根据原则4,食品从业者应该确定监测体系,从而确保关键控制点得到有效控制,且在出现偏差的时候得到及时纠正。为了确定上述预期目标是否能够实现[①],应确保这一体系的有效性。为此,可以由HACCP的研究小组或者某一审计人员或检查人员负责确认这一有效性。而有效性确认后所得的结果可以证实HACCP计划是否得到有效执行。(4)核实,当食品从业者落实HACCP体系后,核实的目的在于确认该体系是否得到正确的执行。核实的结果可以用于进一步完善HACCP体系的落实或者用于认证。(5)审计,审计是对HACCP计划的落实进行系统且独立的检查,确保该计划制订的准确性、落实的有效性和在安全目标实现上的适宜性。审计由外部人员进行,例如官方检查人员或第三方认证机构。

鉴于世界卫生组织对于HACCP体系的倡导,欧盟也开始在20世纪90年代通过运用HACCP体系落实食品安全规制。在经过食品安全相关立法的改革后,尤其是卫生立法的整合,HACCP体系的运用得到了进一步的强化。而这一实践可以被视为落实HACCP体系的范本。根据《通用食品法》的规定,食品从业者承担保证食品安全的首要责任,为此,卫生法规进一步规定,食品从业者应通过落实以HACCP原则为基础的安全体系确保食品安全,包括一些良好的卫生规范。需要重点指出的是,强调食品从业者的首要责任并不意味着要取代主管部门的监管责任,也就是说,成员国开展的官方控制在确保食品从业者落实食品法律要求方面还是有其必要性的。但需要注意的是,卫生法规的灵活性体现在以下几个方面。第一,与其他操作环节不同,卫生法规对初级生产环节作出了例外规定,要求成员国鼓励这一环节的从业者尽可能地适用HACCP的相关原则。第二,对于小型食品从业者,如果无法确定操作环节中的关键控制点,可以用良好卫生规范替代对关键控制点的监督。第三,就进口食品而言,卫生规则的灵活性在于考虑地理特征的局限性,但是进口食品必须符合欧盟卫生规则或者与这些规则具有等效性的规定。对于后者,则应提供文件证明

① Sperber, W., "Auditing and verification of food safety and HACCP", Food Control, 9 (2-3), 1998, p.157.

这一合规情况。

作为一个科学和系统的体系，HACCP 体系通过识别、评估和控制危害进而确保从初级生产到最终消费的所有环节的食品安全。因为，该体系被定性为食品安全管理体系。事实上，1992 年的版本已指出，HACCP 体系是用于确保食品安全的体系，而其他传统的质量控制体系则可以用于那些最为常规特征的控制职能[①]。作为食品安全管理体系，HACCP 的运用应该解决以下几个方面的问题。

第一，作为食品安全管理体系，HACCP 体系的主要关注点在于通过过程控制预防危害，确保食品卫生安全，尤其是预防那些不可见的微生物污染。对于食品，卫生是指确保食品供应链中安全和适宜的所有条件和措施。一直以来，卫生被认为是环境中的卫生条件并通过检测终产品的方式加以确定。然而，随着对食品中微生物污染的认识，如 20 世纪 60 年代开始由沙门氏菌引发的食源性疾病已经对预防和控制生产过程中的微生物污染提出了要求[②,③]。鉴于此，监测对保持食品安全性而言至关重要，包括对与健康和环境相关的指标进行定期观察，并记录这些观察数据，搜集潜在微生物危害以及食品生产中会发生微生物污染的关键点的信息。因此，将这些有关危害评估、关键控制点和监督这些关键点的程序整合在一起，HACCP 体系就是确保以预防性方式保证食品安全的基本体系。

第二，除了在过程中识别控制的关键点并通过纠正的方式预防微生物污染的发生，HACCP 体系还能用于食品供应链体系中的所有环节，包括初级食品生产、流通和零售直到家庭内部的食品准备。而其目标也并不仅仅只是微生物污染，还包括物理和化学的污染[④]。例如，HACCP 可以用于食品餐饮行业，其中涉及的关键点包括食品的温度、工作人员的卫生操作、生食和熟食的交叉污染机会等。尽管 HACCP 体系可以通过调整适应

---

① Corlett, D., HACCP user's manual, First Edition, Springer, 1998, p. xv.

② WHO, Microbiological aspects of food hygiene, Report of WHO Expert Committee with the participation of FAO, 1976, pp. 6 – 8.

③ Engel, D., "Teaching HACCP-theory and practices from the trainer's point of view", Food Control, 9 (2 – 3), 1998, p. 138.

④ Motarjemi, Y., et al., "Importance of HACCP for public health and development, the role of the World Health Organization", Food Control, 7 (2), 1996, p. 78.

不同规模、类型和活动的食品从业者，但相比较而言，在落实这一体系方面，初级生产者和小型食品从业者面临的困难最为艰巨，因为他们缺乏相应的技术人员、设备和资金。因此，当应用 HACCP 体系或以 HACCP 体系为基础的管理体系被规定为基本规则时，可以对上述的这些从业者作出灵活性的规定。

第三，对于生产环节的安全或卫生问题，现有的良好卫生规范或良好生产规范已经成为强制性的要求，但存在的一个问题是，HACCP 体系的落实是不是要取代上述这些操作规范。事实上，它们之间有着互补的关系。一方面，这些操作规范，尤其是良好卫生规范已经成为落实 HACCP 体系的一个前提项目①。另一方面，HACCP 体系的落实能有效补充上述这些操作规范，因为它要求确立关键的卫生控制点，而这对于确保食品安全又提供了具体的控制措施。因此，ISO22000 体系、卫生法典都要求通过整合 HACCP 的原则制定保证食品安全的措施。

综上所述，HACCP 体系已经发展成为一个以科学为基础的基本食品安全管理体系，但其在适用过程中应作出一些灵活性的规定。第一，将 HACCP 作为确保安全的强制性管理体系，对此，既可以直接应用 HACCP 体系，也可以是以 HACCP 体系原则为基础的其他体系。例如，美国 2011 年的《食品安全现代化法案》在其有关预防控制的条款中规定落实危害分析和预防风险的控制体系，这与 HACCP 体系有着相似性，但它没有要求必须针对关键控制点落实预防控制②。第二，在执行 HACCP 体系的过程中，食品从业者可以制订适合他们自身的 HACCP 计划，而官方对于前提计划的要求会有所不同。例如，尽管美国和欧盟落实的 HACCP 体系在原则要求上有着相似性，但是它们对于落实这一体系的前提计划要求并不相同。在欧盟，落实 HACCP 体系的前提是落实良好卫生规范，而美国则是

---

① Sperber, W., "Auditing and verification of food safety and HACCP", Food Control, 9 (2-3), 1998, p. 158.

② FDA, FSMA proposed rule for preventive controls for human food: current Good Manufacturing Practice and Hazard Analysis and Risk-Based Preventive Controls for human food, available on the Internet at: http://www.fda.gov/Food/guidanceregulation/FSMA/ucm334115.htm.

卫生标准操作程序①。第三，对于小型食品从业者来说，HACCP 体系的落实成本较高，因此，可以对他们做出灵活性的安排。值得重点指出的一点是，大型和中型食品从业者往往能成功地应用 HACCP 体系保证食品安全，而诸多食源性疾病又往往由于小食品从业者的违规操作所致②。为此，对小型食品从业者就 HACCP 体系的落实作出灵活性的规定并不是例外规定，而是给予特殊要求。

对于强制型自我规制，食品从业者的自我规制是第一步，需要由主管部门开展官方控制的第二步加以配合。不同于完全的自我规制或官方规制，强制型自我规制有以下优势：一方面它赋予食品从业者一定的灵活性，使其可以考虑自身情况；另一方面，官方控制也能克服私人控制的不足，因为即便私人有能力开展自我规制，他们在执行法律要求方面还是意愿不足。此外，不同于传统的官方控制，强制型自我规制还要求主管部门对自己的监管角色进行重新定位，即从检查者转换到审计者，因为在这一规制方式中，是依靠私人的内部安全管理体系确保食品安全而不是官方检查。

第二节　食品零售业的双轨制

上文已经提及，食品供应商可以通过质量管理体系确保食品安全，并根据零售商的要求申请第三方的认证。此外，私人的食品标准也可以用于产品或生产环节，但这些标准可能并不仅仅强调食品安全，还会关注食品质量。随着销售环节的集中和大型零售商的崛起，零售商日渐在市场上取得主导地位，由此，他们要求落实的私人食品标准在事实上已经具有了强制性③。相对于官方控制，这些私人标准的执行以及针对第三方认证的要求已经形成了一种新的私人规制方式，即“标准-认证-认可”三位一体的

---

① Huss, H. and Ababouch, L., “The HACCP system”, in, FAO Fisheries Technical Paper, 444, Assessment and management of seafood safety and quality, 2004, pp. 133 - 152.

② Nestle, M., Food politics, University of California Press, 2003, p. 328.

③ Henson, S. and Humphrey, J., “Codex Alimentarius and private standards”, in, van der Meulen, B. (ed.), Private food law, governing food chains through contract law, self regulation, private standards, audits and certification schemes Wageningen Academic Publishers, 2011, p. 152.

私人规制。

一、零售商：当代食品供应链中的主导者

当今，由于大量消费者从零售商那里购买食品，食品市场的结构已经发生了巨大的变化。其结果是，位于食品供应链下游的零售商成了食品供应链中新崛起的主导者，其在食品采购和销售方面已掌握了强大的市场权力。

（一）零售商的崛起：市场集中

历史上，工业革命对食品生产和流通方式产生了深远的影响。例如，随着工厂的发展，由他人提供食品的方式替代了家庭供给模式，如加工食品或餐厅饮食，而城市化的发展又进一步推动了该现象的发展。此外，交通的发展也便利了食品供应链的远距离延伸，尤其是随着国际食品贸易发展而来的全球食品供应。最后，沿着食品供应链，与食品相关的活动涉及种植、收割、生产、加工、包装、运输、销售、消费，甚至包括废物处理等。专业化的分工也导致了食品供应链中多个部门的分化，例如农业（包括种植和收割）、食品制造业（包括生产、加工和包装等）、食品物流（包括运输和仓储）、食品流通（批发和零售业）和食品餐饮等。由于新食品从业者的加入或者原食品从业者的退出，食品供应链充满了活力。这些变化有两个方向的发展趋势。一是朝阳行业的转移，另一个则是所有者的持续集中及其对食品供应链的掌控。

根据“三部门假设”[①]，食品经济可以划分为农业、食品制造业和食品流通业。相比较而言，农业是一个传统部门，动物养殖和植物种植是食品的来源。随着工业化的发展，一方面，食品工业的迅速发展改变了食品生产和加工的性质，即从“自然界来源”转变为了“技术来源”。另一方面，对于食品制造，农业始终是其原材料的主要来源，而技术的投入和规

① Ehrig, D. and Staroske, U., “The gap of services and the Three-Sector-Hypothesis (Petty's law): is this concept out of fashion or a tool to enhance welfare”, in, Harrisson, D., Szell, G. and Bourque, R. (ed.), Social innovation, the social economy and world economic development, Peter Lang GmbH, 2009, p. 262.

模化的经营也促进了农业工业化的发展。然而，在过去的三十年里，一个显著的特点是以批发和零售为主的食品零售业的蓬勃发展。作为一个充满活力和创新力的行业，其所带来的深远影响是使得零售商取代了原本制造商在食品供应链中的主导地位[①]。

就食品供应来说，市场集中化的水平在美国、欧盟和中国都是不同的。比较而言，美国已经成为一个食品帝国，其食品体系高度集中，因此出现了几个占据市场高份额的大型食品企业[②]。相类似，这些食品企业通过收购、合并、合资、合作、合同等方式对国际市场也采取了联盟措施，以至于食品的国际市场也出现了集中化的趋势，尤其是大型国际食品企业的出现。就市场集中来说，它是指某一市场中许多企业的集合以及他们各自的市场占有率[③]，包括横向联合和纵向整合。这两者的不同之处在于：横向联合是指特定市场上的一些企业的数量和规模，而纵向整合是指一个企业控制某一供应链的一个或多个环节[④]。相应的，食品市场中既有横向联合也有纵向整合。相比较而言，目前的趋势主要是通过合同实现的纵向合作，因为这一方式可以确保食品的流通并实现食品的多样化，以及保障与健康相关的追溯和实现一定的生产方式[⑤]。基于这一背景，目前受到关注的主要是食品供应链中由零售商崛起所导致的集中化。

一般来说，食品零售业包括所有向消费者销售食品的机构，如小卖部和餐饮。就小卖部来说，人们一直习惯从传统的邻家小卖部购买所需的食品。相反，20 世纪 60 年代以来出现了大众商业的发展，如美国的沃尔玛

---

① Wrigley, N. and Lowe, M., The globalization of trade in retail services, Report commissioned by the OECD Trade Policy Linkages and Services Division for the OECD Experts Meeting on Distribution Services, 2010, pp. 1 – 2.

② Heffernan, W., "Consolidation in the food and agriculture system", National Farmers Union, 1999, pp. 2 – 3.

③ Horizontal merger guidelines, 1992, U. S. Department of Justice and the Federal Trade Commission.

④ O'Brien, D., Development in horizontal consolidation and vertical integration, A research project from the National Center for Agricultural Law Research and Information of the University of Arkansas School of law, 2005, p. 2.

⑤ MacDonald, J., et al., Contracts, markets, and prices: organizing the production and use of agricultural commodities, Agricultural Economic Reports Number 837, United States Department of Agriculture, 2004, p. i.

和法国的家乐福[1]。由于这些商场在便利性和价格上的优势，以超市为模式的食品零售业很快就被消费者所接受，并成为他们购买食品的主要场所[2,3]。这一模式最早出现在发达国家的市场上，其扩张不仅着眼于当地或国家市场，同时也瞄准了国际市场。例如，家乐福于1969年在比利时开办了第一家分店，而沃尔玛于1991年在墨西哥开设了第一家分店。从20世纪90年代后期开始，零售业的海外直接投资快速增长，其表现为欧洲和美国的零售商纷纷抢滩东亚、东欧、中欧和拉丁美洲的市场[4]。

在上述食品经济的历史发展进程中，由零售商带来的集中化趋势有三个方面的表现。第一，集中化聚焦在销售环节。一直以来，市场销售渠道具有多层次且分散的特点。然而，超市供应链既短且集中，并向大型分配中心直接发货[5]。第二，零售商的扩张遍布全球，其不仅是经济全球化的一个动力，同时也推动了横向联合的发展，即为数不多的大型超市链掌握了大部分的市场。例如，美国沃尔玛、法国家乐福、英国特易购以及德国麦德龙是享誉全球的超级零售商。第三，零售商不仅扩张他们的门店，同时也在全世界范围内进行采购。因此，零售商所具有的购买力也使其具有了纵向整合的实力，即对整个供应链的掌控。

（二）零售商针对食品的市场权力

根据“结构-行为-表现”定论，行业结构、企业的市场行为和他们经

---

① Wang, H., “Buyer power, transport cost and welfare”, Journal of Industry, Competition and Trades 10 (1), 2010, p. 42.

② Lal, R., et al., “Globalization of retailing”, in, Quelch, J. A. and Deshpande, R. (ed.), The global market: developing a strategy to manage across borders, San Francisco, CA: Jossey-bass, 2004, pp. 290 - 291.

③ Bentemps, C., Orozco, V. and Requillart, V., “Private labels, national brands and food prices”, Review of Industrial Organization, 33 (1), 2008, p. 1.

④ Wrigley, N. and Lowe, M., The globalization of trade in retail services, Report commissioned by the OECD Trade Policy Linkages and Services Division for the OECD Experts Meeting on Distribution Services, 2010, p. 3.

⑤ Boselie, D., et al., “Supermarket procurement practices in developing countries: redefining the roles of the public and private sectors”, American Journal of Agricultural Economics, 85 (5), 2003, p. 1156.

济表现的质量之间存在着直接的因果关系[①]。对于市场集中化所带来的结果，既有积极的一面也有消极的一面。例如，与集中化相伴的是出现市场扩张和进入的壁垒以及由此所获得的购买力，而这一市场权力的直接表现就是获得市场的主导地位，借此可以限制产出、提高价格，甚至剥夺消费者的选择权。作为竞争法规制的对象，这些不利表现都会损害消费者的权益。相反，集中也会带来一些有益的表现。例如，规模经济在增加财富的同时也能降低成本。因此，食品可以被视为是超市内出售的特定产品，零售商的集中，或者说针对食品销售市场的集中也同样具有不利和有益的表现。

尽管零售商的工作是向消费者出售食品，但市场集中不仅使他们成为强势的销售方，同时也使得他们成为强势的采购方。对此，强大的零售商可以通过其掌握的购买力与供应商议价，从而获取更为低廉的批发价格。因此，凭借这一有力的购买力，买家能以比供应商正常条款下所提供的更为优惠的条件获得供给，这一能力类似于一种垄断力和议价力。一定程度上，零售商的崛起是好事，因为他们所具有的议价能力一定程度上可以限制制造商，进而获得低成本的食品供应，加上零售商之间的竞争，最终使得消费者从低廉的价格中受益。就制造商而言，尽管零售商具有垄断利益，但是与一家零售商保持长期的合作关系还是受益的[②]。相比较而言，零售商在与小型供应商的谈判中更具议价能力。

如上所述，零售商除了在食品采购中具有强大的议价能力之外，他们还能够以更低廉的价格向消费者提供食品。与传统的市场和零售店相比，大型超市的优势在于打折力度。正因为如此，零售业的集中也被人们看好，少有对他的销售能力产生担忧，因为消费者确实有实实在在的受益。然而，对于零售商是否能让消费者真正受益是存在争议的。事实上，通过集中销售市场，零售商掌握了销售渠道，进而可以控制价格，甚至以高价的方式将食品销售给消费者。很明显，尽管一端的生产者收到的货款越来

---

① Whish, R., Competition law, Oxford University Press, Sixth Edition, 2009, p. 15.

② Dobson, P. W. and Waterson, M., "Countervailing power and consumer prices", The Economic Journal. 107 (441), 2003, pp. 426 - 428.

越少，但这并不意味着另一端的消费者必然能从低价中受益[①]。例如，家乐福在中国因为价格欺诈已经受到多次指责，如2011年家乐福因为价格欺诈被罚款五十万元[②]。而2012年在“3·15国际消费者日”的媒体曝光中，家乐福的一家卖场被指出篡改过期禽肉产品的价格，并将普通鸡肉作为放养鸡高价出售[③]。此外，随着食品供应链中超市的销售集中，零售商对于消费者的食品选择也产生了影响。

私人标签在英国也被称为商场品牌、控制品牌或自有品牌，其与制造商或包装商的品牌共存。此外，还有一些没有品牌的商品[④]。引入私人标签的战略意义同时考虑到了消费者和供应商的情况。消费者有两种不同的类型：类型Ⅰ是指忠于制造商品牌的消费者；类型Ⅱ是指购买商品时没有品牌偏好的消费者。相应的，大型制造商用品牌保障消费者的忠诚度，而小型制造商通过商场提供的私人标签吸引类型Ⅱ的消费者。对此，私人标签可以帮助小型制造商节省大笔营销和广告成本，而大型制造商在这个方面的投入会最终转嫁给消费者。事实上，私人标签在超市的频繁使用进一步确立了零售商的成功[⑤]。第一，与制造商提供的产品相比，使用私人标签的产品主要是零售商从小型供应商那里采购的，售价较低。因此，它可以减少零售商的购买成本并以价格优势吸引消费者，从而也提升了零售商的利润空间。第二，私人标签的使用减少了零售商对某一特定供应商的依赖，而使用私人标签的产品与制造商提供的品牌产品同场竞争也提升了零

---

① Olivier De Schutter, Addressing concentration in food supply chains, the role of competition law in tacking the abuse of buyer power, United Nations Special Rapporteur on the Right to Food, 2010, p. 2.

② Cheng, D., Suspicion sours holiday shopping after Carrefour, Wal-Mart pricing scandal, Xinhua News, January 30, 2011, available on the Internet at: http://news.xinhuanet.com/english2010/china/2011-01/30/c_13714054.htm.

③ An, B., Carrefour store closed after TV report, People's Daily Online, March 19, 2012, available on the Internet at: http://english.peopledaily.com.cn/90882/7761685.html.

④ Connor, J., M., et al., "Concentration change and countervailing power in the U.S. food manufacturing industries", Review of Industrial Organization, 11 (4), 1996, p. 479.

⑤ Bentemps, C., Orozco, V. and Requillart, V., "Private labels, national brands and food prices", Review of Industrial Organization, 33 (1), 2008, p. 2. 或可参见：Meza, S. and Sudhir, K., "Do private labels increase retailer bargaining power?" Quantitative Marketing and Economics, 8 (3), 2010, p. 334.

售商应对大型供应商的议价能力。第三，私人标签的使用便利了零售商之间的竞争，使他们可以通过这类标签彰显自己的与众不同之处。尽管“低价”“经济”等私人标签显示了这类标签对于价格的影响，尤其是这类自有品牌的低价优势，但是，这一类标签的广泛运用却加大了制造商品牌产品的价格，因为后者需要采用与价格战不同的方式凸显自身产品的比较优势，故而无形中增加了他们的研发成本[①]。

因此，已达成的一个共识是：在如今的食品供应链中，零售商已经取代食品制造商进而掌控了市场权力。在 20 世纪时，大型食品制造商掌握着市场权力，但如今占据主导地位的却是零售商。从最初不断增长的议价能力到最终掌控市场，零售商的崛起与他们介于供应商和消费者之间的地位密切相关。正因为如此，一方面，食品制造商需要借助零售商的销售渠道销售他们的产品。另一方面，销售终端上的“扫描”技术也使得零售商掌控了产品销售情况、消费者喜好等信息。此外，私人标签的使用也强化了零售商的自给能力[②]。如果说，市场控制力帮助食品制造商成功实现了放松规制和自我规制，那么零售商则是通过私人食品标准和第三方认证的方式实现了符合自身需要的一种新的私人规制。

二、“标准-认证-认可”三位一体的私人规制

对于零售商，食品安全并不是他们销售食品的最初利益。然而，食品安全问题的多发增加了公众对于食品安全的担忧。在当今社会，食品安全问题不仅使得食品从业者要承担法律责任，同时也会导致其名誉受损。因此，上述的两种因素使得零售商开始通过应用食品安全/食品质量管理体系来遵循法律要求，并确保消费者的信心[③]。对此，零售商也可以开展自我规制，如与露天的市场相比，零售商可以在商场内设置食品安全管理体

---

① Bentemps, C., Orozco, V. and Requillart, V., “Private labels, national brands and food prices”, Review of Industrial Organization, 33 (1), 2008, pp. 3 - 4.

② Connor, J., M., et al., “Concentration change and countervailing power in the U. S. food manufacturing industries”, Review of Industrial Organization, 11 (4), 1996, pp. 474 -475.

③ Power, M., “The theory of the audit explosion”, in, Ferlie, E., et al. (ed.), The oxford handbook of public management Oxford University Press Inc., New York, 2007, p. 6.

系。此外，作为强有力的贸易参与者，零售商还推动了另一种自我规制方式的发展，即要求供应商采用私人食品标准并通过第三方认证的方式对食品进行私人控制。因此，无论食品的供应商是谁，零售商都能通过上述“私人标准-第三方认证”的方式确保食品安全。而这一由私人标准、第三方认证以及相关认可制度构成了“标准-认证-认可”三位一体的私人规制。作为一种新的私人食品控制方式，其有自身的立法和执法机制，其中，制定食品标准过程就相当于规则制定，而第三方的认证就是这些规则的执行。

（一）私人食品标准的发展

食品安全问题引发公众对于健康的关注，进而使得消费者渴望了解食品的制造过程以及食品的成分构成。与此同时，收入的增加也使得消费者愿意购买更为安全和优质的食品。对此，零售商通过私人制定的食品标准来回应消费者这一需求和愿望，包括采用先进的管理体系标准和与食品生产方式等相关的质量标准[①]。正因为如此，与零售商一同崛起的还有食品私人标准的多样化[②]，尤其是在一些工业化国家，这些私人标准的发展不仅帮助零售商落实了法律对于食品安全的要求，同时也增强了消费者对于他们产品的信心。

尽管持续提升食品安全是这类私人标准发展的动力，但是零售商更为关注的还是有关质量方面的标准，因为后者才能通过产品的差异化真正帮助他们获得比较优势。相比较来说，食品安全是他们履行法律要求时所要实现的共同目标，但是以食品质量为基础的各类私人标准，如与劳动、环境或动物福利相关的内容才能帮助他们实现产品的差异化和多样性。因此，制定和执行私人食品标准的一个特点是根据不同的质量特征实现多样化。与作为技术规则而日益标准化的食品安全标准相比，由零售商倡导的私人标准的繁荣主要有两个原因。第一，与公共的食品安全标准相比，私

---

① Fulponi, L., “Private voluntary standards in the food system: the perspective of major food retailers in OECD countries”, Food Policy, 31, 2006, p. 1.

② Smith, G., Interaction of Public and Private Standards in the Food Chain, OECD Food, Agriculture and Fisheries Working Papers, No. 15, DOI: 10.1787/221282527214, 2009, p. 23.

人食品标准更能适应不断变化的食品供应链，尤其是消费者对于更为安全、优质的食品追求。第二，在国际食品市场上，公共的食品标准无法基于食品质量的多样性为食品差异化提供发展空间，而私人发展的食品质量控制也无法从遵循公共食品安全标准中获益①。面对食品私人标准的复杂情况，已经有了一些全球性的联合措施，以便协调这些私人食品标准。从本地市场到国际市场，这一协调的目的在于确保并提升成员企业的比较优势。

BRC 标准起源于英国，现在已经成为一项重要的国际标准。早在 1998 年，英国零售协会就发展和引入了食品技术标准，这是第一项由食品从业者联合协调的私人食品安全标准。在随后的发展中，英国零售协会的标准逐渐完善，包括 2002 年的包装标准、2003 年的消费产品标准和 2006 年的仓储和销售标准。除了 2006 年的标准仅适用于零售商组织，其余上述标准都适用于供应商②。目前，英国零售协会的标准已经发展成为国际标准，例如，北美的零售商在采购供应商的产品时，也是参考自身是否落实了英国零售协会的标准。与此同时，德国零售商联盟与法国零售商和批发商联盟也发展了一套国际食品标准，即 IFS 国际食品标准。就食品而言，这一国际食品标准是针对零售商自有食品品牌的质量和安全标准，并要求供应商以安全统一的方式评估他们的食品安全和质量体系。相比较而言，英国零售协会的 BRC 标准与英国对于食品安全的监管环境相适应，即通过第三方的认证落实“应有注意”（Due Deligence）的法律要求。而 IFS 国际食品标准则更多的是落实欧盟的监管要求③。

---

① Henson, S., “The Role of Public and Private Standards in Regulating International Food Markets”, Paper prepared for the IATRC Summer Symposium Food regulation and trade: Institutional framework, concepts of analysis and empirical evidence, Bonn, Germany, 2006, p. 13.

② Havinga, T., “Actors in private food regulation: taking responsibility or passing the buck to someone else?”, Nijmegen Sociology of Law Working Papers Series 2008/01, 2008, available on the SSRN at: http://papers.ssrn.com/sol3/papers.cfm?abstract_id=2016083, pp. 7-8.

③ Henson, S., “The Role of Public and Private Standards in Regulating International Food Markets”, Paper prepared for the IATRC Summer Symposium Food regulation and trade: Institutional framework, concepts of analysis and empirical evidence, Bonn, Germany, 2006, p. 20.

美国食品销售协会成立于1977年，合并了当时的国家食品供应链协会和超级市场协会。至此，其代表了美国1 500家零售商和批发商。2003年，美国食品销售协会认同了澳大利亚的食品安全标准（SQF），而不是接受欧盟类似协会发展的标准[①]。就澳大利亚的食品安全标准来说，从1994年开始在澳大利亚使用，该食品安全项目的确立初衷在于，应对零售商将消费者对于食品安全的预期转嫁给了供应商，即要求后者提供证据证明其供应食品的安全性，如其所采用的食品安全控制体系。在被美国食品销售协会认可后，食品安全标准机构于2004年成立，作为前者的分部门，由其负责管理食品安全和质量认证项目。就食品安全来说，1994年以来的SQF2000的法典强调，应该系统化地运用HACCP体系，通过协调使其适用于所有的食品企业，从而减少食品安全问题的发生[②]。相类似的，1998年以来的SQF1000法典主要适用于初级生产者[③]。在取代SQF2000和SQF1000后，目前的SQF法典第七版本可以适用于所有的食品企业，包括初级生产到运输和销售[④]。

从国际层面来说，全球食品安全倡议（Global Food Safety Initiative，GFSI）确立于2000年。作为一个基准协会，全球食品安全倡议指南文件中的食品安全标准可以作为基准去衡量业已制定的食品安全标准。该机构的意义在于促进食品标准的全球化，也就是说，一旦标准被认证，就可以在任何地方通用。换言之，一旦一个食品安全相关的项目被全球食品安全倡议认可为基准标准，全世界的零售商都可以适用。自从它成立后，如BRC、IFS和SQF这些标准都已经被其认可。值得一提的是，其成员除了一些老牌零售商，如家乐福、沃尔玛，还有许多食品餐饮企业和制造商。而全球食品安全倡议所创立的这一工作体系的重要意义就是纳入了食品制

---

① Havinga, T., "Actors in private food regulation: taking responsibility or passing the buck to someone else?", Nijmegen Sociology of Law Working Papers Series 2008/01, 2008, available on the SSRN at: http://papers.ssrn.com/sol3/papers.cfm?abstract_id=2016083, p. 9.

② SQF Institute, SQF 2000 Code: a HACCP based supplier assurance code for the food industry, 6th edition, 2008, p. 3.

③ SQF Institute, SQF 1000 Code: a HACCP based supplier assurance code for the primary producer, 5th edition, 2010, p. 3.

④ SQF Institute, SQF Code: a HACCP based supplier assurance code for the food industry, 7th edition, 2012, p. 1.

造商。一开始，食品制造商并不愿意采用零售商所要求的私人食品标准，但其又没有市场权力拒绝后者的要求。如今，不仅零售商，包括制造商在内都采纳了全球食品安全倡议所发展的工作网络，这意味着这一体系的协调真正实现了全球范围内有关食品安全标准的一致。

作为私人标准，零售商所制定的私人食品标准并没有法律地位。因而，制定和遵守这些标准的主要责任也主要在私人机构①。也就是说，不同于由政府所确立的公共食品安全标准的一致性和权威性，零售商所要求的私人食品标准不仅多样，同时也缺乏机制确保它的落实，尤其是远距离的合格评定。为此，第三方认证的出现为这一标准的执行提供了客观、公正的机制②。

（二）对私人食品标准的第三方认证

标准的意义在于就某一产品提供相应的信息并确保这一信息的可信性③。然而，研究和经验表明，质量既可以在购买前加以辨别，如新鲜程度，也可以在消费后加以了解，如口感，但是如农药残留等信用质量，即便使用过后也无法进行判断。很久之前，人们仅仅从熟悉的人那里获取食品，对此，鲜有食品安全或质量问题。但是随着“陌生人社会”的发展，食品供应中已出现了巨大的变化，如消费者和供应者之间的信息不对称，使得后者可以就一些无法通过观察辨别的质量特征进行欺诈，从而获得可观的收入④。对此，需要借助外部组织、公共机构或者竞争者通过检查核实这些信用质量。此外，认证的本质是一种合格评估，从而就涉及的产品、服务、体系提供证实，确保其符合标准要求，使消费者放心从陌生人那里购买食品。相比较而言，安全要求是通过公共的食品安全标准加以确保，并由官方检查加以保障，而涉及环境保护或动物福利等的质量要求未

① Food safety and quality, trade consideration, OECD, 1999, p. 16.

② Hatanaka, M., et al., “Third-party certification in global agrifood system”, Food Policy, 30, 2005, p. 354.

③ Smith, G., Interaction of Public and Private Standards in the Food Chain, OECD Food, Agriculture and Fisheries Working Papers, No. 15, DOI: 10.1787/221282527214, 2009, p. 10.

④ Albersmeier, F., et al., “The reliability of third-party certification in the food chain: from checklists to risk-oriented auditing”, Food Control, 20, 2009, p. 928.

必有相应的法律依据，但是会有消费者或者非政府组织对此有所诉求。因此，通过认证，消费者可以通过加贴的认证标志获取信息，了解所购买的产品是否已符合了相应的标准。

认证标志的使用最早可以追溯到英国于1903年引入的标准标志，即众所周知的风筝标志，其目的是告知买家其所购买的商品符合了标准。基于英国的这一经验，许多国家都开始设立国家认证制度，以便确保地方标准的合格情况。鉴于此，认证既有国家开展的官方认证，也有私人开展的认证，例如，英国标准机构是一家私人认证机构，而中国国家认证委员会则是公共机构。

政府对于认证服务的介入产生了强制性的认证体系，其目的是通过质量标签保障消费者的利益。例如，英国政府要求汽车安全带和摩托车帽子必须适用风筝标志。对于食品，强制的认证是为了确保食品安全。例如，由于食品丑闻和危机的多发，德国于2001年针对肉行业确立了国家质量和安全体系。值得一提的是，这一质量安全体系是为了确保产品符合最低的法律要求。与此相似，中国的质量监督总局也于2003年针对食品引入了保障安全的识别标志。当上述的认证都是由国家强制性要求时，有必要指出认证和许可之间的差异。尽管这两者都意在说明一定程度的认知或能力，许可是指基于公众保护的目的，国家机构就某一实践或者职业的资历予以法律上的承认。相比之下，认证则是由专业的机构开展，而官方认证也可以是自愿性的。

与私人食品标准发展的理由一致，食品领域内的私人认证能更好地适应全球化的市场，从而通过产品和其生产过程的信息向利益相关者保障某一食品的合格情况。一定程度上来说，私人认证的兴起与私人食品标准的繁荣是相呼应的。就私人认证来说，主要有三种方式。第一方的私人认证，指食品从业者自身开展认证；第二方的私人认证，是指由食品从业者支付报酬的咨询人员开展认证；第三方认证是指认证机构是具有专业技能，能开展评估及核实食品从业者符合某一要求的标准或法律规定的独立机构。相应的，由官方开展的检查就构成了第四方认证。比较而言，第三方认证比第二方认证更具独立性，而与第四方认证相比，与企业的关系也更具合作性①。

食品领域内第三方认证的发展过程中，零售商是主要的推动者，因为认证工作主要由供应商开展，故而可以减少零售商在这一方面的成本支出。此外，对于零售商而言，食品安全保障也是重要的工作，因此，通过引入第三方的认证，可以相应地减少安全和质量确保的责任，因为一旦发生问题，主要责任在于开展认证的第三方②。除了零售商，供应商也能从上述的趋势中受益，因为这样的认证可以使他们获得进入市场的比较优势。一方面，对于具有某一特征的产品进行认证，可以方便其进入预期的市场。另一方面，对于来自发展中国家的供应商，第三方认证也可以方便他们进入国际市场，尤其是当这些国家的公共食品安全标准被认为远低于进口发达国家的标准时。因此，第三方认证的优势可以总结如下：减少风险和法律责任、可以作为“应有注意”的抗辩事由、提升各方守法的信心、比较优势、更多的入市机会、增强国家或国际的认可度、减少成本和提升利润、减少保险成本、更好的管理效率等③。

相比较而言，官方认证可以通过国家信誉确保合格评定的可信度，而第三方认证则是凭借其作为外部机构的独立性，通过评估、评价和认证所声明信息的真实性，并借助认证标志提供公正、客观的认证结果，即合格情况④。就评估工作而言，包括供应商的申请、根据审计要求由第三方的评估人员对供应商的设备和生产实践进行预评估及文件审查，只有核实其符合情况后才能赋予认证，并在其食品产品上使用认证标志。传统而言，审计制度主要用于财务部门，其目的是确保交易的常规性和合法性。如今，通过结合内部和外部的控制，改良后的审计已经被视为确保管理体系的重要监督工具。

---

① Tanner, B., “Independent assessment by third-party certification bodies”, Food Control, 11(5), 2000, p. 415.

② Hatanaka, M., et al., “Third-party certification in global agrifood system”, Food Policy, 30, 2005, p. 360.

③ Tanner, B., “Independent assessment by third-party certification bodies”, Food Control, 11(5), 2000, p. 415.

④ Deaton, B., “A theoretical framework for examining the role of third-party certifiers”, Food Control, 15, 2004, p. 615.

尽管私人第三方认证的关键在于第三方的独立性，但是对审计人员可靠性的质疑再次催生了认可制度[①]，其实质是由合格评定机构根据一定的标准通过独立的评价确保相关机构的公正和能力。在这个方面，许多国家都成立了认可机构，包括官方机构、公私合作机构以及私人机构[②]。对合格评定机构的认可来说，ISO/IEC 17011：2004 标准已经就组织评估合格评定机构的能力的工作开展了协调，从而确保这些认可工作的一致性和可比性。正因如此，即便各国的认可机构各不相同，认可结构的可比性也便利了跨国贸易的发展[③]。

---

① Fulponi, L., "Private voluntary standards in the food system: the perspective of major food retailers in OECD countries", Food Policy, 31, 2006, p. 8.

② Busch, L., "Quasi-state? The unexpected risk of private food law", in, van der Meulen, B. (ed.), Private Food Law, governing food chains through contract law, self-regulation, private standards, audits and certification schemes, Wageningen Academic Publishers, 2011, p. 61.

③ Donaldson, J, Directory of national accreditation bodies, National Institute of Standards and Technology, 2005.

第四篇　食品安全的责任共担

根据健康权和获取适足食物权的要求，每个人都有权获得安全的食品。然而，若利益相关者都不承担各自的责任，那么权利本身将无法实现①。因此，就食品安全的法律责任来说，一方面是指确保食品没有健康风险的法定义务，另一方面则是在没有履行这一义务时所要承担的违法责任，包括行政和刑事处罚以及对受害者的损害赔偿。考虑到食品安全的重要性，确保责任的前置，即预防风险的责任比对违法者的惩罚更为重要，因为对于健康风险，预防远胜于治疗。因此，有必要强调利益相关者的责任，包括确保食品安全的义务和在没有履行这一义务时所应承担的违法责任。

尽管食品是每个人的利益所在，且所有的利益相关者都有各自确保食品安全的责任，但又不可避免地出现“人人有责却又人人无责”的悲剧，即在食品安全事故中，总是难以确定相关的责任人。对于这一责任落实的困难，贝克称之为“有组织的无责任”。

在商业、农业、法律和政治现代化中，高度专门化的机构在系统上的相互依赖与不存在可分离的单个原因和责任这一情况相一致……换言之，与高度分工的劳动分工相一致，存在一种总体的共谋，而且这种共谋与责任缺乏相伴。任何人都是原因也是结果，因而是无原因的……这以一种典型的方式揭示了系统这个概念的伦理意义：你可以做某些事情，并且一直做下去，不必考虑对之应付的个人责任②。

根据这一陈述，就不难理解为什么食品安全事故中的责任会如此难以界定。一方面，食品供应链的发展使得食品生产、加工、销售等的分工日

① Green, A., “The concept of responsibility”, Journal of Criminal law and Criminology, 33 (5), January-February, 1943, p. 392.

② Beck, U., Risk society, towards a new modernity, translated in English by Ritter, M., SAGE Publication, 1992, pp. 32 – 33.

益深化、明细，以至于“从农场到餐桌”的这一供应链中出现了许多食品从业者，如食品生产者、食品加工者、运输商、批发商和零售商等。最后，当食品安全事故发生时，难以界定应由哪一个食品从业者来承担责任。另一方面，官方控制也往往涉及诸多不同的主管部门，如卫生部、农业部、工业部、贸易部、环境部等，而在实际的操作中，这些部门间的职能和责任之间都存在着空缺和重叠的问题。此外，通常每个人在被责难的时候都会试图逃避责任，而共担责任却意味着需要共同面对责难。因此，一旦发生食品安全事故，最常见的就是食品从业者相互推卸责任，而主管部门也会以缺位、错位等理由推诿自己的责任。

对于上述问题，食品供应链方式（Food Chain Approach）的引入就是为了强调食品的全程监管，要求食品供应链中的每一个相关人员都应承担确保食品安全的责任[①]。也就是说，确保安全、健康和有营养的食品是食品供应链中所有利益相关者的职责所在，包括食品从业者的食品安全责任和主管部门的食品安全责任[②]。上文已经指出，诸多利益相关者的共存使得在食品安全事故发生时，难以界定某一方的具体责任。为此，考虑到官方控制和私人控制共存的事实，下文将进一步指出食品从业者和主管部门的责任，包括他们在预防食品相关风险方面的义务责任和由于违法行为所应承担的法律责任。

---

① WHO, Guideline for strengthening a national food safety programme, WHO/FNU/FOS/96.2, 1996, p.5.

② 此外，同样重要的一点是：消费者也有确保食品安全的责任，即通过教育了解安全、卫生制备食品等常识。参见第75页注②。

第七章　食品从业者的食品安全责任

对于食品安全，食品法规制的对象既可以是身为自然人的食品从业者，也可以是身为法人的食品从业者。为了确保其管辖内的食品安全，这些食品从业者对其食品的生产环节负有“注意义务”，以避免危害潜在的消费者。一直以来，如果没有履行上述的注意义务，那么他们就需要为此所导致的损害向受害者进行赔偿。为了保护消费者免受食品风险的危害，预防的方式更胜于事后的补救。鉴于自我规制的方式能更有效地保证食品安全，除了要加强对违法行为的行政和刑事处罚力度，更应强调食品从业者在确保食品安全方面的首要责任。此外，以金钱赔偿消费者损害的民事责任，尤其是产品责任，依旧在督促食品从业者履行其注意义务方面发挥着重要作用。

第一节　确保食品安全的首要责任

在食品供应链这一全过程中，食品从业者是指所有在该产业链中从事食品相关活动的人员，包括农民、屠夫、食品制造商、运输商、批发和零售商、餐饮人员以及街头小贩等。风险控制需要借助一定的知识和信息，在这个方面，食品从业者比其他利益相关者更有搜集信息的优势，因为他们直接从事这一具有风险性的活动，故而能更好地分析这一活动的收益和成本情况。相比之下，官方控制只能通过对这些活动的长期观察来搜集信息，对此，成本是非常高昂的，而信息搜集也很有限[1]。正因为如此，除

---

① Shavell, S., “Liability for harm versus regulation of safety”, The Journal of Legal Studies, 13 (2), 1984, p. 360.

了事后的损害赔偿，更应在风险发生前强化食品从业者从“源头”确保其所提供食品的安全，而这一首要责任的意义就在于方便食品从业者的决策自主性，进而增强他们守法的意愿[①]。例如，欧盟《通用食品法》规定食品从业者应该承担食品安全的首要责任，为此，他们需要设计一套确保提供安全食品的安全体系。鉴于此，这一首要责任的性质就是注意义务[②]，或者更确切地说，是一种自我规制的义务，其目的就是强化风险预防[③]。为了履行这一责任，食品从业者应该建立一套安全体系，而官方在执行食品安全法律时，应对相关的违法行为进行行政或刑事的处罚。

一、落实首要责任的安全体系

为了强化食品从业者的首要责任，欧盟《卫生法规》[④] 规定，食品从业者应执行以 HACCP 体系原则为基础的程序以及良好卫生规范。同样，中国和美国也都通过日前的食品法律修订强化了这一首要责任。就中国而言，《食品安全法》规定，食品生产经营者应当建立健全本单位的食品安全管理制度。然而，企业落实类似 HACCP 体系这样的先进管理体系并不是强制性要求。考虑到中国的食品企业规模局限性，法律规定，国家鼓励食品生产经营企业实施危害分析与关键控制点等先进的食品安全管理，从而避免强制要求给中小企业加注过度的经营成本。尽管如此，在实践中，越来越多的企业通过认证的方式落实 HACCP 体系，以便恢复消费者对食品安全的信心。美国 2011 年确立的《食品安全现代化法案》也规定，企业要履行确保安全的首要责任，积极预防风险。对此，他们需要落实危害分析和风险预防为基础的控制体系。

---

① Coglianses, C. and Lazer, D., “Management-based regulation: prescribing private management to achieve public goals”, Law and Society Review 37 (4), 2003, p. 696.

② van de Velde, M. et van der Merlen, Bernd, “Preface”, in, van der Meulen, B. and van der Velde, M., European food law handbook, Wageningen Academic Publishers, 2009, pp. 275 – 276.

③ Leon Guzman, M., L’obligation d’auto-contrôle des entreprises en droit européen de la sécurité alimentaire (The obligation of self-regulation of companies in the Eurepean food law), Instituto de Investigation en Derecho Alimentario, 2011, pp. 52 – 70.

④ Regulation (EC) No 852/2004 of the European Parliament and of the Council of 29 April 2004 on the Hygiene of foodstuffs, Official Journal L139/1, 30. 4. 2004.

前文已经提及，HACCP 体系已经成为确保食品安全的一个基础性管理体系，而食品从业者是这一体系的计划者和执行者。在了解运用该体系的基础上，食品从业者可以通过统一的 HACCP 计划或者参照这一体系，执行并保持能够确保食品安全的管理体系。此外，要构建完善的安全体系，还涉及其他两个重要的内容，包括涵盖食品供应链全程的食品追溯和发现食品安全问题时为避免健康风险所采取的食品召回。这三者是密切相关的，一方面，HACCP 等管理体系要求食品从业者保持记录，从而为追溯提供基本的信息，有助于了解食品中添加的原料或其他物质的来源和去向；另一方面，通过追溯获取的信息也便于针对特定食品的召回。

（一）食品追溯

追溯是指针对过程链中每一个环节的信息整合。对此，构建食品供应链中完善的追溯体系应该整合食品链中每一个环节的信息，以便追溯和跟踪那些用于或试图用于食品生产的原料、食源性动物或诸如添加剂等物质。追溯的意义在于强调某一食品的质量特性以便获取相关的市场优势。对于许多无法直接观察到的质量特性，如生产方式等，消费者可以借助追溯体系中掌握的信息加以了解。对此，一般都是由食品从业者决定某一追溯体系的追溯程度和范围。根据 ISO8402：1992 与质量相关的标准，追溯是指通过记录信息可以确认某一实体的历史、应用或所处位置。

随着公众对于食品安全的持续关注，追溯体系对于保障食品安全的意义也日益得到认可。例如，着眼于对信息的搜集，追溯有助于提早发现食品安全事故的源头以及进一步减少这一健康风险所导致的损失。因此，通过迅速确认危机的源头以及掌握危害动物和人类健康风险的传播情况，主管部门及食品从业者都能提高食品风险管理的能力①。

尽管食品从业者建立追溯体系既有经济利益的驱动也有符合官方控制的需要，但是他们对获取或提供某些信息仍旧会犹豫不决。第一，食品从

---

① Diogo, M., et al., "The Economics of Implementing Traceability in Beef Supply Chain: Trends in Major Producing and Trading Countries", Working Paper No. 2004 - 6, Department of Resource Economics, University of Massachusetts Amherst, 2004, p. 3.

业者是利益导向的，比起健康、安全一类的信息，他们更关注消费者的偏好，从而有的放矢地推广他们的产品。这意味着，针对食源性疾病的监控无法由私人的追溯体系开展，而必须由政府相关机构介入①。第二，信息控制对于食品从业者来说可能是竞争战略的手段，为此，他们更倾向于保密而不是披露一些信息。第三，一些追溯到的信息可以证实，食品从业者在生产阶段尽到了应当的注意义务，从而作为产品责任的抗辩事由。相反，在食品安全事故的调查中，这一类信息也能证明食品从业者在生产中存在的过错，以至于他们并不乐意提供这类信息。因此，公私合作是建立健全追溯体系的必要基础。此外，追溯体系的发展也在从自愿实施转向强制实施，以便作为确保食品安全的有力手段。在这个方面，许多尝试是针对“从农场到餐桌”这一食品供应链构建一条标准化的信息体系②。

在美国，追溯体系的发展、落实和保持都是由私人食品从业者促成的，其目的是提高食品供应的管理水平，便于追溯与食品安全和质量相关的信息，尤其是通过某一细化或者无法察觉的质量特征定位特定食品的市场③。因此，可以说，美国的追溯体系是由食品从业者在经济利益的驱动而不是政府监管要求下发展而来的。尽管最新的《食品安全现代化法案》要求美国食品药品监督管理局确立产品追溯体系，但是其同样要求私人部门参与这一体系的建立。为此，在针对这一产品追溯体系发布正式规章之前，已经在和私人部门的共同努力之下开展了相关的实验计划，在考虑经济利益和技术可能性的前提下设立适宜的追溯体系。负责开展这一实验计划的技术机构就未来的规章制定提出了以下的建议，包括通过统一的记录方式综合适用追溯体系，期间，不能根据风险等级的差异给予例外处理；所有的食品从业者都要记录重要数据和关键追溯事件；信息提供的电子系

---

① Golan, E., et al., “Food traceability: One ingredient in a safe and efficient food supply”, Amber Waves, 2 (2), 2005, p. 21.

② Popper, D., “Tracking and privacy in the food system”, Geographical Review, 97 (3), 2007, p. 365.

③ Smith, G., et al., “Traceability from a US perspective”, Meat Science, 71, 2005, p. 174.

统要标准化；建立技术平台以便信息的分析和交流；考虑私人部门的经济驱动和州及地方的相关部门，协调并进[①]。

作为第一个由官方建立追溯体系的国家，法国于1969年针对牲畜制定了个体识别法律，并就牛、猪、羊等动物建立了登记体系。之所以特别考虑肉产品的原因是，这类食品更容易受到污染。随后，欧盟先行一步，从食品安全的角度就建立追溯体系制定了法律要求，包括：在疯牛病危机后，欧盟就牛源性产品要求建立追溯，以便可以定位到食品的原产地。随着经验的积累，在食品法的准备环节中，欧盟就试图全面构建追溯体系。在1997年有关食品法的绿皮书中，欧盟就提议针对其他动物源性食品建立追溯体系。而随后的白皮书也确认了针对食品和饲料的追溯体系是食品政策的成功标志。最后，《通用食品法》规定，确立追溯体系是食品从业者的责任所在，为此，食品供应链中的食品和饲料从业者都要对其食品、饲料、食源性动物和其他用于或试图用于食品或饲料的物质开展追溯。

尽管2009年的中国《食品安全法》并没有针对追溯体系作出具体规定，但是其要求针对原料、食品添加剂和食品产品做好记录，而这为追溯体系的全面构建奠定了基础。由于追溯体系的构建中涉及诸多的主体，使得该制度的推广非常分散。以主管部门为例，商务部引入了针对肉类和蔬菜的追溯制度，许多城市都开始了试点工作，以便在销售环节可以追溯这些农产品的源头。为此，商务部还特定建立相关的技术规则以及提供信息交流和分享的平台。在实践中，由于中央经费的支持，上海、青岛等大城市都是首批开展试点工作的地方。同样的，农业部在农产品质量安全整治活动中，也将质量安全追溯制度作为重要的抓手。且随着对食品安全的重视，各地方政府也将食品安全追溯制度视为保障食品安全的重要手段。鉴于此，2015年修订后的《食品安全法》明确要求，国家建立食品安全全程追溯制度，在该制度的建设中，还有待进一步界定食品生产经营者的权利与义务，以及主管部门的监管权限与职责。事实上，大型企业有成熟的追溯体系，且可以实现全国范围内对于来源和去向的追溯。小型企业如果

---

① McEntire. J. and Bhatt, T., Pilot projects for improving product tracing along the food supply system, Institute of Food Technology, 2012, pp. 15 - 16.

因为成本问题难以构建追溯体系，则可以通过第三方平台来实现。在此基础上，政府所开展的是追溯管理，即通过对追溯信息（平台）的审计确保追溯系统的有效运行。因此，有必要进一步明确企业建立追溯体系和政府构建追溯制度及其监管的具体内容和相互关联，尤其是涉及数据采集的指标、传输格式以及结构规范和编码规则，进而明确在这个方面是否需要政府的介入以及政府介入的程度。

基于此，无论是理论还是实践，追溯体系的构建中最为关键的一个因素是信息，其决定着一个追溯体系的宽度、深度和精确度[①]。

宽度是指信息搜集的数量。信息量达到何种程度可被视为充足？一方面，针对某一特定食品的成分，信息量会很大，如果都要进行追溯，可能量多到无法一一列举。因此，如果每一环节都要进行成分识别，那么成本将是高昂的且未必有必要。另一方面，食品供应链也有差异，这意味着他们对追溯可能会有各自不同的要求。幸运的是，针对食品安全开展的追溯，可以借助 HACCP 体系等先进的质量管理体系，因为这些管理体系本身就对记录工作作出了规定。值得一提的是，信息记录的强制要求使得某一环节中的食品从业者多了一项记录义务，但是追溯要求食品从业者关注产品的整个生产周期，以便在发现疑似风险或已知风险的时候及时发布预警信息并召回问题产品。第二，食品从业者在追溯体系的构建中也是不可或缺的角色，一如美国的实践，无论是对某一食品供应链还是某一食品的追溯来说，食品从业者都是提供信息的重要参与方。

深度是指追溯体系就某一信息向前和向后的追溯程度。对此，信息记录可以提供某一食品供应链中的参与者信息以及食品历经的环节信息。作为食品的中介交易点，必须记录食品的上方来源和下方供给情况。技术的发展不仅可以方便快速搜集上述的这些信息，同时也使得这些信息的共享越来越便捷。例如，消费者可以从标签上找到所需要的信息。然而，一张小小的标签未必能够展示所有相关的信息，对此，通过技术帮助，二维码等也能方便消费者获悉“从农场到餐桌”的所有信息。

---

① Golan, E., et al., “Food traceability: One ingredient in a safe and efficient food supply”, Amber Waves, 2 (2), 2005, pp. 16－17.

精确度是指追溯体系在定位某一食品的移动或特点方面所能精确的程度。由于食品安全，追溯体系的精确度从法律角度来说是非常重要的，例如，疯牛病危机后，对于牛肉产品的追溯和欧盟对于转基因产品的追溯。就以事物为定位的追溯体系来说，其所要应对的是大众产生、广泛流通所带来的风险，以便通过预防或谨慎以及责任定位等来确保安全[①]。例如，通过提供食品的流通路径，可以明确指出导致食品出现缺陷问题的环节以及需要为此负责且赔偿受害者损害的相关食品从业者。

（二）食品召回

为了确保消费者免于有害食品导致的健康甚至死亡问题，食品召回包括食品从业者为了防止受到污染的、掺假掺杂或错误标识的食品对消费者产生不利影响所采取的所有修正行为[②]。一开始，食品召回是食品从业者为了避免经济损失以及确保消费者信心所自行开展的行动。但是由于食品污染事件的持续发生，尤其是大肠杆菌和沙门氏菌的微生物污染加剧，有关食品召回制度的建设越来越受到关注。如今，召回制度的发展趋势是从自愿落实转向强制实施，而这意味着，如果食品从业者拒绝自行召回问题食品，那么主管部门可强制要求其召回该问题食品。

在《食品安全现代化法案》对食品召回作出规定之前，食品召回在美国主要是由食品从业者自行开展，但主管部门可要求食品从业者召回不安全的食品，并对这一过程进行监督。根据职能，美国食品安全和检查局负责肉类、禽类和蛋类产品的召回，而其他食品产品则由美国食品药品监督管理局负责。对于这一工作，根据事件的严重程度，官方召回项目被划分为以下三个不同的等级。第一级是指食用该食品将导致严重不良健康后果或死亡的一种合理可能性（Reasonable Probability），如被大肠杆菌或者沙

① 与“对事”的追溯相对应，是“对人”的追随，但这方面的哦追溯主要由公权力主导。Hermitte，M.，La traçabilité des personnes et des choses：précaution，pouvoirs et maîtrise，in，Pedrot，P.，（ed），Traçabilité et responsabilité，Economica，2003，p. 2.

② Kaletunc，G. and Ozadali，F.，“Understanding the recall concept in the food industry”，The Ohio State University Extension Fact Sheet，AEX－251－02，2002，available on the Internet at：http：//ohioline. osu. edu/aex-fact/pdf/0251. pdf，p. 1.

门氏菌所感染的食品；第二级对于美国农业部而言，是指食用该食品有不良健康后果的一种微小可能性（Remote Probability），而对美国食品药品监督管理局而言，还包括导致暂时性的或者可以通过医学治疗的不良健康影响；第三级是指食用该食品不会造成不良健康后果，而对美国食品药品监督管理局而言则是不可能导致不良健康后果①。尽管主管部门没有权力强制要求食品从业者进行食品召回②，但是食品从业者还是倾向于接受这一召回要求，因为如果其所负责的食品被证实具有健康危害，那么主管部门就可以扣押所涉及的所有问题食品③。与玩具、汽车或其他生物制品相比，主管部门尚未重视食品的召回体系，缺乏发布召回要求以及对违法行为进行罚款的规定。因此，自愿性的食品召回制度并不能有效确保食品从业者在这一方面的效率。

鉴于此，《食品安全现代化法案》赋予了美国食品药品监督管理局强制召回的权限。相应的，如果有信息显示某一食品涉及掺假掺杂或者错误标识的问题，那么美国食品药品监督管理局可以给相关食品从业者一个自行召回问题食品的机会。如果相关责任人拒绝开展这一自愿性的食品召回，那么美国食品药品监督管理局就可以强制要求其召回食品。此外，美国食品药品监督管理局对食品召回也具有交流义务，即通过新闻发布、预警和公告等方式将涉及产品的信息、相关的风险等告知公众。值得一提的是，相关食品从业者有权对强制性的食品召回命令提起听证会的要求，如果召回要求被证实是错误的，则对于由该召回导致的经济损失，食品从业者也可以进行索赔。

不同于根据行政命令开展强制性的召回，欧盟食品法规定，食品从业者有义务开展强制性的召回。对此，如果食品从业者认为或者有理由相信

---

① Government Accountability Office, "USDA and FDA need to better ensure prompt and complete reclls of potentially unsafe food", United States Government Accountability Office Food Safety, 2004, p. 7.

② 值得注意的是，婴儿配方奶粉是一个例外，即美国 FDA 有权强制召回婴儿配方奶粉。

③ Kaletunc, G. and Ozadali, F., "Understanding the recall concept in the food industry", The Ohio State University Extension Fact Sheet, AEX-251-02, 2002, available on the Internet at: http://ohioline. osu. edu/aex-fact/pdf/0251. pdf, p. 1.

其进口、生产、加工、制造或者销售的食品不符合食品安全的要求，在该食品已经离开其控制范围时，必须立刻从市场上撤回这一问题食品；如果食品已经到达消费者手中，那么其必须告知消费者，并从他们那里召回问题食品。同时，食品从业者有义务告知主管部门这一召回事件，并配合后者开展相关的活动。撤回和召回的区别在于，撤回是由食品从业者主动采取的行动，可以是撤回有缺陷的产品或者作为谨慎行为预防健康风险①。由于撤回只是在食品销售地发生，其仅仅涉及制造商和销售商，因此无须通知主管部门或者告知消费者。但是召回涉及消费者，因此，为了保护消费者，必须通过公开的渠道通知主管部门并告知消费者这一召回事件。

中国国家质量监督检验检疫总局于2007年就食品召回发布了规则。根据这一规定，对于在中国生产和销售的不安全食品必须予以召回，包括已经导致健康问题的不安全食品、具有潜在健康风险的不安全食品或对敏感人群没有作出明确标识的不安全食品。作为发布这一命令的主管部门，国家质量监督检验检疫总局有责任构建一个信息搜集和分析的体系，以便支持地方质监局和食品从业者就召回开展的公告行为。值得一提的是，在启动食品召回之前，需要开展相应的调查和评估，从而明确食品是否安全以及根据安全问题的严重程度明确食品召回的等级。为此，在召回某一问题食品时，食品从业者可以自行开展，如果主管部门发现有隐瞒食品安全问题的信息时，也可以要求相关人员召回问题食品。无论是自愿的食品召回还是强制的食品召回，都必须接受主管部门的评估和监督，如果有违法问题还要进行行政处罚。分段监管的体系是由单一部门试图针对食品供应链构建食品召回制度进行的尝试，但这一措施并不够。为此，《食品安全法》对食品召回作出了规定，要求食品从业者有义务召回问题食品并停止生产和销售问题产品，否则，相关的主管部门可要求其召回问题食品并吊

① NSW Food Authority, Food recalls and withdrawals, available on the Internet at: http://www.foodauthority.nsw.gov.au/_Documents/industry_pdf/food_recalls.pdf.

销其从业资格[1]。值得一提的是，对于召回的食品，食品从业者有义务进行修正，例如无害化处理或者予以销毁。

事实上，无论是自愿性的还是强制性的食品召回，召回问题食品都是食品从业者的利益所在，且是力所能及的事情。为此，食品从业者应该将食品召回计划作为其食品安全保证体系中的重要内容，例如危机管理和应急管理项目[2]。值得一提的是，在食品到达消费者手中之前，食品可能经过了不同食品从业者的管辖，例如生产者、包装商、销售商或者进口商等。因此，一旦发现问题食品，他们中的任何一人都可以开展食品召回。而这意味着所有的食品从业者都要重视食品召回，将其作为食品安全保证体系中的重要一环。相比较而言，食品污染往往发生在食品生产阶段，也就是说，食品生产商在食品召回中的作用至关重要，其往往是食品召回的主要承担者，但成功的召回离不开其他食品从业者的配合，尤其是下游的销售商。

然而，食品从业者可能并不乐意召回问题食品，尤其是针对潜在的健康风险。为此，通过主管部门开展强制性的召回可以确保食品从业者承担这一责任，确保在损害发生之前召回流通中的问题食品。对于食品从业者，则可以通过相关的保险挽回由召回导致的经济损失。与产品责任相比，召回责任是一种前置责任，其要求食品从业者在食品生产和供给期间就确保食品安全承担一种注意义务。因此，要构建一个食品安全的保障体系，必须有机地结合 HACCP 体系等管理体系、追溯和食品召回这三者，其中，HACCP 体系对记录的要求有利于追溯体系的完善，而针对食品供应链的追溯又能便于落实召回行动。作为一项义务，食品从业者在没有履行这一义务时，必须承担相应的法律责任，包括民事、行政和刑事责任。

---

① 随着食品安全监管职能的再次调整，即由食品药品监督管理总局负责生产、流通和餐饮环节的食品安全，由该主管部门制定的新的《食品召回管理办法》已经公布，于 2015 年 9 月 1 日起施行。

② Kaletunc, G. and Ozadali, F., “Understanding the recall concept in the food industry”, The Ohio State University Extension Fact Sheet, AEX - 251 - 02, 2002, available on the Internet at: http: //ohioline. osu. edu/aex-fact/pdf/0251. pdf, p. 2.

此外，针对转基因食品开展追溯已被视为重要的谨慎措施[①]。同理，针对潜在的健康风险而开展的食品召回也是重要的谨慎措施，以提前避免风险的实质化。

从自愿性的召回转变到强制召回，食品召回中所涉及的主体不仅包括食品从业者，也涉及主管部门，而这期间就涉及两者之间的互动。以美国为例，在食品从业者拒绝开展食品召回时，主管部门就有权要求食品从业者强制召回问题食品。而在政府介入之间，食品从业者召回与否的决定依旧是自愿性的。尽管中国针对食品召回的规定也是自愿和强制的结合，但是主管部门在企业开展召回之前就已经先行介入，因为需要前者就涉及问题开展调查，再由食品从业者提交召回计划明确所存在的问题。相比较而言，食品从业者本身在开展调查方面更具便利性，从而由其决定是否召回。此外，作为确保食品安全的第一责任人，食品从业者应该将召回作为其安全保证体系的重要一环。

就食品召回而言，其涉及了食品从业者和主管部门之间的互动，具体包括以下几个步骤。(1) 计划。计划是食品召回的准备工作，包括食品从业者和主管部门各自的危机管理内容。事实上，食品安全保障更多的是依赖于日常的管理，而不是危机管理。因此，主管部门在应对食品召回时，通过等级划分设立各自相应的管理办法，例如美国和中国针对风险等级的划分以及各自的响应方式，食品从业者应将召回视为安全体系的一个环节而不是在应对紧急管理时的一个临时措施。(2) 交流。在食品召回的这一过程中，交流对于食品从业者和主管部门之间的联合行动以及快速反应都是必需的。为此，一方面，作为召回的启动者，应该告知其他食品从业者和消费者相关的信息，以便召回的顺利开展。另一方面，也需要通告主管部门召回的进度以便后者决定是否需要发布相应的预警通告。(3) 修正行为。为了保护消费者，召回本身并不是这一补救行动的终点。事实上，问题食品还涉及召回后的处置问题。对此，如果没有相应的销毁或处理规定，依旧无法确保问题食品不会再流通到市场上。作为教训，虽然 2008

---

① Hermitte, M., La traçabilité des personnes et des choses: précaution, pouvoirs et maîtrise, in, Pedrot, P., (ed), Traçabilité et responsabilité, Economica, 2003, p. 22.

年在处理三聚氰胺事件中进行了问题食品的召回，但遗憾的是，2010 年又再次发现了被三聚氰胺污染的食品，而这一问题就是由于食品召回时没有妥善处理问题食品的缘故。

二、公共执法中的行政和刑事处罚

法律的执行既可以由私人也可以由官方进行，但都必须以处罚为后盾确保执行的有效性。就私人执行来说，只有在明确违法者的前提下，才可以由受害人采取法律行动。对此，侵权法的执行主要由私人的方式执行，以便补偿利益受损者。相反，如果没有办法确认违法者的身份，就只能依靠官方执行法律，因为只有行政机构才有权力强制性地搜集一些信息、逮捕违法者，从而确保社会福利的最大化[1]。

相应的，食品安全法律也能通过私人或官方的方式执行。作为传统的方式，由于食品的产品瑕疵而遭受损失的消费者可以通过侵权诉讼要求赔偿。然而，安全规制的关键是要在损害发生前就通过干预确保安全，对此，行政机构的优势就在于可以强制性地对食品供应链开展检查并对违法者加以处罚。因此，官方的执法方式更适于食品安全法律。此外，要确保食品从业者落实他们在确保安全方面的首要责任，食品安全法律的规定也必须有利于这一责任的履行。为此，充足和有效的官方控制是必不可少的。然而，如果没有处罚，也将无法确保官方控制的有效性，进而无法保障上述首要责任的履行。

毋庸置疑，对违法行为的制裁有利于执法和守法的实现。否则，缺乏执行力的法律体系将无法限制不予合作的行为或者违法行为[2]。一般来说，制裁是指某一行为者 X 试图通过提升或减少另一行为者 Y 所拥有的价值，进而影响行为者 Y，其可以是消极性的惩罚以便减少这一对行动者

---

① Polinsky, A. and Shavell, S., "The theory of public enforcement of law", in, Polinsky, A. and Shavell, S. (ed.), Handbook of Law and Economics, Volume 1, 2007, also available on the Internet at: http: //www. law. harvard. edu/faculty/shavell/pdf/07-Polinsky-Shavell-Public%20Enforcement%20of%20Law-Hdbk%20LE. pdf, pp. 4 – 5.

② Bodenheimer, E., Jurisprudence, Harvard University Press, Third edition, 1970, pp. 227 – 228.

Y 而言有价值的行为，或者是积极性的奖励进而强化这一对行动者 Y 而言有价值的行为①。制裁具有威慑力，进而可以有效支持官方执法，但这一层主要是指制裁的消极性，即针对违背法律、规则或指令的行为进行处罚或者采取纠正措施。对此，制裁既可以是行政性的，也可以是刑事性的，他们的差异在于以下几点。

（1）违法。当一些国家仍主要借助刑事制裁打击违法行为时，可以针对那些不足以提起刑事诉讼而无法进行刑事制裁的行为进行行政制裁，进而可以确保规制权力的实现②。

（2）权限。不同于司法机关通过追究刑事责任进行制裁，行政机关也可以进行行政制裁，而且形式多样。

（3）合法性。定罪需要严格遵守合法原则，而这意味着，法无明文规定既不为罪的原则③。相反，行政处罚比较灵活，尤其是在罚款的问题上。

（4）条件。制裁可以针对行为也可以针对结果。对于以行为为对象的制裁，其主要追究的是行政责任，即某一行为即便没有造成损害也可对其进行行政处罚。对于后者，只有发生了危害，且由法院加以确认后，才能对违法者进行刑事制裁④。

对比可知，刑事诉讼无论对主管部门还是食品从业者来说都是一个昂贵且费时的过程，而一些行为即便违反了法律规定，但其严重性并不足以进行刑事制裁，或者不具故意性抑或由失误所致⑤。相比之下，行政处罚成本低、效率高、耗时短，而且比较实际。因此，行政处罚的裁量权具有一定的灵活性，可以有效应对诸多违法但不构成犯罪的行为。然而，即便

---

① Baldwin, D., "Sanctions in political science", International Encyclopedia of the Social & Behavioral Science, 2001, p. 13480.

② Regulatory justice: sanctioning in a post-Hampton world, Better Regulation Executive, 2005, available on the Internet at: http: //www. bis. gov. uk/files/file45183. pdf, p11.

③ Leon Guzman, M., L'obligation d'auto-contrôle des entreprises en droit européen de la sécurité alimentaire (The obligation of self-regulation of companies in the Eurepean food law), Instituto de Investigation en Derecho Alimentario, 2011, p. 377.

④ Garoupa, N. and Obidzinski, M., "The scope of punishment: an economic theory", European Journal of Law and Economics, 31 (3), 2011, pp. 238 - 240. 事实上，刑法中也存在没有发生实际损害结果的行为犯罪，如生产、销售假药罪。

⑤ Regulatory justice: sanctioning in a post-Hampton world, Better Regulation Executive, 2005, available on the Internet at: http: //www. bis. gov. uk/files/file45183. pdf, p. 13.

如此，刑事处罚也是不可或缺的，尤其是针对严重的违法行为。作为规制法律，食品基本法的执行尤其是落实食品从业者的首要责任，必须借助行政制裁和刑事制裁兼有的执行机制，而相关制裁的确定必须考虑食品领域的特殊性。

（一）食品基本法执行中的行政和刑事制裁

1. 美国

美国的《联邦食品、安全、化妆品法案》禁止一些行为时，如在国内销售或运输掺假掺杂食品或错误标识的食品，美国食品药品监督管理局根据这些违法行为的严重程度相应地设置了一些行政处罚，包括警告信、没收、扣留和禁令。

（1）警告信。对于轻微的违法行为，美国食品药品监督管理局会发布一份相关的书面告示或警告信。当食品从业者通常情况下是一个企业的主席或总经理收到这一封警告信时，必须在短时期内作出答复。通常情况下，他们都会认真处理这一警告信，因为如果没有及时回复将引起相应的法律后果。

（2）没收。对于违法行为，美国食品药品监督管理局会从法院那里申请没收令，并在获得该授权后采取行动，而没收行动往往针对危害健康的产品。因此，没收是主要的执行手段，为从市场上撤回违反《联邦食品、药品和化妆品法案》的食品提供了基本方式。如果担心某一问题食品会在官方没收前就遭到销毁，可以对这一产品采取行政扣押。

（3）扣押。当美国食品药品监督管理局的官员或者雇员有理由相信某一食品在检查、审查或调查中存在掺假掺杂或者错误标识的问题时，那么他可以在得到地区主任或者这一主任授权的高级官员的许可后扣留这一食品。为了确保扣押食品的安全性，必须对它们进行登记且保存在安全的地方。

（4）禁令。作为联邦法院的命令，禁令可以针对特定的人发布指令。值得一提的是，违反禁令本身就是一种违法行为，必须受到法院的判决。在实践中，美国食品药品监督管理局仅仅在已使用其他执法手段或者遇到重复违法的情况下才采取这一措施。

对于被禁止的行为，美国食品法对刑事制裁也作出了具体规定，要求根据严格责任追究刑事责任。最初，1906 年的《食品纯净法》规定了违反食品法构成轻微犯罪，对其处以不超过 200 美元的罚金，如果再犯，处以不超过 300 美元的罚金或 1 年的有期徒刑，或两者共罚[①]。目前，违反禁令行为既可以构成轻微犯罪也可以构成重罪。当违反规定性的药品销售可以获罪 10 年有期徒刑时，相应的食品违法行为如果违法者是有意为之，可以定罪为不超过 3 年的有期徒刑或不超过 1 万美元的罚金[②]。对于执行刑事处罚，美国食品药品监督管理局在发现违反《联邦食品、药品和化妆品法案》《联邦反篡改法案》或者其他联邦刑事法律时，可以提起刑事诉讼，如欺诈等。在美国食品药品监督管理局内部，刑事调查办公室对违反美国《联邦食品、药品和化妆品法案》和其他相关法律的违法调查行动进行协调，并搜集证据通过联邦或州法院体系提高刑事诉讼的成功率。

2. 欧盟

在欧盟，成员国必须采取一般或特殊的措施履行欧盟赋予的义务，包括惩罚违法欧盟法律的人员。然而，就刑法而言，成员国之间就刑罚的类型和程度以及行政和刑事违法行为的分类还存在着实质性的差异。欧盟对此的协调是着眼于制裁的结果，而不是成员国在执行阶段采取的手段。为此，欧盟对制裁规定了三个基本标准，包括有效性（Effectiveness）、比例性（Proportion）和惩戒性（Dissuasiveness）。对于这一基本规则，如果欧盟法律没有就某一违法行为规定具体的处罚措施，或者要求国家法律、法规或行政规章执行相关规定，成员国对于制裁的规定就必须符合这三个基本标准。因此，当确保食品安全的官方控制依旧是成员国的主要职责时，成员国也必须对违法行为的执行措施以及处罚情况作出规定，从而确保其有效性、比例性和惩戒性。相比之下，欧盟法律对刑事处罚作出了上述三项基本标准的规定，但是对于违法性的行政处罚，则是作出了更为具体的规定。

---

① Pure Food and Drug Act of 1906, Public Law No. 59 - 384, 34 Stat. 768, June 30, 1906, 第 § 2 部分。

② The Food, Drug, and Cosmetic Act § 303 (a) (1), 21 U. S. C. § 333 (a) (1).

根据欧盟的《官方控制法规》，行政处罚包括限制或禁止饲料、食品或动物投放市场或进出口，命令召回、撤销和/或销毁饲料或食品，中止或撤销企业的审批等。为此，食品从业者的自我规制是为了履行确保食品安全的首要责任，其与官方控制是互补的。此外，《官方控制法规》作为法规，其具有完整的法律约束力，且在成员国具有直接效力，因此，在《官方控制法规》中的具体规则有利于协调行政处罚。值得一提的是，除了成员国，欧盟的官方控制还包括欧盟委员会开展的审计，其目的是确保成员国官方控制执行的一致性或等同性。为此，一方面，欧盟委员会就成员国制订的国家控制计划提供了指导，确保官方控制的一致性、完整性。另一方面，欧盟委员会在成员国控制体系无法发挥有效性时可以采取紧急措施，根据这一规定，如果成员国无法根据欧盟委员会的要求在规定的时期内纠正行为，欧盟委员会可以暂停某一食品在市场上的销售。

3. 中国

根据食品供应链中的违法行为以及诸如检测实验室虚假报告、食品行业协会的误导性广告等违法行为，《食品安全法》本身就规定了相应的行政处罚。对于食品供应链中的违法行为，他们主要是指在没有获得许可的情况下生产、销售、包装、运输、进出口食品和违反食品安全标准或要求。根据违法的严重程度，行政处罚包括没收违法所得、罚款、吊销许可等。修订后的《食品安全法》在行政处罚的设定中也突出了“组合拳”的特点，例如，上述行政处罚的单处、并处以及多次违法的从重和加重处罚的梯度安排可针对违法的复杂性提供有针对性的选择。同时，通过增设行政拘留，也可以针对“怕关不怕罚（款）”的食品行业违法者，提高具有威慑力的处罚力度。此外，作为假冒伪劣产品，与食品安全相关的犯罪被归入破坏社会主义市场经济秩序这一章的刑事犯罪中，包括“生产、销售不符合安全标准的食品罪”和“生产、销售有毒、有害食品罪”。如今，中国的消费者整日为危害健康的食品掺假掺杂所担忧，如三聚氰胺污染的奶粉、地沟油等，为此，最新的《刑法修正案（八）》中进一步提升了处罚力度，以期改善食品犯罪行为，相关比较见表 7－1 和表 7－2。

表 7－1 《刑法》有关生产、销售不符合安全标准的食品罪修正内容比较

修改前	修改后	比较
生产、销售不符合卫生标准的食品，足以造成严重食物中毒者，或者其他严重食源性疾患的	生产、销售不符合食品安全标准的食品，足以造成严重食物中毒事故或者其他严重食源性疾病的	随着《食品安全法》取代《食品卫生法》成为该领域内的基本法，食品安全标准替代了原本的食品卫生标准。相比较而言，食品安全标准涉及的范围更广泛、要求更严格
处三年以下有期徒刑或者拘役，并处或者单处销售金额百分之五十以上二倍以下罚金	处三年以下有期徒刑或者拘役，并处罚金	取消了单处罚金的刑事处罚方式，这意味着最低限度的处罚将为自由罚，即拘役，其期限为 1 个月以上 6 个月以下； 取消了针对罚金设置的区间值，这意味着在具体案件的处罚中，可以针对实际情况确定罚金的额度，这有利于提高刑罚的处罚力度，尤其是针对重复犯罪的行为
对人体健康造成严重危害的，处三年以上七年以下有期徒刑，并处销售金额百分之五十以上二倍以下罚金	对人体健康造成严重危害或者有其他严重情节的，处三年以上七年以下有期徒刑，并处罚金	
后果特别严重的，处七年以上有期徒刑或者无期徒刑，并处销售金额百分之五十以上二倍以下罚金或者没收财产	后果特别严重的，处七年以上有期徒刑或者无期徒刑，并处罚金或者没收财产	

表 7－2 《刑法》有关生产、销售有毒、有害食品罪修正内容比较

修改前	修改后	比较
在生产、销售的食品中掺入有毒、有害的非食品原料的，或者销售明知掺有有毒、有害的非食品原料的食品的，处五年以下有期徒刑或者拘役，并处或者单处销售金额百分之五十以上二倍以下罚金	在生产、销售的食品中掺入有毒、有害的非食品原料的，或者销售明知掺有有毒、有害的非食品原料的食品的，处五年以下有期徒刑，并处罚金	除了取消罚金的区间值，还取消了针对食品掺假掺杂的生产、销售的拘役处罚方式，这意味着最低的刑事处罚将是不得低于六个月的有期徒刑

续 表

修 改 前	修 改 后	比 较
造成严重食物中毒事故或者其他严重食源性疾患，对人体健康造成严重危害的，处五年以上十年以下有期徒刑，并处销售金额百分之五十以上三倍以下罚金	对人体健康造成严重危害或者有其他严重情节的，处五年以上十年以下有期徒刑，并处罚金	罚金的变化，即取消具体的区间值
致人死亡或者对人体健康造成特别严重危害的，依照本法第一百四十一条的规定处罚	致人死亡或者有其他特别严重情节的，依照本法第一百四十一条的规定处罚	对于死刑，值得指出的是《刑法修正案八》的一个聚焦点就是减少死刑罪名，对此，13 个死刑罪名得以取消。然而，由于由食品掺假掺杂而导致的死亡犯罪，依旧保留了死刑

（二）食品安全的违法和处罚

作为一个总体趋势，食品安全立法和官方控制中的转变已经说明，应该通过预防的方式确保食品安全。如果说规制能够解释国家对于食品安全干预的合理性，欧盟所采取的预防措施则更为激进。首先，由于疯牛病危机的教训，欧盟将食品安全保障和消费者保护作为规制的基石，而不再优先考虑食品的自由流通。其次，就公共利益来说，对于保护的强调主要体现在对谨慎预防原则的贯彻，即强调通过谨慎行动应对科学不确定性。最后，在强调食品从业者应该肩负确保食品安全的首要责任时，食品法律的执行更依赖私人和官方之间的合作，尤其是通过私人执行确立的内部安全体系。对此，欧盟食品安全法律的执行更侧重于通过强化官方执行人员与食品从业者之间的合作进而推动执法和守法的机制而不仅仅只是依赖于官方执法及其处罚的威慑力。

然而，食品安全方面的违法行为始终存在，无论是轻微的还是严重的，考虑到食品安全的要求是食品入市的前提条件，不遵守食品安全相关的规定即构成违法。在这个方面，就国际市场中违背食品安全要求的一些行为已经有明确划分。根据国际食品贸易的道德法典[①]，以下食品不得进入国际市场。

（1）根据风险分析原则，某一食品中含有或附着的危害物含量使其含有毒素或者具有危害性，抑或有损健康；

（2）全部或部分含有污秽、腐败、分解或其他异物，致使食品不适宜人类消费；

（3）有掺假掺杂；

（4）其标签或展示方式是虚假、误导或欺诈的；

（5）在不卫生的条件下制备、加工、包装、贮藏、运输或销售；

（6）标签说明使用期限，但在进口国销售时没有预留足够的时间。

当所有涉及食品安全的违法行为都必须加以处罚时，应该首先采取以行为为对象的行政处罚方式，对此，无论是否造成危害，只要违反了相关的食品安全要求就必须加以惩处；对于严重的情况，不得以行政处罚替代刑事处罚。

尽管强调食品安全应以预防为主，或者对于“惩罚还是说服”[②] 也存在争议，但毫无疑问的是通过规制处罚的威慑性确保法律的贯彻，确保食品从业者不会以安全代价追逐经济利益[③]，尤其通过刑事处罚保护消费者依旧是不可或缺的[④]。如何处罚依旧是国家主权行为，各国会因为宪法规定或者历史原因对处罚形式的偏好不同，例如一些国家偏好采取行政处罚，有些国家则重视刑事处罚[⑤]。例如，在中国存在着行政处罚与刑事处罚之分，当类似无执照经营等在中国属于行政处罚的范畴时，而在英国都

---

① The Code of Ethics for International Trade in Food, CAC/RCP 20 - 1979, adopted in 1979, revised in 1985 and 2010.

② Baldwin, R., “The new punitive regulation”, The Modern Law Review, 67 (3), 2004, p. 352.

③ Macrory, R., Regulatory justice: making sanctions effective, Final Report, 2006, p. 4.

④ Cartwright, P., Crime, punishment, and consumer protection, Journal of Consumer Policy, 30 (1), 2007, pp. 1 - 2.

⑤ European Commission, Communication from the Commission to the Council and the European Parliament on Behavior Which Seriously Infringed the Rules of the Common Fisheries Policy in 2000, COM (2001) 650 final, Brussels, 12. 11. 2001, p. 8.

属于刑事范畴[1]。举例来说，对于继承英国法律体系的香港而言，其没有与内地相同或类似的行政处罚概念，对此，行政机关对于行政违法原则上没有处罚权，而绝大多数违法行为被视为犯罪，由法院处以刑罚。正因为如此，相关食品安全相关的法律都会在规定处罚措施时，明确罚款的数量及监禁时间[2]。欧盟对于处罚协调一直没有间断过，上文已经提到了它对于处罚制定的三项基本标准，即处罚的有效性、比例性和惩戒性。事实上，该原则可以同时适用于行政和刑事的处罚。

1. 有效性

有效性是指适用的法律和政策手段能够完成立法者所确立的目标。传统上来说，法律的公共执行需要借助刑事执法，而对许多国家而言，这都是确保法律执行和守法的主要手段。相比之下，食品安全的违法行为未必构成犯罪，但又必须在造成危害之前加以制止。因此，通过行政处罚可以更为有效和实际地处理违反食品安全的行为。

事实上，在引入确保公共利益的规制之前，违反规制要求的行为不同于犯罪。一般来说，犯罪本身被分为自然犯和法定犯。所谓自然犯是指违背道德的一些犯罪，如谋杀、殴打，因此需要通过身体或金钱的处罚加以制裁。对于法定犯，其实质是违反有关经济或安全规制的行政规则，即便该行为没有造成危害也需要通过罚金的方式加以制裁[3]。显而易见，侵犯人类生命和健康的违法性质足以构成犯罪，例如三聚氰胺事件中的食品掺假犯罪。相反，在没有取得许可资质的情况下售卖安全的食品其本身没有危害，但是依旧与必须获得许可才能销售食品的规则不相符。

作为法律制裁，行政处罚是针对违反规制要求但又不构成犯罪的从业者。对于赋予行政机关这一类似司法的权限，存在争议的一点是，这样赋予行政机构司法权并不符合分离执法权和司法权的要求。然而，各国都有支持对行政机关进行司法授权的做法。例如在美国，针对法律禁止的行

---

① 沈宗灵：《论法律责任与法律制裁》，《北京大学学报》1994年第1期，第45页。

② 张天，张新平：《香港食品安全监管及其借鉴意义》，《中国卫生经济》第28卷，第4期，2009年，第79页。

③ Hildebrandt, M., "Justice and police: regulatory offenses and the criminal law", New Criminal Law Review: An International and Interdisciplinary Journal, 12 (1), 2009, p. 44.

为，行政机关就具有实施制裁的权限[①]。而在法国，根据警察权的优势[②]，行政制裁作为刑事执法的有效补充机制已经落实很久了，因为前者更具灵活性，也省时并更具实践性。例如，通过警告性应对第一次的违法行为或者通过吊销执照应对多次违法行为，而不是立马通过刑事处罚加以制止。对于这一准司法权，其在落实的过程中也受到了诸多限制。例如在美国，法律必须明确违法的类型，从而规定可以由行政机构处理的违法行为以及必须经过刑事诉讼解决的违法行为。相类似的，法国也规定违法行为和处罚类型必须由法律加以规定[③]。

对于行政处罚的决定，食品安全的主管部门具有裁量权，但在决策过程中必须考虑以下有关食品安全的特殊性。

（1）违法的性质。违法的性质与制裁密切相关，其是采取行政处罚还是刑事处罚的依据。一般而言，食品安全基本法或者相关的法律都会明确规定行政处罚的类型和足以构成犯罪的违法行为。

（2）违法的严重性。界定违法严重性是为了确保行政处罚与违法行为相适应。根据轻微还是严重的程度，处罚的力度也不同，如罚款到吊销执照。此外，不同层级的行政机关所具有的行政处罚的权限也不相同。因此，那些处罚可以直接由地方上的执行机关或者需要更高级别的机关加以处理，也需要根据违法的严重程度加以明确。

（3）对违法的经济处罚。作为经常使用的行政处罚手段，罚款既可以单独使用，也可以和其他处罚手段一起使用。为了确保罚款的威慑性，其处罚金额的程度必须反映出违法的经济成本以及对重犯加强制裁。

（4）食品的特殊性。对于一些食品种类必须予以特别关注，如婴儿食品，只有强化处罚手段才能保护这些更易受伤害的群体。相反，对于街头食品或者小农场的官方控制必须给予一定的灵活性，相关的制裁也必须给予一定的灵活性。

---

① Oceanic Steam Navigation Co. v. Stranahan — 214 U. S. 320 (1909).

② Conseil d'état, Les pouvoirs de l'administration dans le domaine des sanctions, La Documentation française, Paris, 1995, p. 35.

③ Cacaud, P, et al, Administrative sanctions in fisheries law, FAO Legislative Study, 2003, pp. 6 - 9.

2. 比例性

比例性是指制裁的程度与违法行为的严重性相一致。作为一项原则，人权宣言第 8 条强调的就是处罚的比例性。对于官方控制，处罚的形式多样，包括针对食品从业者轻微的违法行为给予警告信，以及针对屡犯吊销其执照。当行政处罚和刑事处罚都是应对违法行为时，关键的一点是处罚的程度必须与违法的严重性相一致，也就是说，处罚力度一方面应该足以威慑违法者，而另一方面，也不能高于违法行为的严重程度。

无论是行政处罚还是刑事处罚，金钱处罚都是比较常用的一种制裁手段。对于违法者，违法的经济收益是其铤而走险的原因，因此，金钱处罚必须与这一违法行为相适应，从而威慑食品从业者使其放弃违法行为。然而，规制处罚一般都不考虑违法的经济成本①。对于很多国家来说，金钱处罚往往是由一般性的法律加以规定。而这些规定往往都比较稳定，由于金钱贬值或者低于违法成本导致的罚金缺乏威慑力。相反，罚金也可以比较灵活，由行政机关通过裁量权根据违法的规模加以确定。为了惩戒与食品安全相关的违法者，中国将固定的罚金标准改为了货值标准。不同的是，所处罚金可能远远高于违法成本，例如惩罚性的赔偿，而这是美国可以威慑食品从业者遵守法律规定的有力武器，但其执行方式主要是由私人提起民事赔偿的诉讼。

3. 惩戒性

惩戒性与威慑理论密切相关，其主要内容是对于刑事处罚的预见性可以使潜在的违法者依法行事，因为违法成本远远高于违法收益②。

事实上，处罚的威慑力，尤其是刑事处罚，与食品安全相关的违反行为的性质和严重性密切相关，而其设置又因国而异、因时而异。作为由来已久的一种犯罪类型，欺诈本身就构成犯罪，与食品相关的欺诈最早出现

---

① Hampton, P., Reducing administrative burdens: effective inspection and enforcement, 2005, p. 5.

② Faure, M., "Effective, proportional and dissuasive penalties in the implementation of environmental crime and shipsource pollution directives: questions and challenges", European Energy and Environmental Law Review, 2010, pp. 259 - 264. 可参考第 219 页注③，第 406—409 页。

在公元前4世纪，当时的处罚是罚做奴隶或者流放[1]。如今，因为经济利益的驱动，食品欺诈依旧存在，而对于掺入危害物质的食品欺诈还会对健康构成威胁。对此，欧盟的马肉风波是在牛肉中掺入马肉，尽管这种行为构成欺诈但对健康并没有危害。因此，其并没有被定性为食品安全问题。相反，在牛奶中掺入三聚氰胺是严重的食品安全事故，其对健康有严重的危害性。此外，食品工业的现代化，也使得食品污染成为食品生产中日益严重的一个问题。

因此，具有不同威慑力的刑事处罚必须与犯罪的性质和严重程度相适应。对于非人为的污染，预防更为重要，采用美国以严格责任为标准的刑事处罚和通过渎职罪的设立都能有效预防或控制食品安全。然而，马肉风波已经说明，过低的处罚不足以抑制违法行为。因此，对于故意的违法行为也没有足够的威慑力。鉴于此，欧盟应对马肉风波的一个措施就是承诺提高食品欺诈的金钱处罚力度，进而增加违法的成本。

相比之下，以经济利益为目的的食品欺诈比对人类健康构成威胁的食品欺诈严重程度低。事实上，食品犯罪往往发生在工业化早期阶段，由于市场上充斥着“廉价”“劣质”的产品，而生产经营者也是不顾产品的安全与否一心追求利益的最大化，此外，整个社会的道德和商业道德都迅速滑坡。在这样一个“廉价资本主义”的背景之下，对于食品从业者而言，有许多成本较低的犯罪机会。对消费者而言，商家间“突破底线”的竞争使得他们被大量廉价和低标准的食品充斥，而又无力购买昂贵的健康食品。相比较而言，发达国家已经在20世纪就经历了这个阶段，然而，即便到了21世纪，亚洲和非洲的许多国家也还在经历这一阶段，故而为食品犯罪提供了新的契机[2]。

作为一个典型的例子，中国的食品安全问题往往是由不符合标准或者掺入有害物质的食品所导致，因而对公众健康构成严重威胁。尽管食品相

---

① Spink, J. and Moyer, D., Understanding and combating food fraud, Food Technology Magazine, 67 (1), p. 31.

② Cheng, H., A sociological study of food crime in China, British Journal of Criminoloyg, 52, 2012, pp. 254 - 255.

关罪行的确立以及处罚力度的加大具有一定的威慑力，但这方面的犯罪数量仍在持续增加。所谓“乱世用重典”，提高处罚力度被视为威慑食品从业者的重要手段。此外，由于廉价低劣食品的国际流通，食品犯罪已日趋国际化。对于这一跨界的问题，司法合作是非常必要的，例如对罪行的定义、处罚的类型和力度确定一些最低标准的规则①。

对于规制处罚，行政手段和刑事手段对于确保执法和守法的有效性都是不可或缺的。但是公权力的执行倾向于制定与公民合法权利不相一致的规则。因此，正当程序的要求就在于保护公民的生命、自由或财产。因为只有经过正当的程序权利才能剥夺这些权利，如告知的权利和听证的权利。这些权利最初应用在刑事程序中，其目的是防止刑事控制中的武断、侵害相关人员的权利等，例如针对刑事调查而获得律师的权利。随着行政调查的扩展，正当程序也被应用到行政过程中，这意味着行政处罚的实施也必须告知相关人员，并赋予其听证的权利。例如，对违法行为进行制裁时，欧盟成员国的主管部门必须以书面的形式告知食品从业者，以及其可以上诉等信息。

考虑到食品在各国的发展程度不同以及食品安全问题的差异，如何针对食品安全定义违法行为也有国别差异和时间段的差异。作为食品安全规制中的一个趋势，官方控制更多的是通过预防确保食品安全，因为越来越多的食品安全问题主要是由于生产过程中的微生物污染所致。为此，欧盟一方面确立了食品从业者确保食品安全的首要责任，要求其构建内部的安全体系，包括 HACCP 体系，追溯和食品召回等应对合理的食品风险。然而，要真正落实食品安全的相关规定，规制中的制裁也是不可或缺的。事实上，发达国家的食品安全问题主要是由生产中的微生物污染所致，而发展中国家的食品安全问题还主要是由人为的掺假掺杂所致。正因如此，中国一而再再而三地提高处罚力度以期威慑人为的违法行为。但是，许多食品安全相关的违法可能不足以构成犯罪，因此，灵活的行政处罚也有利于

① European Commission, Towards an EU Criminal Policy: Ensuring the effective implementation of EU polices through criminal law, COM (2011) 573 final, Brussels, 20. 09. 2011.

确保处罚的有效性和比例性。

第二节 确保食品安全的产品责任

除了行政和刑事处罚，要求赔偿受害人损失的民事责任也对确保消费者享用安全食品起着重要作用，因为根据这一法律责任，对于由缺陷产品造成的损害，消费者可以提出损害赔偿。其中，作为一项民事责任，产品责任是一项特殊的侵权责任，要求对商业性销售或转移的缺陷产品所造成的损害进行赔偿[①]。当食品产品由于缺陷给消费者造成损害时，产品责任界定中的三个要素，即缺陷、损害和两者之间的因果关联应考虑食品产品和食品从业人员的特殊性。

一、产品责任的综述

对于违反非刑事类的法律，例如违反合同法、信托法，或者侵权行为，民事上的错误是承担民事责任的前提，而作为受害者，可以要求赔偿损失。相应的，主要有两类民事责任，包括由于违反合同引起的合同责任和由于侵权行为导致的侵权责任。尽管普通法体系和罗马法体系都认可了这一分类模式，但侵权法仅仅在普通法体系中作为独立的法律部门。对此，值得注意的是，侵权“tort”这一术语主要是在普通法体系中使用，而大陆法体系中相对应的术语是“delict”，相应的规则都编纂在民法典中[②]。从历史来看，产品责任最初源于普通法体系，其发展主要是从合同责任演变至侵权责任。相反，罗马法体系认为，产品责任既是合同责任也是侵权责任。回顾产品责任的发展有助于了解其归责原则。值得指出的是，工业化所产生的风险对产品责任进行了重构，尤其是主张即便没有过

① Geistfeld, M., “Product liability”, in, Faure, M. (ed.), The Encyclopedia of law and economics, Second Edition, Edward Elgar Press, 2010, also available on the SSRN at: http://papers.ssrn.com/sol3/papers.cfm?abstract_id=1396369, p. 287.

② 侵权（Tort）是一个典型的普通法系术语，且在大陆法系中并没有对应的用语，相比较而言，相似的一个概念是侵权（违法责任）或者合同外责任（extra-contractual liability）。然而，目前侵权（Tort）一词已经在诸多欧洲国家得以应用。Dam, V. and Mary, Q., European Tort Law, Oxford University Press, 2006, p. 4.

错的情况下也要承担产品责任。

（一）归责原则

在普通法体系中，英国在 17 世纪早期就基于侵权法、合同法和财产法的分类定义了民事法律责任，但当时，只有合同法和财产法被认为是独立的法律部门[①]。18 世纪早期，英国法官威廉·布莱克斯通（Wiliam Blackstone）将侵权归于一种非因合同而产生的非刑事侵害[②]。随着案例法的发展，侵权法最终在 19 世纪发展成为独立的法律部门，至此与其他两类私法并驾齐驱，即侵权法、合同法和财产法。

在早期，侵权行为在英国的诉讼只能在令状体系下进行，这意味着，只有预先获得法院以令状形式出具的书面命令才能提起诉讼。就侵权诉讼而言，其主要依据的是直接侵权令状（Writ of Trespass），具有多种形式，如针对土地的侵权行为（Writ of Trespass Quare Clausum Fregit）、针对人的侵害，相当于现在的企图伤害、殴打和非法拘禁。这些侵权诉讼都有一个共同的要求，即被告使用武力和武器且违反了国王要求的和平。对于这一要求，只要证明侵权行为中使用了暴力，而无须证明被告是否有错即可以要求其为自己的侵权行为承担法律责任。然而，这一救济无法为没有使用武力和武器的侵权行为提供诉讼依据。因此，在 14 世纪中期出现了间接侵权诉讼（Trespass on the Cases），由此可对其他的侵权行为提起诉讼。然而，在令状体系下，只有正确使用了令状才能获得要求赔偿损失的机会。由于实践中存在着多样的侵权行为，因此令状的规定显得非常僵化。此外，由于这一体系本身更多的是关注诉讼的形式，以至于相关的发展更侧重诉讼技巧而不是侵权理论。

20 世纪早期，美国对侵权理论的发展做出了很大的贡献，其目的就是希望总结出侵权法中的一些通用的指导原则。在这个方面，弗朗西斯·希利亚德（Francis Hilliard）指出，侵权的归责原则有三类，包括绝对责

---

① Lunnen, M. and Oliphant, K, Tout law: text and materials, Oxford University Press, Third edition, 2008, p. 9.

② White, G., Tort Law in America: an intellectual history, Oxford University Press, 2003, p. 3.

任、过错原则和过失原则。其最大的一个贡献就是将过失视为侵权法的一个综合原则。如今，侵权已经发展成为一个独立的法律课题，其涉及诸多的理论内容，例如补偿威慑理论、企业责任理论、经济威慑理论、社会公正理论和个人公正理论等，而这些理论的发展可以说明当前侵权理论的发展轨迹，以及这一法律所要追求的最终目的①。除了理论发展，美国对于侵权法最大的贡献就是通过法律重述（Restatement）对其进行的协调，从而总结了一些侵权法的基本原则。

尽管传统观点认为，侵权法是在公元1066年诺曼底登陆后的英国中世纪开始发展起来的，但诸如企图伤害、殴打等民事过错早就出现在法律规定中，而那时还尚未使用“tort”这一术语归类这些行为。例如，一些早期的古代法律就对侵权责任作出了规定。举例来说，公元前2100年的《乌尔-纳姆法典》就规定，如果一个人把另一个人的眼睛打掉，那么他将对受害人进行赔偿。当罗马法仅仅将侵权法作为民法的一部分内容且试图找出侵权责任的一般原则时②，实施罗马法体系的国家也采取了类似的做法，例如法国。

法国针对侵权法确定了基本原则，并编纂在了法国民法典中。相应的，以下情况可以追究当事人的法律责任。（1）以过错为归责原则的第1382条规定：任何人因自己的过错致使他人遭受损害时，应进行赔偿；（2）以过失为归责原则的第1383条规定：任何人不仅要为自己的故意行为所导致的损害承担责任，也要为其因过失或轻率的行为造成的损害承担责任；（3）以无过错为归责原则的第1384条规定：任何人不仅要为自己行为导致的损害承担侵权责任，也要就自己为其行为负责的人的行为，或对自己负责管理的物所造成的损害承担侵权责任。

随着历史的发展，中国侵权责任经历了三个阶段，包括古代法律针对

---

① Fox, M., “Civil liability and mandatory disclosure”, Columbia Law Review, 109, 2009, pp. 2-3.

② 侵权（Tort）是一个典型的普通法系术语，且在大陆法系中并没有对应的用语，比较而言，相似的一个概念是侵权（违法责任）或者合同外责任（extra-contractual liability）。然而，目前侵权（Tort）一次已经在诸多欧洲的国家得以应用。Dam, V. and Mary, Q., European Tort Law, Oxford University Press, 2006, pp. 9-10.

赔偿的要求，但各朝各代都有自己的规定；第二阶段是清朝末期根据法国、德国和日本的经验实施立法改革；相比之下，当时已经确立了承担侵权责任的过错归责原则。第三阶段是在借鉴日本和德国经验的基础上进行的现代侵权立法。对此，中国对侵权法体系化的做法更近似罗马法体系下的做法。在尚未制定《民法总则》之前[①]，中国通过《民法通则》规定侵权的归责原则包括过错原则、无过错原则和公平原则。此外，中国还进一步制定了单行的《侵权责任法》。

尽管普通法体系和罗马法体系之间的差异导致了侵权责任的法律渊源不同，如普通法体系下源于法官判例的侵权法规则，或在罗马法体系下法典中的侵权法规则，但是有关侵权法的规则主要在于规定个人或机构对其他人所承担的义务（Duty of Care，注意义务），何种条件下违反了这一义务（归责原则），包括过错、无过错或者免责事由等内容[②]。在这些规则内容中，归责原则是关键性的内容，对于不同的归责原则，要证实侵权责任的要素都不同。一般来说，当一个人对他人造成损失时，要确立前者（被告）的侵权责任，后者（原告）必须证明以下这些关键要素，包括被告有注意义务[③]，根据归责原则的内容违反了这一义务，损害以及违反行为和损害之间的因果关系。

从传统观点来看，要根据过错原则确定某一行为者为其行为承担法律责任，这就意味着，如果无法证实其有过错，就无须为侵权行为承担责任。也就是说，无论是严格意义上的过错（故意）或者较轻意义上的过失都是承担法律责任的前提[④]。对此，Brown 与 Kendall 的案例一直被认为是第一个应用过错归责原则的美国侵权案例。在这个案例中，Brown 的狗

---

① 目前，《中华人民共和国民法总则》已于 2017 年 3 月 15 日通过，且会于 2017 年 10 月 1 日起施行。

② Schuck, P. H., “liability: legal”, International Encyclopedia of the Social & Behavioral Sciences, 2001, p. 8775.

③ 侵权（Tort）是一个典型的普通法系术语，且在大陆法系中并没有对应的用语，比较而言，相似的一个概念是侵权（违法责任）或者合同外责任（extra-contractual liability）。然而，目前侵权（Tort）一次已经在诸多欧洲的国家得以应用。Dam, V. and Mary, Q., European Tort Law, Oxford University Press, 2006, p. 11.

④ White, G., Tort Law in America: an intellectual history, Oxford University Press, 2003, p. 13.

与 Kendall 的狗在打架，Kendall 试图用棍子分开两只狗，然而当 Brown 从 Kendall 后面靠近时，kendall 将木棍杵进了 Brown 的眼睛里。于是，Brown 起诉 Kendall 这一侵权行为，初审法庭支持了 Brown 的起诉，认为 Kendall 有普通的注意义务。但是上诉法院认为，如果一个人没有做什么违法的行为，而且行为过程中履行了注意义务，则无须为非故意造成的损害承担责任。对此，根据就此确认的过错归责原则，一个人只有在过失的情况下才能承担责任。尽管对过错原则有诸多的挑战，但其仍成为了侵权法中主要的归责原则，包括诸如企图伤害的故意[①]和过失两个层面的内容。对于这一分类，两者的差别更多的是程度不同而不是种类差别[②]。

早在罗马法中，过失就被区分成了多种不同的程度，包括轻度过失、一般过失和重大过失。因此，作为过错的一个方面，过失本身就构成多种不同的侵权。从传统观点来看，过失被认为是思想的一种状态。也就是说，过失情况下的被告虽然危害了他人，但是其本身并没有制造这一危害的意愿或故意性。事实上，过失本身就构成一种侵权。对于这一观点，其所要强调的是以行为为判断依据而不考虑思想状态。这一变化主要与工业化的发展相关，在这一大环境中，出现了由于事故导致陌生人受伤的新情况。为此，现代过失原则主要应对不断增加的由于事故导致的侵权行为，在这些案例中，双方在事故发生前并没有关系。

作为一种独立的侵权行为，1928 年的 Donoghue 与 Stevenson 案例对其发展做出了贡献，尤其是对注意义务的说明。在这个案例中，Donoghue 喝了一瓶由 Stevenson 制造的姜啤。然而，因为瓶内有分解了的蜗牛残骸，Dononguhe 声称遭受了严重的肠胃问题。为了确认制造商是否需要为这一申诉承担法律责任，法官认为，支持就过失导致损害的行为进行起诉。为此，申诉者必须指出其受伤是由于被告没有采取合理的措施、履行自己的注意义务，进而没有避免这一损害的发生。对此，法官确认了制造商对消

---

① Wilde, M., Civil liability for environmental damage: a comparative analysis of law and policy in Europe and the United States, Kluwer Law International, 2002, p. 116.

② Salvador-Coderch, P., Garoupa, N. and Gomez-Liguerre, C., "Scope of liability, the vanishing distinction between negligence and strict liability", European Journal of Law and Economics, 28 (3), 2009, p 7.

费者有注意义务。因此，这改变了产品责任形式，使得普通法体系下的国家将该法律责任的归责原则从过错原则转为了严格责任[①]。

尽管严格责任并不是一个新概念，但是严格责任理论的复兴则是因为生产日益复杂化弱化了对消费者的保护，进而有必要通过严格责任维持社会公正。就侵权法而言，其最初的目的是为了通过恢复由错误导致的损失，消除由非法实现的目的进而矫正公义。然而，随着人类关系的不断改变，尤其是风险社会的到来，侵权法的目标遭到了质疑，其应该更多是威慑过失风险的行为，并通过补偿受害者重新分配损失。也就是说，将受害者的损失转嫁到过错者，由此，为损害承担责任才能控制生产和销售的风险，包括与食品相关而对人类健康构成威胁的风险[②]。在由于事故使得陌生人遭受损失的案例中，侵权责任的界定更多的是根据过失原则而不是严格责任。然而，一旦涉及安全保障，占据主导地位的仍是严格责任，尤其是与产品责任相关的案例中。严格责任是普通法体系下的概念，而罗马法体系中相对应的概念是无过错责任。以法国为例，民事责任也因为风险社会的到来发生转变，即如果一个人的行为涉及风险，则其必须因为自己的受益而对受损者进行补偿。一旦存在损害，即说明了有过错[③]。

（二）产品责任的演变

如上文所述，就严格责任的运用来说，产品责任的目的更侧重安全保障，即当某一产品在正常使用过程中存在不合理的危害时，制造商或销售商对由于使用这一缺陷产品而遭受损害的使用者承担侵权责任，包括购买

---

① Franco, F., "Donoghue v. Stevenson's 60th Anniversary", Annual Survey of International & Comparative Law, 1 (1), Article 4, 1994, also available on the Internet at: http://digitalcommons.law.ggu.edu/cgi/viewcontent.cgi?article=1003&context=annlsurvey, p. 85.

② Ferrari, M., "Risk perception, culture and legal changes: a comparative study on food safety in the aftermath of the Mad Cow Crisis", 2008, available on the SSRN at http://papers.ssrn.com/sol3/papers.cfm?abstract_id=1159763, p. 89.

③ Rigal, M., Principle de précaution et responsabilité civile, Groupe CEA, available at: pp. 1－2.

者、使用者以及旁观者[1]。尽管法律体系有所差异，但是产品责任的发展与技术时代的到来息息相关。因此，有关产品责任的协调借鉴了美国产品责任的发展，将严格责任确立为该法律的共同法律基础[2]。

在普通法体系中，产品责任法律的发展模式是案例法，最为重要的归责原则经历了“没有合同就没有责任”到过失原则再到警示最后到严格责任的过程。

一开始，产品责任被认为是合同法规范的内容，尤其应考虑合同的相对性。在 1842 年的 Winterbottm 与 Wright 的标志性案例中，Winterbotton 受雇于邮局负责驾驶邮车，但是由于邮车的缺陷而受伤了。为此，作为被告，Winterbotton 起诉 Wright 因为持有邮车而需要对他的损害进行赔偿。然而，因为被告和原告之间没有直接的合同关系而无法胜诉。在这个案例中，判决确认了合同相对性是这一类诉讼的前提，其目的是限制只有合同关系的人才能起诉，这也成为了产品责任的先驱规则。

然而直到 1916 年的 MacPherson 与 Buick Moter Co. 案例，过失才成为产品责任的一个归责原则。在这个案例中，原告 MacPherson 买了被告 Buick Moter 公司制造的汽车，但却因为轮胎的缺陷受了伤。尽管被告本身并不是轮胎的制造商，但是通过合理的检查其能发现轮胎的问题。考虑到制造商的过失会导致严重的后果，法官认为，制造商应该在没有履行注意义务的时候承担法律责任。为此，取消了产品责任中适用合同相对性的规定。

在 20 世纪 60 年代最终在产品责任中适用严格责任前，制造商也会因为警示标识而承担责任。而所谓的警示标识作为一种承诺，以明示或暗示的方式说明产品的质量、类型、数量或表现。诚然，警示标识可以方便消费者举证。但是作为合同法的一项要求，只有作为提供警示标识当事人的合同相对人，才能起诉前者违反警示内容。

---

① See, the definition of defective product and product liability. Garner, B., Black's Law Dictionary, Eighth edition, Thomson West, 2004, p. 1245.

② Posch, W., "Introduction", in, Campbell, C. (ed.), International product liability Yorkhill Law Publishing 2007, p. 24.

为了在大众生产和大众消费的背景下保护消费者，1963 年 Greenman 与 Yuba Power Product 公司的案例中确立了产品责任中的严格责任。作为原告，Green 收到了作为礼物的名为 Shopsmith 电力工具，然而，其在使用该工具的过程中受了伤。尽管作为被告的 Yuba Power Product 公司是该产品的制造商，但其声称由于原告自身没有按照警示说明进行操作才导致其受伤。法官认为，对于侵权行为，制造商在将其产品投入市场时，如果知道在未经检查缺陷的情况下使用会导致人员伤害，则根据严格责任要承担法律责任。严格责任的意义在于方便确立民事责任，因为受害者只需证实损害、损害与缺陷之间的关联性。

上文已经提到，严格责任的复兴是基于生产的复杂化而对消费者予以保护的需要。此外，在产品责任的界定中适用严格责任也是因为工业化下生产模式的变化而不是法律本身的变迁。一如在 1944 年的 Escola 与 Coca-Cola 公司的案例中，被告 Gladys 因为玻璃瓶的破裂而受伤，现代大众生产和销售的模式使得消费者难以检查并确认其所购买产品的安全性，或者可以证实制造商有过失行为。相似的，欧盟成员国对产品责任进行协调也是为了可以公平分配现代技术产品所带来的风险。因此，在相互借鉴中，有关产品责任的规定差异日渐减少，从而为公平竞争和实现同等的消费者保护水平提供了法律环境。

为此，就产品责任发展中趋于一致的做法是：随着大众生产和消费的来临，私人从业者就其提供的缺陷产品所导致的损害具有赔偿义务，但前提是受害者可以在诉讼中证实缺陷产品和其损害之间的关联性。对此，有三个重要的因素，即缺陷、损害和关联性。就产品责任的理论和规则的协调来说，美国的案例为产品责任的统一做出了巨大贡献，而欧盟则是说明了在不同法律体系之间协调产品责任的可能性。

作为产品责任理论发展的先锋，美国法律和案例都有针对产品责任的立法和司法解释。因此，产品责任法的统一成了侵权法重述中的一个重要部分。一直以来，第二版法律重述中 402A 节中首次规定了产品责任适用严格责任。尽管这一规定对案例判决产生了重要影响，在随后的产品责任相关案例中还是有了新的重述。对此，1998 年第三版的重述主要关注的内容就是产品责任，其规定了普通产品的法律责任规定以及一些特定产品的法律责任规定。就普通产品来说，其所谓的缺陷包括制造缺陷，即尽管在生产和销售该产品的过程中都尽到了注意义务，但是产品还是与其设计目的不相符合。此外，还包括设计缺陷、由于没有充足说明或警告而具有的缺陷。对于后者，针对商业销售和流通有危害的缺陷食品产品规定了具体的产品责任规则。相应的，如果食品产品中某一对健康有害的成分是理性消费者无法预期的，那么就构成缺陷，因而销售商和流通商需要承担法律责任。值得一提的是，重述本身并不是一部产品责任法，但其对欧盟产品责任法的统一产生了很大影响，尤其是严格责任的规定。

为了公平竞争和针对消费者的同等保护水平，欧盟对成员国的法律、法规和行政规定进行了协调，其中，1985 年制定了针对缺陷产品的法律责任的指令，规定就欧盟生产者的责任由严格责任替代原来的过错责任。为此，受害者应举证说明损害、缺陷以及两者之间的因果关系。一方面，欧盟层面就一些关键概念进行了统一定义，例如，谁可以被视为生产者、缺陷的定义等。另一方面，就产品责任的认定也规定了一些限制，包括以发展风险为抗辩事由，即在产品流通期间的科学认知无法发现缺陷存在时，生产者可以免责，此外，还有法律责任的追诉期限、赔偿金额的固定阈值等。然而，作为一部指令，欧盟层面的产品责任规定仅仅只是一个法律框架，而成员国在适用该法律方面还具有一定的自由裁量权，例如是否将产品责任扩展到初级农产品或者是否提供发展风险抗辩等。

就中国来说，产品责任的规定有两套并行的机制。20 世纪 80 年代中期以来，由于经济改革的发展，侵权案件日益增加，为此。在借鉴美国和欧盟经验的基础上，民法通则对产品责任作出了规定①。在此基础上，侵权法又进一步就产品责任作出了规定，包括明确缺陷判断的标准、不同私人从业者的法律责任，尤其是制造商的严格责任和销售商的过错原则。除了产品责任，还有一种产品质量责任，这是中国自创的一种应对不合格产

---

① 梁慧星:《中国产品责任法——兼论假冒伪劣之根源和对策》,《法学》2001 年第 6 期，第 38 页。

品的结合行政法律责任、民事责任和刑事责任的法律责任[①]。回顾20世纪80年代，行政规定是保护和提高工业产品质量的主要手段，例如，针对工业产品质量法律责任的规定。对此，当获得生产许可的企业存在问题时，可以通过行政处罚撤销其资质，而导致死亡的行为构成犯罪时，将受到刑事制裁。此外，对于不符合标准而造成的损害也可以根据民法通则的规定进行索赔。产品质量法不仅强化了针对不合标准产品的行政和刑事处罚，同时也规定了对损害的赔偿的产品责任。

二、应对食品安全的产品责任适用

与确保食品安全的首要责任相对应，产品责任也要求食品从业者承担注意义务以便预防风险、保护健康。当食品从业者违反这一注意义务时，根据严格责任，可以要求他们为自己的缺陷产品承担赔偿责任。对此，根据产品责任追究食品从业者的法律责任时，应考虑食品的特殊性以及作为自然人或法人的食品产品责任主体的不同，例如，食品供应链中的制造商、零售商在责任承担方面的差异。

（一）产品责任和食品

当食品从业者向消费者提供有缺陷的食品而使后者受到诸如健康问题等损害时，他可能既要面临行政或刑事处罚，也要因为违反合同或侵权行为而承担民事法律责任。就违法合同的行为来说，相关的食品从业者会因为合同中默认条款的规定而承担民事责任，如合同说明食品应适宜消费而实际情况中确实是损害了消费者健康。就侵权来说，可以根据产品的缺陷、造成的损害和两者之间的因果关系要求食品从业者承担产品责任。

比较而言，根据产品责任这一特殊侵权责任要求，食品从业者承担民事责任更具优越性。首先，侵权诉讼不受“合同相对性”的限制，这意味着购销合同之外的第三人，如买者家庭成员或馈赠对象在消费有缺陷的食品而受到损害时，都能对卖家提出赔偿请求。第二，目前集中消费的食品

---

① 梁慧星：《中国产品责任法——兼论假冒伪劣之根源和对策》，《法学》2001年第6期，第39页。

主要是以科技为手段的制造品。对此，经典的蜗牛案例已经明确指出：制造商在产品制造过程中负有注意义务，为此应为侵权行为造成的损失承担赔偿责任。而在责任追究过程中，受害者只需证实缺陷、损害和关联性这三个要素，而制造商的过错或过失则并无关联。第三，与起诉合同中的过错方相比，侵权诉讼更能确保原告在没有实际损失的情况下要求侵权方承担实质性的赔偿，或者不受合同对于赔偿规定的限制[①]。

对于日常生活而言，食品尽管廉价但是不可或缺，可大多数消费者对于食品消费已经习以为常，以至于不会特别注意。然而，食品消费可能导致诸多危害，例如由食品中存在的有害成分、具有风险性的生产方式或没有提供足够信息而导致的危害等。此外，食品相关产品也会造成危害，酒瓶爆炸就是由于食品接触物质而存在的健康风险。然而，即便在当下的技术支持下可以确认某一食品的缺陷、损害和两者的关联性，但由于昂贵的举证和诉讼成本以及低廉的预期赔偿，许多因为食品而遭受损失的消费者都不会采取诉讼索赔方式。因此，与食品相关的产品诉讼非常有限。即便美国的产品诉讼因为惩罚性赔偿而有使用过度的问题，但是也仅有少于0.01%的案件进入诉讼程序而实际的赔偿也并不高[②]。因此，这些实际困难的存在加大了食品从业者逃脱赔偿责任的机会。鉴于此，针对食品提起的产品诉讼和索赔应该考虑食品的特殊性，进而方便受害者可以申诉自己遭受的损害。

一般来说，产品的缺陷是指产品具有不合理的危险，对此，有关缺陷的标准规定是判断不合理危险的依据[③]。确保产品的安全状态是为了减少其存在的风险，为此，不符合适用的安全要求就会导致该产品具有危险[④]。相应的，食品安全法律的目标就是为了保护公众和消费者免受食源

---

① Burdick, F., The law of torts: a concise treaties on the civil liability at common law and under modern statutes for actionable wrongs to person and property, Beardbooks, Washington, D.C., 2000, p. 18.

② Buzby, J. and Frenzen, P., "Food safety and product liability", Food Policy, 24, 1999, p. 642.

③ Lin, X., et al., "Study on effect of product liability to inherent safety", Procedia Engineering, 45, 2012, p. 273.

④ Restatement of the Law, Third, Torts: products liability, 1998, Chapter 1 § 4.

性疾病的威胁。因此，违反确保食品安全的要求就会构成食品的缺陷，而这些食品安全的要求往往由食品安全基本法加以规定，如美国《联邦食品、药品和化妆品法案》禁止食品的掺假掺杂和错误标识，欧盟《通用食品法》禁止销售有害健康和不适宜消费的食品，又或中国《食品安全法》对食品安全的要求是指食品无毒、无害，符合应当有的营养要求，对人体健康不造成任何急性、亚急性或者慢性危害。

将违反安全要求作为食品缺陷的认定依据是毫无争议的。然而，不得不承认的一个事实是，一些低于标准要求的食品可能并不危害健康，但是根据其使用目的，依旧不适合人类消费，例如欧盟马肉风波中以廉价的马肉成分替代高价值的牛肉成分。因此，相关的一个问题就是所谓的“适宜性”而不是安全要求是否可以作为标准认定产品的缺陷性。作为答案，食品法的目的是保护公共健康和消费者的利益，当某一食品产品无法满足消费者的预期需要时，也会因此导致消费者的经济损失或非物质的损失。正因为如此，食品可以因为具有危害而存在缺陷问题，也可以因为低于安全或质量的要求具有缺陷问题[①]。就安全而言，危害可以从物质、生产过程和信息三个方面进行认定。

从物质角度来说，食品中的“危害”相当于产品的“缺陷”，是指食品中存在的可能对健康产生不良影响的某种微生物、化学或物理性物质或条件。举例来说，化学危害物质可以是过度使用的食品添加剂、非食用添加剂，或者过度的农药残留。而微生物危害物质可能是由于沙门氏菌导致的污染。作为食品的一个特征，由缺陷产品导致的危害和引起危害的原因可能需要一段时期才能界定出来[②]。鉴于此，发展风险抗辩使得食品从业者只要能够证实当时的科学技术知识不足以发现导致损害的缺陷就能逃避责任。然而，为了优先保护公共健康，也有一些国家因安全的理由限制了发展风险抗辩。更为重要的是，对于安全保障，前置性的政府规制比事后的产品责任追究更具必要性。也正因如此，当产品责任着眼于事后追究食

① Loureiro, M., “Liability and food safety provision: empirical evidence from the US”, International Review of Law and Economics, 28, 2008, p. 204.

② O'Rourke, R., Sanctions and inspection mechanisms in European Food Law: legal measures for consumer protection, ERA Forum, 2, 2001, p. 50.

品从业者的注意义务时，通过落实安全体系承担首要责任的意义就是通过前瞻性的方式强调这一注意义务。

从对卫生条件的要求发展到对安全体系的规定，尤其是 HACCP 体系的运用，生产过程中主要的安全担忧就是控制和减少微生物污染。在这一方面，食品从业者主导发展的内部控制体系不仅是为了落实安全相关的要求，同时也是方便举证责任，因为记录可以说明某一产品中存在的缺陷并不是由于他们自己的操作所致，并追踪到真正需要承担责任的食品从业者。此外，由于现代化生产技术的运用，也出现了由于技术风险导致的安全隐患，如对生物技术、辐射技术应用的担忧。与物质方面的安全问题相类似，一方面，需要规定具体的规则或标准确定安全使用这些技术的条件。另一方面，也需要明确，是否可以就这些技术食品的风险适用发展风险抗辩，或者根据谨慎预防原则优先保护公众健康。

对于食品安全，说明或者警示对于消费者以安全方式消费某一食品都是必要的，包括针对公众的温度控制或者过期时间标识以及针对部分特殊人群的过敏标识等。因此，信息的缺失，尤其是强制性要求标注的信息的缺失可以构成食品的缺陷。除了安全问题，即便是出于经济目的的误导信息也将构成食品欺诈。因此，有必要明确就信息缺失来说，如果仅仅只是不符合消费者的预期而使其遭受经济损失或其他非物质损失，这种情况是否构成食品的缺陷。

就食品来说，损害可以指能够量化的对健康的不利影响、财产损失以及非物质损失。就损害救济来说，责任人有两种方式可以恢复其造成的损害，包括恢复原状或者以等量的金钱赔偿损害导致的损失。在食品安全问题中，财务损失以及健康等非金钱损失可以通过赔偿的方式补救[①]，就食品安全问题造成的经济损失或者健康损害往往是通过补偿的方式寻求赔偿。然而，除了死亡和严重的健康问题，食品造成的损害往往是无形的或者是可以忍受的，如生理上的不舒服或者少量的经济损失等。因此，当损

① 侵权（Tort）是一个典型的普通法系术语，且在大陆法系中并没有对应的用语，比较而言，相似的一个概念是侵权（违法责任）或者合同外责任（extra-contractual liability）。然而，目前侵权（Tort）一次已经在诸多欧洲的国家得以应用。Dam, V. and Mary, Q., European Tort Law, Oxford University Press, 2006, p. 302.

害赔偿往往非常少时，消费者可能没有足够的意愿为此起诉相关的责任人。对比以等额金钱的方式赔偿受害人的损失时，惩罚性赔偿则为消费者主张自身权利提供了更多的推动力。

惩罚性赔偿是美国侵权赔偿的一个重要特色，其目的是惩罚而不是赔偿[①]。为此，只要证实被告的过错或者恶意，受害者得到的金额就没有上限要求[②]。从美国的司法实践来看，由于在食品安全相关的案件中共同应用严格责任和惩罚性赔偿，不仅减少了食品安全相关的案件，同时也强化了食品企业谨慎应对食品安全的行为。然而，惩罚性赔偿的实际应用效果有所夸大。以美国麦当劳咖啡案件为例，当法院试图通过惩罚性赔偿支持对受害者的赔偿时，实际情况却是将原本 270 万美元的赔偿降到了 48 万美元，而且最后也是以庭外协商的方式解决。对于受害者而言，在支付了高昂的律师费后，真正能够得到的赔偿又远远低于这一确定的赔偿金额[③]。

同样考虑到食品安全的严重性，中国的《食品安全法》业已明确规定，消费者因食用不符合食品安全标准的食品受到损害的，可以向经营者要求赔偿损失，也可以向生产者要求赔偿损失。对此，具有惩罚意义的赔偿是指生产不符合食品安全标准的食品或者经营明知是不符合食品安全标准的食品，消费者除要求赔偿损失外，还可以向生产者或者经营者要求支付价款十倍或者损失三倍的赔偿金；增加赔偿的金额不足一千元的，为一千元。然而，当上述的惩罚性赔偿有助于提高公民和受害消费者的维权意愿时，其结合中国食品安全治理中所提倡的社会举报却催生了“知假买假”的现象。对于后者，那些以食品标识为狙击对象且以索赔为目的的“知假买假”已经带来了消极影响。

此外，一方面，尽管惩罚性赔偿的经济压力使得食品从业者不得不谨慎应对食品安全，但是基于注意义务所采取的以市场为导向的措施，由于

---

① Ryan, P., Revisiting the United States application of punitive damages: separating myth from reality, ILSA Journal of International and Comparative law, 10 (1), 2003, p. 74.

② Loureiro, M., “Liability and food safety provision: empirical evidence from the US”, International Review of Law and Economics, 28, 2008, p. 205.

③ Ryan, P., Revisiting the United States application of punitive damages: separating myth from reality, ILSA Journal of International and Comparative law, 10 (1), 2003, pp. 77 - 78.

信息延迟和信息缺失的问题也无法发挥有效性，食品安全是一个信任属性，即便在使用或消费之后也无法作出适当的评估。另一方面，上文也已经提到，对于受害者来说，证实食品的缺陷和损害之间的关联性也加剧了索赔的难度。因此，前瞻性的预防措施，如对食品生产的检查仍是预防食品安全问题的主要手段。

除了赔偿，及时承认错误的态度（recognition）也能平复消费者因为权利受到损害而产生的负面情绪，尤其是在没有造成实质性或严重性损害的情况下。因此，作为象征性的赔偿，认错的目的在于维护依法受到法律保护的权利而不是赔偿损失。此外，对于这一方面的规定也同样能对故意或过失的行为具有威慑效果①。一如在食品安全相关的事件中，遭受的经济损失可能非常低，以至于通过法律诉讼反而得不偿失。然而，一些非金钱方面的损失，如因为享有安全食品的权利受到侵害所导致的负面情绪，会使得消费者难以接受以至于依旧要对商家提起诉讼。例如，肯德基在中国使用苏丹红作为食品添加剂的行为被曝光后，就有消费者对肯德基的某一门店提起了诉讼要求赔偿 500 元的财产损害以及 1 元的精神损害。然而，法院的判决不仅否定了 500 元的赔偿同时也否定了基于肯德基认错的 1 元赔偿请求。最后，这样的法院判决既无法保护受到侵害的权利也无法遏制企业轻微违反法律要求的行为。

一般来说，证实因果关联在侵权责任的认定中起着关键性的作用，但如何证实其关联性却没有统一的规则，而不同的国家法律对于关联性的规定也有一定差异。例如，英国对于关联性的认定是要看侵权者对受害人是否负有注意义务，而德国则是要看侵权者是否损害了德国法律所保护的权益。就有关食品的产品责任来说，因果关系所要证实的是产品缺陷和其造成的损失之间的关系。然而，受害者可能在证实因果关系方面遇到以下这些困难。第一，受害者很难证实健康问题与某一特定食品的关联性，因为食品是消耗品，而且多种食品往往一起消费，以至于受害人难以及时保存疑似食品的样品以供检测。第二，即便能够确认引起

① Dam, V. and Mary, Q., European Tort Law, Oxford University Press, 2006, pp. 302 – 303.

健康问题的疑似食品，但食品从业者和消费者之间存在的信息不对称也使得后者难以证实引起安全问题的真正原因，进而难以说明危害和损害之间的关系。如奶制品是否经过巴氏消毒与腹泻之间的关系[①]。第三，作为单一的消费者，要通过官方或私人实验室的检测服务，时间和金钱成本都是高昂的。

对于上述的这些困难，一些具有严重危害性的食品安全问题会引起官方的注意进而由其介入加以调查。对此，由于官方控制对于追溯体系的要求可以方便其通过掌握的信息找出损害和危害之间的因果关系[②]。追溯为食品的流通提供了一个路线图，可以作为证据指出、界定以及明确某一时段存在的问题，因此，其在证实某一食品缺陷和造成损害的因果关系方面起着重要作用，进而可以方便受害者进行诉讼索赔[③]。此外，当追溯成为一项法律义务，如欧盟的食品法规定，一旦食品从业者没有建立相应的追溯制度，那么其就构成过错，因此可以为之承担相应的法律责任。对于未知的风险，食品从业者可以根据发展风险抗辩避免承担法律责任，但是，如果没有持续根据科学知识的发展监测自己的产品同样可以使其承担责任。

初级农产品具有不同于其他生产阶段的特点，即更容易受到气候、污染、自然灾害等影响，而这使得食品从业者难以对其加以控制。为此，初级农产品的食品从业者往往免于承担产品责任。但这样的规定已经引起争议。事实上，作为制造食品的原料或者直接食用的农产品，初级农产品生产过程中的滥用农药或兽药也同样可以对消费者造成损害。基于食品安全问题的教训，例如疯牛病危机中由于饲料问题而最终导致人畜共患病，欧盟产品责任

---

① Loureiro, M., “Liability and food safety provision: empirical evidence from the US”, International Review of Law and Economics, 28, 2008, p. 204.

② Collart Dutilleul, F., “Le droit agroalimentaire en Europe, entre harmonization et uniformisation” (Food law in the EU, between harmonization and uniformisation/standardisation)," www. Indret. Com, Julio, 2007, available on the Internet at, http: //www. indret. com/pdf/453_ fr. pdf, p. 12.

③ 与“对事”的追溯相对应，是“对人”的追随，但这方面的哦追溯主要由公权力主导。Hermitte, M., La traçabilité des personnes et des choses: précaution, pouvoirs et maîtrise, in, Pedrot, P., (ed), Traçabilité et responsabilité, Economica, 2003, p. 2.

指令已经对初级农产品的法律责任作出了规定[①]，希望借此恢复消费者对农产品的信心。通过如上规定，其意味着欧盟对于食品的产品责任要求已经追溯到食品供应链的最初环节[②]。

（二）产品责任和食品从业者

一如上文所述，从法律角度来说，食品从业者包括从事食品生产、加工和销售任何阶段的活动的自然人和法人。目前来说，从事具有风险性生产行为的主要是组织，即作为法人的食品企业。因此，食品企业也有生产安全食品以避免法律诉讼，尤其是潜在的损害赔偿的经济目的[③]。在食品供应链中，不计其数的食品从业者可能因自己的单独行为导致了食品的缺陷，也可能是和其他食品从业者一起导致食品的缺陷问题，因此需要承担相应的法律责任。就单独侵权来说，被告是单一的某一食品从业者，可能是自然人也可能是法人。相反，共同责任是指存在多个被告的情况，为此，法律责任需要在他们之间进行分配[④]。

在食品供应链的全过程中，食品从业者可以是农产品的生产者、食品的制造商、运输商或仓储商，抑或批发商、零售商等。毫无疑问，他们在自己的操作中如有过错或过失，则要为此造成的损失承担责任。就产品责任来说，当某人在商业环境中销售产品并因为使用或消费而转移所有权时，又或就最终使用或消费进行再销售时，如制造商、批发商或零售商，都应为产品缺陷所导致的损害承担赔偿责任[⑤]。然而，对于销售自有产品和其他人制造的产品来说，两者情况会有所不同。事实上，作为食品供应链中非常重要的两类食品从业者，即食品制造商和零售商，他们的法律责

---

① Directive 1999/34/EC of the European Parliament and of the Council of 10 May 1999 amending Council Directive 85/374/EEC on the Approximation of the Laws, Regulations and Administration Provisions of the Member States concerning Liability for Defective Products, Article 1.

② O'Rourke, R., Sanctions and inspection mechanisms in European Food Law: legal measures for consumer protection, ERA Forum, 2, 2001, pp. 50 - 51.

③ Buzby, J., Frenzen, P., and Rasco, B. Product liability and microbial foodborne illness. Food and Rural Economics Division, Economic Research Service, U. S. Department of Agriculture. Agricultural Economics Report, No. 799, 2001, p. iv.

④ 杨立新:《侵权行为法》，中国法制出版社，2008 年，第 223 页。

⑤ Restatement Chapter 4 Topic 3, § 20.

任可以列举如下。

尽管食品供应链中的专业化分工越来越细致，食品制造商依旧在食品从原材料到终产品的转换中发挥着至关重要的作用，包括食品的设计、生产、加工和包装。为此，他们不仅需要通过设置内部的安全体系承担预防食品风险的首要责任，同时也有注意义务确保食品的安全，否则就要因为产品的缺陷承担法律责任。因此，对食品制造商而言，他们承担责任的归责原则是严格责任。而就食品制造商的概念来说，欧盟的定义非常狭窄，它是指将代表其自身的名称、商标或者其他独有特征用于其产品的食品从业者[①]。但广泛来说，食品制造商是指所有销售其自行生产的产品的从业者。就严格责任来说，他们依旧可以通过 HACCP 等安全体系或者发展风险抗辩自己的法律责任。

与食品制造商相对的是负责食品销售的零售商，他们在将食品销售给最终消费者的环节中发挥着重要作用。诚然，如果缺陷是由食品制造商导致的，他们不应该承担法律责任。对此，追溯可以帮助消费者和零售商找出真正需要为产品缺陷承担责任的责任人。对于缺陷产品导致的损害，零售商可以先行赔偿，然后再向有责任的其他食品从业者进行追偿。事实上，考虑到他们在食品供应链中日益壮大的影响力和控制力，他们也同样需要承担保障食品安全的责任。然而，零售商及其私人控制的崛起为其转移这一因为注意义务而所要承担的责任提供了机会。作为最早由零售商崛起的国家，英国于 1990 年在其《食品安全法》中做了一些根本性的调整[②]，规定食品从业者可以根据“应有的注意”抗辩法律责任。根据这一规定，食品从业者只要证明其采取了合理的谨慎措施并尽到了所应有的注意去避免其自己或其员工的违规行为就能免于被起诉[③]。至于怎样的举证会被法庭接受作为证明“尽到应有的注意以确保食品安全”，零售商给出了最令人信服的答案。为此，他们采取了比法律规定的最低标准更为严格的安全标准，并要求负责执行这些标准的供应商通过第三方认证提供合格

---

① Directive 85/374/EEC, Article 3.

② Bolton, A., Quality Management Systems for the Food industry: a guide to ISO 9001/2, New York: Chapman & Hall, 1997, p. 1.

③ Food Safety Act 1990, Part II, 21 Defense of due diligence.

评定的证明。正因为如此，原本应由零售商承担的注意义务转嫁到了供应商，大部分情况下主要是食品制造商。

对于某一损害事件，可能涉及两个或者更多个的责任人，而承担这类集体责任的方式有许多种。就多个侵权人来说，无论他们是有意还是过失，连带责任意味着每一个责任人都要对整个义务承担所有个人责任，但是支付赔偿的当事人有权向其他没有支付赔偿的责任人追偿。相应的，原告有权选择任何一个当事人就共同责任提起诉讼，而原告可以说明自己所担负的责任范围并向其他责任人索赔。根据中国《产品质量法》的规定：因产品存在缺陷造成人身、他人财产损害的，受害人可以向产品的生产者要求赔偿，也可以向产品的销售者要求赔偿。属于产品的生产者的责任，产品的销售者赔偿的，产品的销售者有权向产品的生产者追偿。属于产品的销售者的责任，产品的生产者赔偿的，产品的生产者有权向产品的销售者追偿。准确来说，这一连带责任主要用于无过错的产品责任中[①]。

相反，损害也可以由多人在既没有意图也没有过失的情况下造成。对于这一情况，根据按份责任，可由责任人根据自己的责任比例承担赔偿范围。然而，如何分担这一责任则需要具体情况具体分析。例如，当可以确认因损害所要承担责任的比例时，所有的当事人在考虑人员性质、自身行为、因果关联、行为和危害等情况下，确定自己的赔偿范围。就无法划分的损害可以根据公平原则确立责任的分担份额。

在食品供应链的全过程中，食品制造商是主要的风险引发者，尤其是当他们采用新成分或者新的生产方式时。因此，为了方便损害赔偿，食品制造商承担责任的归责原则是严格责任，而销售商则是根据过错原则承担责任。即便如此，还是会遇到原告难以界定要为其损害承担责任的食品从业者这一情况。例如，诸多不同的制造商生产同一类食品，而原告难以说明其销售的食品究竟由哪一个制造商生产。为了确保任何有可能导致危害的被告承担相应的法律责任，可以通过行业责任和市场份额责任的方式确

---

① 李剑：《论销售者的产品缺陷责任》，《当代法学》2011 年第 5 期，第 120—121 页。

保原告顺利获得赔偿[1]。

在大众生产和消费的背景下，对于受害人来说，有时候很难指出谁应该为其遭受的损害承担赔偿责任，因为类似产品可能涉及难以计数的食品制造商。例如在三聚氰胺的事件中，在奶粉中掺入三聚氰胺并不是单个食品制造商的行为，而是整个行业的潜规则。对于这一问题，可以将泛行业标准作为参照，要求这一行业中的所有食品从业者共同承担法律责任。所谓泛行业责任是在美国 Hall vs. El du Pont de Nemours and Company 案例中总结而来的。在这一案例中，1950 年代工业的发展并没有对个人安全帽的使用作出警示，而且也没有采取任何保障安全的措施。以至于在 1955—1959 年，许多 13 岁左右的青少年因为使用这一安全帽而受伤。然而，在诸多情况中，一方面，作为受伤害的原告方他们受伤的时间和地点都不同，但是呈现出了一些共同的特征；另一方面，无法明确指出某一具体的制造商。尽管事实表明，制造商有足够的知识可以意识到上述的安全风险，但是他们并没有采取任何措施，为此根据泛行业责任，所有生产这类安全帽的企业都要共同承担因为这一款产品所导致的损害的赔偿。

市场份额责任从 Sindell 与 Abbottte Laboratriories 案件中总结而来，要求相关的私人从业者根据自己的市场份额承担法律责任。作为原告，Sindell 由于她妈妈在怀孕期间使用 DES 而在多年后患上了癌症。然而，由于当时由众多的企业制造这一款药品，而药物本身也具有可替代性。面对众多被告，她无法指出谁应该为其承担赔偿责任。因此，市场份额责任的确立就是为了确保所有潜在的被告都根据自己的市场份额确立责任承担的范围，但前提是原告必须证实实际存在的损害。这一责任分配方式除了提供责任共担的方式外，也为处理技术风险提供了范本，尤其是其认为技术风险的发展不应以牺牲人类的生命和健康为代价。

就食品从业者的食品安全责任来说，前置性的首要责任和事后的产品责任并不冲突，相反，两者的共同应用可以提高食品从业者确保食品安全

---

① Ellis, L., "Introduction", in, Rudlin, D. (ed.), Toxic torts litigation, American Bar Association, 2007, p. 7.

的守法意愿。就首要责任来说，确保食品安全更有赖于预防工作已经成为共识，对此，通过企业内部的安全体系来承担保证食品安全的首要责任也日益受到重视。就产品责任来说，食品消费在举证方面的困难使得针对这一类产品的法律诉讼在实际生活中缺乏足够的驱动力。此外，为了实现健康和安全的最高保障水平，官方控制比侵权责任更具效率，因为后者存在的信息不对称和诉讼成本也使得受害者没有太多的追究意愿[①]。鉴于此，除了优化产品责任使其适应食品这一类产品的诉讼外，也需要强化首要责任的落实，而这就涉及私人食品自治和官方食品规制的有效结合，对于违法行为，除了针对损害的赔偿之外，也包括行政和刑事的处罚[②]。对此，鼓励食品从业者积极承担保证食品安全的责任可以通过多种方式来实现，包括政府规制、产品责任和市场力量等。

---

① Buzby, J. and Frenzen, P., "Food safety and product liability", Food Policy, 24, 1999, pp. 648 – 649.

② Loureiro, M., "Liability and food safety provision: empirical evidence from the US", International Review of Law and Economics, 28, 2008, p. 204.

第八章　主管部门的食品安全责任

就行政执法来说，主管部门的食品安全责任也同样包括职责和违法责任两部分。就职责来说，对应于食品从业者的首要责任，主管部门具有监督管理的职责。对此，应通过组织和执行官方控制，确保食品从业者的行为符合法律的要求。对于违法责任，要对主管部门进行问责，同样也有行政处分、刑事处罚以及针对损害进行赔偿的责任。

第一节　行政执法的监管职责

国家确保食品安全的义务有两个方面。第一，国家有义务尊重、保护和实现人权。根据获取适足食物权的规定，就公民获取的食品而言，国家不仅应确保量上的充足性，也要保障质方面的安全性。为此，国家有义务针对整个食品供应链建立食品安全的监督管理体制，以便确保权利人在获取充足的食品时不受第三方的侵害[①]。第二，国家的存在是出于公众对于安全的需要。为了实现这一目的，国家被赋予了相关的权力，但这并不仅仅只是一种权力，同时也是一种责任[②]。因此，可以说权力和责任是双胞胎，有权力的地方就有责任[③]。上文已经提到过，警察权的意义在于确保公众的健康，对此，需要设置执行这一权力的行政机关，即针对这一安全保障事务的行政主管部门，例如，食品安全的保障就涉及农业部或卫生

---

① FAO, The right to adequate food in emergencies, 2012, p. 31.

② Epstein, A., "Government's responsibility for economic security", Annals of American Academy of Political and Social Science, 206, 1939, p. 81.

③ Qing, W., "Legislative perfection of administrative accountability", Energy Procedia, 5, 2011, p. 1138.

部等。

就确保食品安全的官方控制而言，主管部门的监管责任是为了确保消费者远离具有不安全、不纯净和包装欺诈等问题的食品。随着官方控制的转变，有关监管职责的分配也要应对由此而来的两个挑战。第一，随着国家对食品安全监管的干预，官方控制职能的集中化需要在中央层面设置相应的主管部门，期间，可能出现多部门导致的职能重叠或空缺问题。与此同时，地方化的趋势也对不同层级间的合作提出了挑战，而这又与一国的政治体系和食品供应链的复杂程度相关。第二，随着食品从业者第一责任主体的强化，监管职责也需要作出相应的转变。也就是说，考虑到私人控制的崛起，要推进公私合作规制，从而共担食品安全责任。

一、集中化和地方化趋势中的监管职责

对于确保食品安全，官方控制中有两个重要的职责，包括管理控制和检查服务。相比之下，管理控制的集中化涉及监管职责的纵向和横向划分。检查服务主要在地方开展，因而地方化的趋势得以加强。

（一）针对管理控制职责的纵向和横向划分

针对监管职责，或者说职权，其纵向划分既有集中化的表现也有地方化的趋势。就集中而言，由于食品供应链的全球化发展，仅仅依靠地方监管已经不足以确保食品安全。为此，要构建有效的食品安全监管体系，就必须考虑到国家、地区和国际之间的合作和协调。对于一个国家而言，中央政府的介入有利于确保全国的食品安全。因为集中化的执行可以确保国家食品安全法律在解释和执行方面的一致性，进而提升公众的信任度，确保全国统一的健康保护水平，以及创建有利于食品从业者发展的规制环境。例如在美国的案例中，由于美国的政治和法律体制，食品安全规制一开始并不由联邦政府开展，但是由于联邦政府的介入，全国范围内的食品安全规制可以确保各州之间统一的保护水平以及公平的贸易环境。同理，欧盟对于食品安全规制的协调以及在欧盟层面的集中，也是为了实现内部市场的建设和统一的安全保护水平。

就集中化的主要目的来说，中央层面对于控制管理的集中化可以确保实现监管的一致性。为此，有关食品政策、食品立法和协调服务的监管职责应该由中央机构承担，由此具有一致性的基本指导是消费者、食品从业者和国家的利益所在。根据各国的官方控制，针对控制管理的集中化包括以下几点。（1）规则制定。通过统一的食品政策、食品安全立法和食品安全标准，可以确保规制环境的一致性。对于这些工作，尽管主要由政策制定部门和立法部门完成，但是食品安全的主管部门还是被赋予了进一步制定执行规则的权力。对此，必须确保这些执行规则和先前的政策和法律保持一致。然而，多部门的监管体系不利于实现上述的一致性，因为当各个主管部门分别在各自的管辖范围内制定执行规则时，难以避免这些执行规则之间的重复、空缺甚至冲突的问题。（2）科学工作。目前，食品安全立法和官方控制必须以科学为基础。对此，除了科学领域内对科研进行的协调工作，风险评估的集中性也能提高风险管理的科学合理性，尤其是对科学意见进行统一的解释并及时解决科学冲突。在这一方面，工作网络的确立可以促进有限资源的优化使用。（3）信息。在官方控制中，信息的搜集涉及多个环节，并且可以通过不同的系统进行。例如，通过风险监测或风险预警体系搜集，抑或针对生产或销售环节的违法信息等。在实践中，这些信息的主管部门可能并不相同。为此，针对信息流通和信息发布的集中工作可以促进风险预防和风险控制的联合行动，包括行政合作以及食品从业者和消费者的参与。（4）检查。不同于控制管理，检查是在地方开展的。为了确保等同或等效的检查结果，有必要对检查服务进行协调，例如欧盟对成员国的控制计划进行审查，并对官方控制进行审计，而美国则是通过合同确保地方上的检查保持一致性。

为了开展控制管理，政府都会设置相关的主管部门，并明确其相关的管理和检查责任，其可能构成单一机构的监管体系，也可能是多部门的监管体系，抑或两者的结合。上文已经提到，涉及多部门的监管体系会导致责任履行上的缺失或重叠。尽管单一机构的体系有利于明确官方控制中的责任分配，但是必须承认的一点是，在实际的食品安全工作中，很难避免多部门参与的问题。因此，在整合的体系中，一方面是由多个部门承担监管职责，另一方面又设置一个超机构，负责监督和协调相关的执行工作。美国和中国都采用多部门的监管体系，但是两者都进一步通过委员会的设置确保这一体系中的合作和协调工作，包括美国的总统委员会和中国的食品安全委员会。然而，无论是这一针对多部门体系的补救措施还是单一机构体系的优势，要确保食品安全还有赖于在监管职责分配的过程中遵循以下两个原则。

第一，无论官方控制是采用单一主管部门的体系，还是多个主管部门的体系，其在职责设置的过程中必须避免利益冲突。也就是说，设立的主管部门不能既推动经济的发展又涉及安全保障的义务。否则，经济利益的驱动会使得这一部门优先考虑与经济发展相关的问题。在这个方面，疯牛病危机已经是一个沉痛的教训。在这一危机中，英国涉及的主管部门在处理危机时考虑更多的是行业利益。鉴于此，机构设置的做法是将食品安全保障的职责归于负责健康的主管部门，例如，美国食品药品监督管理局在机构发展中被从农业部转移到健康部，而欧盟则是对健康机构 SANCO 进行了重组。

第二，考虑到多部门体系中的职能缺失或重叠问题，总体职责的明确不仅要求承担该职责的主管部门在食品政策和立法的准备中发挥主导作用、在检查工作中发挥协同作用，同时也要求其对食品安全承担终极责任，即直面食品安全问题中的问责。如上文所提，分散的监管职责会不利于界定食品安全问题中的失职问题。因此，将监管职责集中在某一主管部门是为了明确终极责任的承担者。也就是说，将食品安全保障的责任赋予与健康相关的主管部门，而这也进一步明确了，一旦没有履行这一职责，就必须对该机构进行法律上的问责。值得一提的是，将总责任归于某一主管部门，与将职能分配给诸多专业的主管部门并不冲突，因为通过向上级机构的报告以及接受后者监督，依旧可以实现官方控制中的专业化。例如，当健康部门承担确保食品安全的终极责任时，专业化的控制行为可以涉及其他职能机构，如农业部基于兽医技术开展肉类检查、渔业部门开展鱼类和其他水产品的评估工作等。

（二）由于检查服务的地方执行而进行的地方化

与管理控制相比，有关检查服务的监管职责既可以整合到中央化的主管部门，如美国食品药品监督管理局，也可以进行地方化，即由地方政府和主管部门在各自的管辖领域内开展，如中国。毋庸置疑的是，无论如何设置检查体系，针对企业内部的检查都只能在企业所在地进行。因此，考虑到中央政府和机构内的资源限制以及工作量的问题，有必要将检查服务的权限下放给地方政府和主管部门，如美国食品药品监督管理局和州政府和地方机构之间的合作。值得一提的是，权限也可以下放给独立的第三方机构，如欧盟成员国的一些控制机构可以在主管部门的授权下开展官方控制的活动，但其性质则为第三方独立机构。

尽管检查服务的地方化会有利于该工作的开展，但是必须确保检查工作的一致性。此外，考虑到检查服务涉及众多的利益相关者，而且各地方的情况也会有所差异，因此，也需要给予一定的灵活性。为此，有必要对中央层面的主管部门和地方的主管部门进行有效的职权及职责划分。就中央的主管部门而言，其主要责任是确保地方机构执法效果的一致性或等效性。相应的，地方的机构则需要通过合作的方式确保各食品从业者有效遵守相关的法律要求。就所谓的合作而言，一方面，其涉及中央层面的主管部门和地方相关机构之间的合作，包括确保法律或规章之间的一致性，针对风险评估和信息机制构建全国性的工作网络等。另一方面，合作也包括各地方政府之间的联合协作。例如，中国地方政府开展的一些区域化合作。而在欧盟，如果官方控制行动涉及多个成员国，成员国之间则可以通过行政协助开展联合行动，一起应对违法行为。

除了针对检查服务开展的地方化，如果官方控制仅仅涉及某一有限的区域，则可以将整个官方控制的权限下放给这一区域的主管部门。以美国为例，由于政治体系的缘故，州政府针对本地区的食品安全具有官方控制的权限，其既可以制定法律，也可以落实相关的官方控制。而在欧盟，成员国可以通过确立自己的主管部门组织本国的官方控制。即便在中国，地方政府也有责任确保本地区的食品安全，为此，原本垂直的管理体系也在向以地方政府统管的属地体系转变，以便强化地方政府确保食品安全的属地责任。事实上，由于地方政府能更为迅速、有效地应对地方需要，以及考虑本地区的首要问题，因此，尽管食品安全规制的集中化趋势在加强，针对地方的放权要求也呈现了相同的趋势，最重要的一点是，应明确哪些职能适合集中化，哪些又适合地方执行。

二、合作规制的责任转换：公私关系

就食品安全而言，全面参与日益重要，因为只有每一个利益相关者都切实履行其确保食品安全的责任，才能实现全程化的安全保障。对此，有必要构建公私合作关系以及推进整个社会的参与程度。为了实现这一目标，政府行动可以考虑“辅助原则”的要求，即通过立法提供一个良好的规制环境，进而在政府监管职责、食品从业者自我规制以及社会组织之间达成平衡，并对合作产出进行检查①。而就公私合作关系来说，它是指私人部门和国家在追寻社会目标的过程中进行合作，一起努力②。对于食品安全，传统的官方控制都是以“命令-控制”的方式展开，其中，主管部门的作用是决定性的，即通过确立食品安全标准规制食品从业者的行为，并对违法行为进行行政或刑事的处罚③。而在强调食品从业者肩负确保食品安全的首要责任后，无论是强制型自我规制的发展还是“标准-认证-认可”三位一体的私人规制，都要求转变官方控制的方式。为此，所谓的合作规制就在于通过强调公私之间的合作促进主管部门和食品从业者的共同行动。

（一）强制型自我规制中的公私合作关系

就安全体系的建立而言，食品从业者应制订适合自己的 HACCP 计

---

① Eijlander, P., “Possibilities and constraints in the use of self-regulation and co-regulation in legislative policy: experiences in the Netherlands-lessons to be learned for the EU”, Electronic Journal of Comparative Law, 9 (1), 2005, pp. 1 - 2.

② Skelcher, C., “Public-private partnerships and hybridity”, in, Ferlie, E., et al. (ed.), The oxford handbook of public management, Oxford University Press Inc. New York, 2007, pp. 347 - 348.

③ Ogus, A., Regulation: legal form and economic theory, Hart publishing, 2004, p. 5.

划或者以该体系原则为基础的其他管理计划，从而通过包括核实和审计在内的评估确保食品安全。为此，食品从业者应在危害分析、确立关键控制点等环节掌握一定的灵活性，以便考虑企业自身的操作特点。然而，食品从业者的这一工作并不是单纯的自我规制，因为其仍需要借助主管部门的监管职能来确保食品从业者依法履行食品安全相关的要求，尤其是生产过程中的卫生要求。值得一提的是，原本针对企业的现场检查将会因为食品从业者的内部管理体系而转变为对其体系的一个审计。为了便于这一规制的开展，主管部门一方面要发挥战略作用，即通过立法和相关的政策督促企业采取先进的食品卫生规范，明确全国范围内可以接受的食品安全风险水平，并开展检查服务，确保企业内部的管理体系符合法律的相关要求[①]。另一方面，他们的执行主要是对食品从业者建立的内部管理体系开展持续性的评估[②]，即以审计的方式对其进行外部评估。因此，食品从业者和主管部门的这一规制合作要求立法和执法方式都作出相应的转变。

就立法层面来说，立法是将立法者确立的目标委托给熟悉这一行业的成员并由其予以实现[③]。也就是说，立法应该考虑法律本身的约束力、预见性以及自我规制方式的灵活性[④]。对此，有必要明确基本食品法和单行的食品卫生法之间的差别，即前者是为了确立基本的原则和要求，而后者则是为了控制生产环节的卫生情况规定具体的操作要求。考虑到现在的卫生管理方式主要是借助 HACCP 体系，因此，有关的卫生规则应该规定得比较灵活，即明确企业自我规制应该达到的安全水平，而不是如何达到这一水平的具体方法。

为了实现这一目标，第一，立法层面的规制合作主要是确保利益相关

① WHO, Hazard analysis critical control point system: concept and application, Report of a WHO Consultation with the participation of FAO, 29 - 31, May, 1995, p. 21.

② FAO/WHO, Guidance on regulatory assessment of HACCP, Report of a Joint FAO/WHO Consultation on the role of government agencies in assessing HACCP, Geneva, June 2 - 6, 1998, p. 4.

③ European Parliament, Council, Commission: Interinstitutional Agreement on Better Law-making, 2003, Official Journal of the European Union C321/01, December 31, 2003, point 22.

④ Martinez, M., et al., "Co-regulation as a possible model for food safety governance: opportunities for public-private partnerships", Food Policy, 32 (3), 2007, p. 302.

者参与立法的过程，并与主管部门进行充分的协商①。尽管私人的参与可以确保最终规则的接受度以及减少立法负担，但其存在的风险是一些强势的企业代表会凌驾于弱势团体之上，致使最终的立法难以体现后者的利益诉求。第二，在传统的“命令-控制”方式下，作为主要的法律手段，针对过程的食品安全标准往往对合格与否的检查作出过于详细的规定。而对于强制型自我规制，标准是通过规定某一产品或某一过程的安全水平，进而以此评估绩效。对此，所谓的强制型自我规制可由食品从业者根据规定的安全水平进一步确立适合自身企业特点的内部规则。

对于控制，在传统的“命令-控制”模式下，主管部门对现场进行常规或随机的检查。然而，在适用 HACCP 体系后，则需要开展食品从业者和主管部门的共同规制，即由前者的内部评估和后者的外部评估一同确保安全标准的落实。相对于食品从业者的内部评估，外部的检查既可以由第二方进行，也可以由第三方进行。所谓的第二方是指官方控制根据食品从业者的报告进行审计，进而评估食品从业者的合规情况。对于第三方，是指对强制型自我规制也可以通过第三方的认证，这就涉及私人提供的认证业务和仍由官方提供的认证制度。相应的，主管部门的参与方式是登记和核实确立有资质开展认证的第三方，进而由第三方的认证确保食品从业者符合法定要求的安全水平，并为其提供相关的官方标识。

尽管强制型自我规制有其可行性和必要性，但强调主管部门和私人从业者之间的共同规制，尤其是让私人扮演立法和执行的角色会因为公众缺乏对私人的信任而难以实现。此外，从检查到审计，官方控制的权力也会被削弱，因此也会遭到一些人员的反对。而且专业知识的缺乏，例如如何开展审计工作，也不利于实现上述的合作规制②。因此，针对官方控制的培训能进一步推进以 HACCP 为基础的卫生保障工作。

---

① Rouviere, E. and Caswell, J., “From punishment to prevention: a French case study of the introduction of co-regulation in enforcing food safety”, Food Policy, 37, 2012, p. 247.

② FAO/WHO, Guidance on regulatory assessment of HACCP, Report of a Joint FAO/WHO Consultation on the role of government agencies in assessing HACCP, Geneva, June 2-6, 1998, pp. 11-12.

（二）"标准-认证-认可"三位一体私人规制中的公私合作关系

随着零售商的崛起，尤其是其在食品供应链中的主导地位，私人标准以及第三方认证对于供应商来说已经具有了事实上的约束力，对于供应商而言，如果不遵循零售商的要求，将遭受严重的经济制裁，例如失去某一利润丰厚的市场份额[①]。因此，由这一私人规制模式和官方控制形成的双轨制也需要注重合作。其中，"标准-认证-认可"三位一体的私人规制也可以被视为一种新的立法和执法方式。而要确保这一新规制对利益相关者的约束力，国家应进一步完善合同、反欺诈等法律以及民事和刑事法律的执行体系。

随着标准制定机构的发展，包括食品从业者的联盟，一系列制定出来的标准正在这一私人规制中发挥着法律的作用。与官方设置的食品安全标准相比，这一私人标准的优点在于其灵活性，因为它们更能适应特定的情况，也更有效率，更能提高食品从业者的比较优势，例如从劳动、环境等方面的考虑提高食品的质量。考虑到官方控制的有限性，政府也有意愿推进私人食品标准的发展，例如设立标准制定机构，或者为私人的食品标准提供自愿性的认证服务。

由于国际贸易中涉及诸多供应商，尤其是来自其他国家的供应商，这对零售商来说要对违反他们安全和质量标准的供应商提起诉讼不仅耗时成本也很高。作为弥补，认证为确保合格评定提供了有效手段，而第三方认证是最受欢迎的，因为其将原本应该由零售商承担的成本转嫁给了供应商。类似的，当进口成为国家食品供给的重要组成部分，确保跨国食品贸易中的食品安全难度也使得官方控制开始认可私人提供的认证效果。例如对于第三方的认证，食品从业者将其作为经济有效的守法依据，而政府也开始通过对第三方认证的认可确保食品安全[②]。

---

① Busch, L., "Quasi-state? The unexpected risk of private food law", in, van der Meulen, B. (ed.), Private Food Law, governing food chains through contract law, self-regulation, private standards, audits and certification schemes, Wageningen Academic Publishers, 2011, pp. 59 - 62.

② Tanner, B., "Independent assessment by third-party certification bodies", Food Control, 11 (5), 2000, p. 415.

以美国的《食品安全现代化法案》为例，美国对于进口或者在其本土提供的食品要求获得相关的认证，或者其他适合作为证明获得类似许可的保证。作为认证机构，其既可以是食品出口国的机构或者政府代表，也可以是法律上认可的人员或机构。当第三方审计人员必须获得认可机构的认可时，美国食品药品监督管理局负责对有权进行认可的机构进行登记。如果美国食品药品监督管理局发现认可机构没有完成要求，即可撤销上述的登记认可；但是如果有证据证明这一撤销行为并不适宜，或者相关的机构有符合法律要求，则可以进行重置。

与强制型自我规制相比，零售商具有更为灵活且自我决定的权力，这一方面有效弥补了官方控制的不足，另一方面，也因为这一类的私人规制比官方控制更为严格而增加了新的挑战，即形成市场准入的壁垒。在全球化的背景下，零售商可在工业化或发展中国家购买食品，在标准落实方面，要求供应商通过第三方的认证，但这可能成为进入市场的限制。在这个方面，上述的私人标准及其认证工作会对小供应商形成进入壁垒。在落实私人食品标准方面，大型的生产商或供应商更有能力改变企业结构或者升级技术以便符合零售商要求的标准，然而，对于中小型食品从业者而言，高昂的成本使得其无法执行这些私人的食品标准，进而就无法进入相关产品的市场。根据对实践的观察所得，小生产者在与零售商的交往中往往处于劣势。在传统方式中，小生产者可以直接向当地市场销售产品，而无须进入对销售额度有限制的正规渠道。但当零售商掌握食品销售的主要渠道，这些小食品生产者只能通过签订合同成为零售商的供应商。相应的，他们必须按照零售商的要求生产食品。然而，一些对投资方面以及运输方面的要求往往对小生产者而言太过苛刻①，更不用说他们往往也缺乏与零售商协商的议价能力。此外，不同于 WTO 框架下对公共食品安全标准的协调，这些更高要求的私人标准可能对来自发展中国家的供应商构成市场进入壁垒，尤其是小供应商。

---

① Boselie, D., et al., "Supermarket procurement practices in developing countries: redefining the roles of the public and private sectors", American Journal of Agricultural Economics, 85 (5), 2003, pp. 1157 - 1158.

正因为如此，有争议认为，这一私人规制模式使得关于动植物检疫措施的私人标准与世界贸易组织体系下《实施动植物卫生检疫措施协议》的动植物检疫措施标准形成竞争。

尽管如此，工业国家的零售商利弊参半，例如，他们过高的私人食品标准和独立的第三方认证可以帮助发展中国家的小供应商进入国际或者工业国家的市场，尤其是当他们本国针对食品安全的官方控制比较薄弱、远远不符合国际标准要求时。与大供应商相比，小生产者也可以利用他们的优势应对集中化的生产模式，提高产品的附加值。虽然零售商所要追求的是以更低的价格满足消费者对更安全更优质食品的追求，但从竞争法角度来说，这一私人规制模式也是存在问题的。例如，欧盟于 1999 年就对零售商的权力质疑，为此，英国对多个领域内的零售供应进行了调查①。然而，最终的调查报告并不认为超市的崛起是英国零售价格飙升的一个原因。相反，当时搜集的证据反而表明，消费者对超市的发展非常满意，尽管其强大的购买力使得供应链中的小供应商增加了成本，尤其是小农②。经过 10 年的发展，零售商在公平竞争方面出现的问题重新引起了关注。例如，英国的竞争委员会发现，超市零售商的权力滥用会损害消费者的利益，例如更高的零售价格、质量的降低、消费者选择的减少、投资的减少以及生产者研发投入的减少等③。

第二节　行政执法的法律问责

从法律角度来说，对于行政行为的问责是指要求行政机关及其工作人员在没有履行监管职责时承担法律责任，包括对违法行为的处罚和赔偿由

① Flynn, A., Marsden T. and Smith, E., Food regulation and retailing in a new institutional context, The Political Quarterly Publishing Co. Ltd, 2003, p. 42.

② Competition Commission, Supermarkets: a report on the supply of groceries from multiple stores in the United Kingdom, 2000, available on the Internet at: http://webarchive. nationalarchives. gov. uk/+/http://www. competition-commission. org. uk/rep_ pub/reports/ 2000/446super. htm#top.

③ Olivier De Schutter, Addressing concentration in food supply chains, the role of competition law in tacking the abuse of buyer power, United Nations Special Rapporteur on the Right to Food, 2010, p. 3.

该违法行为所造成的损害。

一、从政治问责到法律问责

对于公共管理人员来说，有关公共问责的要求使其有义务对自己的履职情况进行陈述并解答相关提问[①]，包括组织问责中要求高级工作人员在类似正式会议等正式场合中进行述职；政治问责要求管理人在政治会议等场合接受问责，往往是指议会；法律问责则意味着管理人应该在普通民事法院或者行政法院[②]就其自身行为或代理机构的行为进行问责，行政问责是指独立的外部行政和财务监督和控制，即熟知的审计。职业问责是指职业机构中的问责，其管理更侧重技能评估，而社会问责则是鉴于公民社会的兴起，意在强调利益相关者的参与[③]。

尽管对于问责的理解是将其视为针对没有实现预期目标的一种惩罚[④]，但是，对过错行为进行制裁未必适合所有的公共问责。例如，在食品安全事件中，一些主管部门的责任人往往因为这一安全问题的发生而引咎辞职，但这更多的是个人"部长责任"而不是法律责任，其对被问责的行政机关及其工作人员并不具有威慑力，而且仅仅由负责人而不是相应的责任人承担责任，也很难改进行政效率低下的问题[⑤]。对此，必须通过法律问责确保行政职责的履行。在这个方面，对于不履行职责的行政机关及其工作人员，法律问责不仅包括针对违法行为的行政处分和刑罚，同时也

---

① Ruffner, M. and Joaquin, S., "Public sector modernization: modernizing accountability and control", OECD Journal on Budgeting, 4 (2), p. 126.

② Duguit, L., "The French administrative courts", Political Science Quarterly, 29 (3), 1914, pp. 385 - 393.

③ Bovens, M., "Analyzing and assessing public accountability, a conceptual framework," European Governance Papers No. C - 06 - 01, 2006, pp. 17 - 18.

④ 在这一背景之下，英国撒切尔政府兴起了新公共行政，而美国克林顿-戈尔政府则发起了"再造政府"，其内容就是在公共部门引入私人部门的管理形式和手段。此外，公共问责在英美世界发展迅速，而在法国、德国和意大利这些欧洲大陆国家的发展则比较缓慢，因为这些国家本身有很强势的立宪国家以及发达的行政法。而且，在法国、葡萄牙等国家的用语中没有英语对 rensponsability 和 accountability 的区别。参见：Bovens, M., "Public accountability", in, Ferlie, E., et al. (ed.), The oxford handbook of public management, Oxford University Press Inc., New York, 2007, p. 189.

⑤ AAP, Resignation: "a degree of accountability", available on the Internet at: http://news.msn.co.nz/nationalnews/8640462/no-accountability-over-pike-families, April 11, 2013.

包括要求行政机关及其工作人员在民事法院或者行政法院的问责下，对其违法行为所造成的损害承担法律赔偿责任。

(一) 政治问责中的惩罚

鉴于议会的最高地位，政治问责是宪法规定最为重要的问责方式[①]，其有多种方式。例如，英国或荷兰通过议会质询这一方式间接问责公共管理人员，而美国的总统质询则是由国会直接对高级公共管理人进行问责，此外，还有与政党相关的问责关系。比较而言，对个人部长，即部门负责人进行问责是构建责任政府的关键特征[②]。

就个人的“部长责任”来说，辞职是指将放弃工作的行为视为问责的主要方式。在公共事件中，如食品安全事件，无论是自愿辞职还是责令辞职都被视为常用的惩罚手段。例如，2001 年德国发现疯牛病问题时，当时的卫生部和农业部部长都因为公众对其失职的指责而被强制要求辞职[③]。同样的，当中国国务院调查结果显示三聚氰胺是严重的食品安全问题时，时任国家质量监督检验检疫总局的负责人李长江也被要求承担责任，进而引咎辞职。面对持续发生的食品安全问题，为了安抚公众，除了进行行政和刑事制裁，引咎辞职成为问责相关负责人的主要方式。例如，根据《关于实行党政领导干部问责的暂行规定》，对党政领导干部实行问责的方式包括引咎辞职、责令辞职以及免职。作为惩罚，引咎辞职的官员不能获得与原有职位相当的工作。然而，这一惩罚的有效性值得怀疑，因为他们依旧有机会重新获得任命。

当美国总统制下的政治问责可以对官员进行弹劾，进而要求其承担失职责任时，其政府问责办公室（Government Accounting Office，GAO）所进行的政治问责仅仅具有行为判断权力，而不具有处罚的权力。作为国会

---

① Woodhouse, D., Ministers and parliament: accountability in theory and practice, Oxford University Press, 1994, pp. 3－4.

② Woodhouse, D., Ministers and parliament: accountability in theory and practice, Oxford University Press, 1994, pp. 23－25.

③ Beck, M., Kewell, B. and Asenova, D., BSE crisis and food safety regulation: a comparison of the UK and Germany, Working paper number 38, Universities of Leeds, 2007, p. 7.

建立的监督机构，政府问责办公室可以指出公共行政中的不足之处，并提出改善的意见，然而却没有权力要求联邦机构对其发现的问题和提出的建议作出回应。例如就联邦的食品安全监管来说，它从 2007 年开始就将食品安全的监管列为高风险的管理工作，但是直到今日境况都没有得到改善，食品安全事件还是不断在发生①。尽管 GAO 已经指出联邦食品安全监管的根源问题在于其分散的监管体制，并建议通过建立单一的食品安全机构确保检查的一致性和风险预防性②，但是最近的《食品安全现代化法案》还是通过强化美国食品药品监督管理局的权力，而不是设立单一机构应对监管体系中的分散问题。

（二）法律问责中的制裁

同样在美国体系中，当个人因为国家机关的行为而遭受法律不公正时，司法审查被认为是基本的救济手段③，进而可以在法院就国家机关行为的合法性提出诉讼。值得一提的是，司法审查对于这一行为是给予除金钱赔偿以外的救济，而且也只有法律规定可以审查的以及除了司法审查穷尽救济程序的国家机关行为才能进行司法审查。

当美国食品药品监督管理局执行《联邦食品、药品和化妆品法案》时，针对规章制定的行政立法权被限制了司法审查的权限，其目的是为了确保美国食品药品监督管理局的行政效率④。对此，法院认为，美国食品药品监督管理局是一个专业性很强的机构，必须具备行政裁量权。此外，当司法审查仅限国家机关的最终行为时，美国最高法院认为，警告信并不是终极行为⑤。为此，美国食品药品监督管理局在执行期间发布的警告信不

---

① Government Accountability Office, GAO's 2013 high-risk series: an update, Government Accountability Office, 2013.

② Government Accountability Office, Food safety: fundamental changes needed to improve food safety, Government Accountability Office, 1997, pp. 1 – 2.

③ Schwartz, B., Administrative law, Fourth edition, Aspen Law & Business, 1994, p. 695.

④ O'Reilly, J., Losing deference in the FDA's second century: judicial review, politics, and a diminished legal of expertise, Cornell Law Review, 93 (5), 2008, p. 942.

⑤ Holistic Candlers and Consumers Association, et al v. Food and Drug Administration, et al, Case No. 11 – 1454, 2012.

受司法审查。然而，对于美国食品药品监督管理局的这一规定并不有利于保护规制对象免受强制和潜在过错执法行为的危害[1]。

相比之下，中国官方控制中的裁量权是为了追求更多的经济利益，为此，有行政机关的工作人员和食品从业者共谋食品犯罪，例如出售食品安全法律规定的许可资质和认证[2]。鉴于此，针对由行政机关及其工作人员的玩忽职守或滥用职权所导致的重大食品安全事故或其他严重后果也同样规定了刑事处罚。就中国刑法而言，国家机关工作人员的渎职罪被单列为一章，其是指国家机关工作人员滥用职权、玩忽职守、徇私舞弊，妨害国家机关的正常活动，致使国家和人民利益遭受重大损失的行为。从历史上来说，就食品安全的官方控制中存在的渎职罪是根据不同的对象进行案例性的处罚。例如，可能是负责动植物检疫的主管部门，或者是负责检查生产和销售伪劣或不符标准的商品的主管部门[3]。随着食品犯罪类型的增加，一方面，这些通用的罪行分类无法有效应对食品安全保障方面的渎职行为；另一方面，这些通用的规定本身在定罪标准和量刑方面存在着差异[4]。因此，《刑法修正案（八）》将与食品安全相关的渎职犯罪单列一项。诚然，如果没有外在的制裁控制手段，就无法避免行政行为中的滥用行政权力的行为。因此，制裁是由于没有履行监管职责所致，并为履行这些义务提供了最低限度的保障[5]，这应该是法律问责中一个有效的组成部分。

除了刑事法律责任，《食品安全法》针对行政人员也规定了行政性的制裁。就行政处罚而言，前文已经讨论过针对行政相对人的行政处罚，其目的是为了惩罚违反食品安全要求的食品从业者。当公务过错和个人过错

---

① Deruyter, k., FDA warning letters: knocking on the doors of courthouses, available on the internet at: http://blog.lib.umn.edu/mjlst/mjlst/2013/04/fda-warning-letters-knocking-on-the-doors-of-courthouses.html.

② Cheng, H., A sociological study of food crime in China, British Journal of Criminoloyg, 52, 2012, pp. 260 - 261.

③ 储槐植、李莎莎：《食品监管渎职罪探析》，《法学杂志》2012 年第 1 期，第 39 页。

④ 赖栩栩：《（论对食品监管渎职罪的理解与适用》，《法制与社会》2012 年第 27 期，第 16 - 17 页。

⑤ 韩志明：《行政责任：概念、性质及其视阈》，《广东行政学院学报》2007 年 19（3）期，第 12 页。

都可以作为实施行政制裁的依据时，比较容易的是针对有过错的工作人员实施行政处分和刑事处罚。然而，就公共服务来说，多头监管的问题使得难以界定某一应该承担责任、接受处罚的具体人员，因为这一行为可能是由多个工作人员共同造成。鉴于此，问责可以通过层级来进行，即对最高级别的官员进行问责，而这就是所谓的一人负全责；此外，也可以采取集体问责的方式，即每个人都承担责任接受处分，这就是全体承担一个责任的模式。

对此，通过规定县级以上地方人民政府、相关主管部门的直接负责的主管人员和其他直接责任人员的法律责任规定，中国食品安全法律对于责任的追究采取的是层级问责和个人问责共用的方式，但承担法律责任的方式则主要是以是行政制裁为主，而且所采取的制裁措施既不是金钱处罚，也不是自由处罚，而是纪律处罚[①]，即行政处分。行政处分是由国家或者公共机关针对其工作人员在机构内部落实的处罚，其处分的缘由是违背职业道德[②]。一般而言，针对工作人员的行政处分主要有六种形式，包括警告、记过、记大过、降级、撤职、开除[③]。对行政而言，纪律权是公权力的特权，其突出的一个特点是在实施方面具有自治性，这意味着，该项处罚没有必要遵守“法无明文规定不为罪”和“同一罪名不受两次处罚”的原则。因此，行政机关可自行判断一项行为是否有过错以及适合采取何种纪律处罚。然而，就上述处分而言，还是必须依照“没有法律就不处罚”的原则，从而确保只对过错行为进行制裁[④]。从起源来说，行政纪律处分根源于法国行政法[⑤]，针对公务员在进行公共服务时的违法行为[⑥]。

---

① Cacaud, P, et al, Administrative sanctions in fisheries law, FAO Legislative Study, 2003, pp. 2 – 3.

② Conseil d'état, Les pouvoirs de l'administration dans le domaine des sanctions, La Documentation française, Paris, 1995, p. 37.

③ 沈宗灵：《论法律责任与法律制裁》，《北京大学学报》1994 年第 1 期，第 45 页。

④ Tiphine, F, La discipline dans la fonction publique de l'état, La Documentation française, 1998, p. 11.

⑤ Swarup, A., Common men, uncommon law: exploring the links between disciplinary proceeding and criminal law, 2007, available on the SSRN at: http://papers.ssrn.com/sol3/papers.cfm? abstract_ id=1021171, p. vii.

⑥ Loi n° 83 – 634 du 13 juillet 1983 portant droits et obligations des fonctionnaires, Article29.

期间，所谓的过错是指违反法律规定的义务，且因公共服务和行政层级有所差别。当上述违法行为构成犯罪时，由于刑事处罚是独立的一种处罚手段，则纪律处分不能替代刑事处罚。

就“行政责任”来说，需要着重指出的是，在中国的法律体系中，这一责任不仅涉及赔偿同时也包括行政处分和刑事处罚[①]。根据传统的观点，明主治吏不治民，其意在说明针对工作人员的处罚是有效实施法律的重要手段[②]。然而，当纪律处分既可以追究政治责任，也可以追究法律责任时，其存在的一个问题就是政治问责和行政问责中的冲突。此外，与刑事和民事责任相比，行政责任的发展并没有受到重视，且是行政体系中最为薄弱的一个内容[③]。不同的是，在西方法律体系中，针对公共行政的法律问责仅仅只是针对行政过错进行损害赔偿的民事责任。换言之，“行政责任”仅仅是局限于基于行政违法行为所造成的损害赔偿责任。在罗马法体系下，由于行政违法行为所承担的行政责任不同于一般的民事责任。相反，由于普通法体系中并没有公法和私法的分别，因此，针对赔偿所承担的行政责任与一般民事责任的归责原则相同。对于上述行政责任，各国所用的术语会有所差异，如行政责任、公共法律责任或者国家赔偿责任等，下文将进一步从国家责任的演变历程来论述有关法律问责中的行政赔偿责任。

二、国家赔偿责任

侵权法通过金钱赔偿的方式预防私人侵害他人的行为，同理，规定行政机关及其工作人员在行政职权的行使过程中，对其损害承担法律赔偿责任也能预防其侵害行政相对人的行为[④]。而对于公共机构或者国家的法律责任来说，其经历了国家免责到机关责任再到国家责任的演变。问题在

① 田文利、张艳丽：《行政法律责任的概念新探》，《上海行政学院学报》2008 年第 9（1）期，第 88 页。

② 胡世凯：《官吏渎职罪与中国传统法律“明主治吏不治民”特征的形成》，《经济与法》2012 年第 6 期，第 183 页。

③ 田文利、张艳丽：《行政法律责任的概念新探》，《上海行政学院学报》2008 年第 9（1）期，第 87 页。

④ Rosenthal, L., “A theory of governmental damages liability: torts, constitutional torts, and takings”, Journal of Constitutional Law, 9 (3), 2007, p. 799.

于，行政机关的执法行为是否需要为其造成的损害承担责任？如果需要承担，该由谁来负责？而相应的归责原则又是什么？下文在此分析的基础上，将进一步论述当作为保障食品安全的主管部门，即食品安全监督管理行政机关及其工作人员在未能有效确保食品安全且造成严重损害时所应承担的赔偿责任。

（一）国家责任的综述

根据“国王不会犯错”的观点，国家主权豁免起源于英国，并在普通法体系下发展起来，其目的是说明主权的内在特征不适宜个体在未经其同意的情况下对其提起诉讼①。然而，国家的行为必须通过其代理人，而代理人在不依照法律明文规定或者普通法原则行事时，仍旧需要为其造成的损害承担赔偿责任②。继承英国的法律传统后，主权豁免原则也一并进入了美国法律体系，为此，美国联邦或州政府无须为其部门、机关或雇员的民事过错承担责任。当然，主权机关其本身许可相关的民事诉讼则除外③。随着国家主权豁免向行政责任的发展，英国于 1948 年颁布的《皇家程序法案》、美国于 1946 年颁布的《联邦侵权法案》都各自就国家替代官员承担在公共服务中的赔偿责任作出了规定。

作为一项重要的贡献，法国行政法首次废弃了国家豁免④，并对行政责任作出了规定，其实质就是一种民事责任⑤，即要求对因为行政机关或其职员的行为而遭受损害的个人进行赔偿⑥。早在 1789 年，《人权宣言》第 15 条就规定，社会有权要求机关公务人员报告其工作。因此，公职人

---

① Gutierrez-Fons, J., “Comparing supremacy: sovereign immunity of states in the United States and non-contractual state liability in the European Union”, Penn State International Law Review, 28 (2), 2009, p. 202.

② Case Entick v Carrignton [1765].

③ Suk, M., “Sovereign immunity: principles and application in medical malpractice”, Clinical Orthopaedics and Related Research, 470, 2012, pp. 1365 - 1366.

④ 张千帆：《论欧洲联盟的行政责任及其司法救济》，《北京大学学报》2006 年第 5 期，第 120 页。

⑤ As a civil liability on the side of administrative agency, the fault of service public also requires the State to compensate the damage suffered by the individuals during the public enforcement.

⑥ Garner, J., French administrative law, The Yale Law Journal, 33 (6), 1924, pp. 616 - 617.

员应对公共服务中造成的损害承担法律责任。然而，直到 1873 年的 Blanco 案例[①]，相关的案例判决才确定了由于公共服务所导致的损害应由国家承担赔偿责任的原则，且应该与《民法典》中规定的侵权责任区分开来，这意味着，针对国家责任的法律诉讼有不同于侵权法中的归责原则，并且由行政法院享有管辖权。

同年，Pelletier 案例[②]的判决进一步明确了职务过错时承担公共赔偿的标准，其是指应对公职人员在执行中所造成的损害进行赔偿，与此不同的是个人过错，即如果损失并不是由于公共服务造成的，或者即便在执行中也是由于公职人员故意或者重大过失导致，那么依旧由公职人员进行赔偿[③]。对于公共服务过错，职员与服务具有密切的关联，为此，有必要对行政职能进行评估。个人过错是指与服务没有关联的过错，民事法院的法官可以进行认定而无须考虑行政内容。根据这一分类，受害者不仅可以要求行政机关进行赔偿也可以要求有过错的职员进行赔偿[④]。如果受害者更倾向于通过行政法院起诉行政机关，行政机关则可以进一步向有责任的职员进行追偿[⑤]，或者依据各自的责任比例分担赔偿金额[⑥]。为了平衡国家利益、行政机关的职能、职员的个人利益和保护受害者，法国的行政责任可以通过

---

① The Court of Conflicts, February 8, 1873.

② The Court of Conflicts, July 30, 1873.

③ Cornu, G. (sous la direction), Vocabulaire juridique, Association Henri Capitant, 2011, pp. 448 - 449.

④ In view of the difference between the service fault and personal fault, the State's liability had replaced the agents' liability at outset. However, the case of Anguet (February 3, 1911) has confirmed that the personal fault can be combined by the service fault, which means the claim for the compensation is not available against the public authority but also the agents. Further, in the case of Epoux Lemonnier (July 26, 1918), the combination of the administrative and civil liability can also been confirmed if a fault can be a service fault and personal fault at the same time.

⑤ The case of Laruelle, July 28, 1951. In view of the combination of service fault and personal fault in a public service, such decision not only facilitates to claim the compensation by the victim but also prevent the agent who makes the fault escaping from the liability.

⑥ The case of Delville, July 28, 1951. In view of the combination of service fault and personal fault in a public service, such decision confirm that the victim can choose the claim the total compensation either against the administrative authority in an administrative court or the liable agent in a civil court while the concerned administrative authority and agent shall share the compensation. The dispute in this regard can be decided by the administrative court in accordance with the existence and gravity of the respective faults.

更好地利用国家财政确保行政的有效性，此外，也可以限制职员滥用公共权力[1]。

根据公共负担前平等的原则[2]，行政机构的合法行为也可能因对个人或多数人造成严重的财产损害而承担法律责任[3]。对于这一公平原则，公共行政可以增进社会福利，但如果由于这一福利使得个人遭受损失时，也应对这一损失进行赔偿，因为没有任何一个人期望贡献超额的社会公益。事实上，这一赔偿是基于社会凝聚力所要追求的社会公正。根据这一观点，每个人都有义务促进社会凝聚力，但是没有一个人是独行侠，而是彼此依赖的。因此，为了社会福利，负担也要公平分配，以实现公平。

事实上，从 20 世纪 90 年代开始，西方国家的公共行政就一直在扩张，当行政法的主要目的是确保行政权的依法行政和防止权力滥用时[4]，如果国家对于侵害赔偿一直有免责辩护，那么就无法确保实现上述行政法的目的。根据法国发展起来的行政责任，欧盟所强调的公共法律责任更多是侧重对损害的赔偿责任[5]，其要求欧盟必须弥补所有由其机关和公务人员在工作中造成的损害[6]，从而保护公民不受行政机关及其工作人员的侵害。

就欧盟机构而言，其主要的义务是实现条约所规定的目标。为此，条约中的基本原则规定，欧盟必须对其机关和工作人员在公务中造成的损害进行赔偿，而这一原则也同样适用于成员国[7]。在实践中，由于各国对归

---

① 邝少明、林琰瑜：《公务员侵权赔偿责任的域外考察及其启示》，《中山大学学报》2007 年第 4 期，第 64 页。

② As the general principle in the French law and German law, it is called principle d'égalité devant les charges publiques in French and Sonderopfer in Germany.

③ This possibility had been considered in, Joined Cases 9/71 and 11/71 Compagnie d'Approvisionnement et Grands Moulins de Paris v Commission [1972] ECR 391, See, Grabitz, E., "Liability for legislative acts", in, Schermers, H., Heukels, T. and Mead, P. (ed.), Non-contractual liability of the European Communities, Klumer Academic Publisers, 1988, p. 5.

④ Schwartz, B., Administrative law, Fourth edition, Aspen Law & Business, 1994, pp. 4 – 5.

⑤ 张千帆：《论欧洲联盟的行政责任及其司法救济》，《北京大学学报》2006 年第 5 期，第 120 页。

⑥ European Union, Consolidated version of the Treaty on European Union and the Treaty on the Functioning of the European Union, Article 340.

⑦ The Treaty on the Functioning of the European Union, Article 340.

责原则的不同规定，上述原则的适用并不容易，在追究欧盟机关法律责任时还是需要具体案例具体分析。鉴于此，欧盟法院最终在判例中确立了欧盟的归责原则，即对于违法行为，应该根据该行为、损害事实和两者之间的关联性确定责任[①]。此外，除了违反法律规定这一过错标准，公共行政的法律标准也要考虑公平，从而保障因为公共利益而遭受损失的个人利益[②]。值得一提的是，当违反欧盟的法律规定是承担法律责任的前置条件时，需要承担责任的不仅包括欧盟的机关，同时，由于欧盟法律的直接效力，成员国也要因此承担法律责任[③]。也就是说，没有履行欧盟法律规定的义务时，成员国也要对此造成的损害进行赔偿[④]。

中国1987年的《民法通则》规定，国家机关及其工作人员应该就其侵犯公民与法人的合法权利和利益而造成的损失承担民事责任。1994年又进一步制定了《国家赔偿法》，规定了国家机关和其工作人员在履行其职责时，应就侵犯公民、法人和其他组织的合法权益所造成的损失进行赔偿。就公共行政而言，受害者在行政机关及其工作人员在行使行政职权时侵犯其人身权或财产权时可以取得赔偿。

与一般的民事责任相比，法国的行政责任是指行政机关的赔偿责任，但其规定不同于前者。毕竟国家的赔偿责任有其自身的特点。例如，责任的设定是为了限制公共行政。如美国，对公共机关和个人的民事责任没有作任何不同规定，但是一些归责的条件也是有所区别，而且惩罚性赔偿并不适用针对公共机关提起的侵权诉讼[⑤]。

需要重点指出的是，公共行政中的裁量权往往免于赔偿责任，因为决

---

① Wakefield, J., "The changes in liability of EU institutions: Bergaderm, FIAMM and Schneider", ERA Forum, 12, 2012, pp. 625－626.

② Council of European, Recommendation No. R (84) 15 of The Committee of Ministers to Member States Relating to Public Liability, 18 September 1984.

③ 侵权（Tort）是一个典型的普通法系术语，且在大陆法系中并没有对应的用语，比较而言，相似的一个概念是侵权（违法责任）或者合同外责任（extra-contractual liability）。然而，目前侵权（Tort）一次已经在诸多欧洲的国家得以应用。Dam, V. and Mary, Q., European Tort Law, Oxford University Press, 2006, pp. 29－34.

④ See, Joined Case 83 and 94/76, 4, 15 and 40/77 Bayerische HNL Vermehrungsbetriebe GmbH & Co KG and Others v Council and Commission of the European Communities [1978] ECR 1209, Summary.

⑤ 28 U. S. C. § 2674, liability of the United States.

策者会因为承担损害赔偿的压力而无法自主决策[①]。在美国，《联邦侵权法》授权联邦法院可以为联邦官员的过错提供法律救济[②]。对此，《联邦侵权申诉法案》[③] 规定，国家侵权责任不适用裁量的行为，无论其是否存在滥用该权力的情况。在 Dalehit 与 United States 的案例[④]中，最高法院肯定了政府无须为开发行为承担责任，因为侵权法本身就规定，即便裁量行为本身就是错误的决策，也无须政府承担法律责任。根据这一决定，高层官员的政治决策不同于执行阶段的裁量权。就裁量权的行为来说，无论决策是否滥用这一权力都免于赔偿诉讼，因此仅仅在执行阶段执行决策本身并不构成过错，即便该执行造成了损失也无须赔偿。相反，如果行政行为本身不具有裁量的权力，那么执行时没有履行注意义务则需要根据侵权法承担法律责任。例如，在执行时的过失[⑤]。也就是说，执行必须有合理的注意义务，否则也要承担赔偿责任[⑥]。

综上所述，国家赔偿责任的演变主要具有以下这些特征。首先，由国家承担赔偿责任，具有两个重要的归责原则，包括过错原则和公平原则。对于过错原则，公共行政中比较重视履行职务中的过错，其主要是指没有履行法律规定的义务。而就公平原则来说，风险规制使得在安全保障方面的归责原则由过错原则转向了无过错原则，例如产品责任，进而确保利益在风险行为者与受害者之间的公平划分。相应的，在这一根据公平原则确认国家责任方面，也出现了类似的转变，但其目的是确保公共利益和个人利益之间的公平保障。第二，从国家免责到法律规定免责，国家责任的确立是为了保护公民的权利，防止行政权滥用。然而，国家在侵权责任方面

---

① See, Lorch, R., Democratic process and administrative law, Wayne State University Press, 1980, p. 205.

② Harlow, C. R., Administrative liability: a comperative study of French and English law, Thesis submitted for the degree of Ph. D. of the University of London and regisered at the London school of Economics and Polticals Sciene, p. 8776.

③ Rosenthal L, "A theory of governmental damages liability: torts, constitutional torts, and takings", Journal of Constitutional Law, 9 (3), 2007, p. 801.

④ Dalehite v. United States, 346 U. S. 15 (1953).

⑤ See, Lorch, R., Democratic process and administrative law, Wayne State University Press, 1980, p. 186.

⑥ Suk, M., "Sovereign immunity: principles and application in medical malpractice", Clinical Orthopaedics and Related Research, 470, 2012, p. 1366.

仍旧受到保护，其目的是确保行政的效率，此外，也是为了避免过多的责任负担使得公务人员无法自由行政。而对公共行政中的过错性质还是有必要进行评估，从而确保有效追究工作人员由于自身过错所需要承担的责任。

（二）食品安全问题中的国家赔偿

根据上文所述，国家在食品安全的官方控制中也应对造成的损害承担赔偿责任，其主要有两个方面。第一，在日常的食品安全法律执行中，行政执法由其代理人执行，为了确保食品从业者遵守有关食品安全的要求，其有义务开展官方控制，包括事前的许可、事中的现场检查和事后针对违法行为的处罚。相应的，如果官方控制中存在公务过错，如无理拒绝许可、错误吊销执照等，那么因此而遭受损害的个人可以要求赔偿。第二，在应对食品安全问题时，公众面临着危害健康的风险。由于科学不确定性的存在，政府就健康保障会采取两种不同的反应，一种是例如英国应对疯牛病危机时，并不针对人类健康保护采取行动；另一种是德国在处理0104：H4肠出血性大肠杆菌事件时，针对健康保护采取多次风险预警的行动。鉴于这些案例中的行政行为，本部分内容对政府赔偿责任的说明主要是指其在应对食品安全问题时所要承担的赔偿责任，并具体以疯牛病危机和 0104：H4 肠出血性大肠杆菌事件予以论述。

1. 疯牛病危机

1986 年英国在牛类中确诊了第一例疯牛病，该病被认为是“蛋白质”病变导致了大脑损伤，但当时并不知道这一疾病是否具有传染性。1988 年确认：作为人畜共患病，疯牛病可以由动物传染给人类。为了保护人类健康，英国政府采取了加强屠宰场监督和禁止使用来源于患有疑似病例的牛所产的牛奶等保护措施。即便如此，政府还是相信该疾病不会威胁人类的健康，为此，英国于 1990 年声明，牛肉可以安全食用。不幸的是，疯牛病于 1992 年达到了暴发高潮，致使英国每 1 000 头牛中就有 3 头患有该疾病。更糟糕的是，1995 年确认出现了第一例患有新型克-雅氏病（疯牛病在人体中的变异）的受害者，但政府科学家并不认为这一新型克-雅氏病与疯牛病之间有关联性。相反，在随后的几年里，新型克-雅氏病和疯牛病的关联得到了确认。为此，英国采取了“30个月的屠宰计划”，即所有在屠宰时达30个月龄的母牛，不得作为人类食品或者动物饲料的原料[①]。

不同于英国政府，欧盟委员会针对疯牛病采取了更为激进的措施。1989年为了防止疯牛病传播至其他成员国以及保护动物健康，禁止运送1988年7月18日前出生的活牛或疑似患有疯牛病，即确证的母牛，1990年禁止使用屠宰时超过6个月龄的牛类的组织和器官，包括大脑、脊髓等，禁止使用哺乳动物的组织喂食反刍动物，因为前者是海绵状脑病病毒的来源。鉴于疯牛病可能会传染给人类，禁止英国向成员国或其他国家出口牛类和牛肉产品。当英国也采取严格的控制措施应对疯牛病危机时，如牛护照系统，欧盟委员会撤销了一些牛产品的出口禁令。

为了确认导致疯牛病和新型克-雅氏病传播的事件和决策，英国和欧盟同时开展了疯牛病调查。就英国的疯牛病调查而言，疯牛病主要涉及两类危害，包括能够确认的对动物健康造成的危害，和不能确认的对人类健康的危害。尽管为了保护动物健康也采取了一些措施，但是由于1996年前政府一直相信疯牛病对人类健康并不构成潜在威胁，因此，没有及时采取保护人类健康的措施，而即便采取了措施也不足够[②]。由于害怕疯牛病危机带来的经济损失和公众过度的反应，英国政府一直重复声明英国的牛肉是可以安全食用的，而不是给公众足够的有关事实的信息，尤其是疯牛病危机和其传染性的不确定性情况，以致公众一直受到政府的误导[③]。

而对于欧盟层面的疯牛病调查，欧盟议会应该承担失职责任，因为其没有采取有效的措施督促欧盟委员会执行相关的保护措施，并且将肉类企业的经济利益置于公众保护之前。同样的，欧盟委员会也有失职责任，因为其在面对疯牛病危机中的科学不确定性时，将管理市场作为首要目

① BBC, BSE and CJD crisis chronology, available on the Internet at: http: //news.bbc.co.uk/hi/english/static/in_ depth/health/2000/bse/ (last accessed on August 24, 2013).

② The BSE Inquiry Report, Volume 1, Finding and conclusion, pp. xvii-xviii.

③ Lord. P., Lessons from the BSE Inquiry, the Journal of the Foundation for Science and Technology, 17 (2), 2001, pp. 3-4.

标，而不是应对可能的危害公众健康的风险，因此也没能及时采取保护公众健康的措施。讽刺的是，由于偏向英国政府的做法，欧盟层面并没有核查英国政府的检查措施，而当其他成员国，如法国采取应对英国牛肉出口的紧急措施时，欧盟委员会也以采取先行诉讼的方式反对成员国这样的做法。

在疯牛病危机事件中，公共支出中以各类形式对肉类行业中的食品从业者进行了补贴和赔偿。例如，就疯牛病危机来说，1996 年用于赔偿以及其他公共支出的成本为 15 亿英镑，而 1997 年这一类支出的 73%给予了农民[①]。相反，对患有新型克-雅氏病的受害者家庭却没有给予太多的照顾，而赔偿金的给付也经过了漫长的时间。在长期的利益争取过程中，自 1997 年第一例患有新型克-雅氏病的受害者死亡和进行公共调查开始，一些受害者的家庭联合成立了人类疯牛病基金。随着 2000 年的调查报告的公开，尤其是对事件处理中的误导信息的指责，英国于 2000 年 10 月成立国家医疗法案，其目的是确保被克-雅氏病感染的人能够恢复健康并得到社会照顾。此外，2011 年 2 月也通过了针对受害家庭的“无过错”赔偿项目，针对 250 名受害者给予了总计 6 750 万英镑的补偿[②]。然而，最终出台这一赔偿项目仅仅是因为政治压力，而不是承担法律责任。作为针对新型克-雅氏病的基金，申请者必须满足两个条件，包括必须由国家克-雅氏病监控中心确诊，以及 1982—1996 年，在英国居住时间不得少于 5 年，而后者也需要国家健康中心进行确认。遗憾的是，申请这一赔偿的程序在实际操作中非常复杂，很多人抱怨在医学调查确定赔偿金额的决策中的裁量权。尽管受害家庭已经提出简化这一基金的申请要求，但是法院判决还是支持政府的决定。

诚然，即便有上述的赔偿方案，受害家庭还是有权针对国家的赔偿责任提起诉讼。如英国政府所述，新型克-雅氏病本身并不能禁止申诉人针

---

① Atkinson, N., The impact of BSE on the UK economy, available on the internet at: http://www.veterinaria.org/revistas/vetenfinf/bse/14Atkinson.html (last accessed on August 24, 2013).

② Boggio, A., The compensation of the victims of the Creutzfeldt Jacob Disease in the United Kingdom, Medical Law International, 7, 2005, pp. 11 - 15.

对政府或者相关的机关提起法律诉讼，但是根据赔偿计划获得的赔偿应该覆盖这一损失。然而，对于受害者而言，针对国家赔偿责任的诉讼是非常复杂的。一般来说，诉讼过程既漫长花费也很大，而只有相关的申诉人能够根据相应的归责原则提供证据时才能获得赔偿。

就国家赔偿责任来说，具有裁量权的行为都免于起诉，且国家赔偿的额度也很低。例如，使用由死亡后的脑垂体制成的人类生长激素的人会患上克-雅氏病。在这一风险确认之前，英国、美国、澳大利亚、法国都采取了上述的治疗措施。即便对健康损失负有责任，美国联邦政府依然被免于赔偿责任；而法国政府则设立了赔偿计划，但前提是接受赔偿的受害人必须同意放弃上诉。考虑到针对国家赔偿责任的诉讼过程非常困难，产品责任中所涉及的惩罚性赔偿和集体诉讼会给食品从业者带来巨大的经济损失，而使得他们认真履行注意义务，从而避免由于产品责任诉讼带来倾家荡产的可能。因此，产品责任不仅是受害者获得赔偿的救济手段，同时也是督促食品从业者积极确保食品安全的法律压力。

对于承担国家赔偿责任，政府更倾向于设立赔偿项目，借此确保公平而不是承认自己的过错。例如在疯牛病事件中，英国政府就强调其赔偿项目的无过错性，而这意味着其否定了自己在疯牛病危机中的误导行为和令公众失望的行为承担责任。赔偿项目可以使符合要求的受害者在没有公务过错的赔偿中获得赔偿。需要重点指出的是，谁应该承担这一赔偿项目的成本。在疯牛病危机中，看似没有任何一方有过错。诚然，使用动物组织和器官喂食动物，食品从业者并没有意图引发疯牛病；对于具有责任确保牛肉产品安全的英国政府而言，其也不希望疯牛病和新型克-雅氏病之间具有关联性。因此，最后赔偿受害者家庭以及遭受经济损失的食品从业者的资金由国家财政买单。不同的是，中国个别奶粉生产者明明知道三聚氰胺不是食品添加剂却将其加入奶粉中，具有欺诈的意图，而地方政府也没有及时采取措施。为此，赔偿项目的成本主要由食品从业者承担。

2. O104：H4 肠出血性大肠杆菌事件

同样作为食品安全事件，2011 年欧盟爆发的 O104：H4 肠出血性大肠杆菌事件就赔偿问题引发了不同的关注。在这一事件中，德国高度关注信息的快速传播，包括地方、欧盟和国际层面的风险预警以及这一事件的发展更新①。在确认豆芽为这一事件的真正污染源之前，黄瓜、番茄等新鲜蔬菜都被疑似为传染源且及时告知了消费者这一信息。为了保护消费者的健康，公告还建议他们不要消费这些食品。结果是种植水果蔬菜的农户损失惨重，在事件发生的两个星期内损失估计至少有 8 亿 1 200 万欧元②。例如，由于西班牙的黄瓜和番茄先后被认定为传染源，致使该国的黄瓜出口损失为 570 万欧元，番茄损失为 1 640 万欧元③。鉴于此，西班牙扬言要起诉德国政府并督促欧盟对此进行赔偿。最终，欧盟制定了所谓的临时例外措施支持水果蔬菜行业④。针对番茄、莴笋、黄瓜、甜椒和蒲瓜这些蔬菜，只要其在 2011 年 5 月 26 日至 6 月 30 日内因为撤回、不采摘等操作遭受的损失进行赔偿，赔偿总金额高达 2 100 万欧元。其中，西班牙种植蔬菜的农户收到了高达 7 097 万欧元的补偿⑤。

从疯牛病危机中吸取的最大一个教训是，在处理危机中要重点关注信息的公开交流⑥。也许隐瞒信息的原因有很多，例如，害怕疑似动物疾病导致重大经济损失，或者公众应对食品安全问题的过激反应。然而，当风险实质化后，公众对于政府和行业的信心都会遭受重大打击，一如疯牛病中的信任危机。事实上，在对实际情况不了解的情况下公众会更加害怕，而且会怀疑他们的利益因为政治或经济的原因而遭到损害⑦。因此，以公

---

① Robert Koch-Institute, Final presentation and evaluation of epidemiological finding in the EHEC O104: H4 outbreak, September 2011, p. 34.

② DG SANCO, Lessons learned from the 2011 outbreak of Shiga toxin-producing Escherichia coli (STEC) 0104 : H4 in sprouted seeds, 2011, p. 3.

③ Kretschmann Belmar von, P., "(In) correct and (in) complete communications during a foodborne illness outbreak: who is liable? who has losses?", MSc Thesis, Wageningen University 2012, p. ⅳ.

④ Commission Implementing Regulation (EU) No 585/2011 of 17 June 2011 laying down temporary exceptional support measures for the fruit and vegetable sector.

⑤ News, Spain to receive 70.9 million euros for "Cucumber Crisis, August 2, 2011, available on the Internet at: http://live.kyero.com/2011/08/02/spain-to-receive-70-9-million-euros-for-cucumber-crisis/ (last accessed on August 24, 2013).

⑥ Lord. P., Lessons from the BSE Inquiry, the Journal of the Foundation for Science and Technology, 17 (2), 2001, p. 3.

⑦ Liam, D., Lessons for the health field, the Journal of the Foundation for Science and Technology, 17 (2), 2001, p. 7.

开的方式交流信息，尤其是风险预警，可以帮助公众更好地应对具有不确定性的风险。在 0104：H4 肠出血性大肠杆菌事件中，德国一开始就发布风险预警，即便当时只是确定疑似的污染源，而不是百分百地确认。然而，这样的处理方式不可避免地会出现疑似风险最终被确认为非风险的可能，并导致行政相对人的经济损失。也就是说，类似风险预警或不能吃什么食品的建议这样的风险交流对于保护公众健康是有必要的，但是如此迅速的反应以及随后的谨慎性措施可能是错误的，且会给行政相对人带来严重的经济损失。

当针对公共健康保护的作为和不作为都能导致损害并要进行赔偿时，需要重点指出的是，在疯牛病危机和 0104：H4 肠出血性大肠杆菌事件中相同的一点是应对不确定性的决策。对于疯牛病危机，不确定性是指疯牛病和新型克-雅氏病之间的关联性。为了保护经济，英国政府相信两者之间基本没有关系，并一直误导公众消费所谓安全的牛肉产品。而在 0104：H4 肠出血性大肠杆菌事件中，不确定性是指污染源的载体。为了保护公众健康，德国政府针对疑似的蔬菜发布了风险预警并建议消费者不要消费这些蔬菜。上文已经提到，决策者在决策中具有裁量权，其可以优先保护安全也可以保障经济，而这一行为也免于承担法律责任。然而，疯牛病危机已经说明，如果在应对不确定性的情况时不采取谨慎性行动，公众健康将岌岌可危且损失会很严重，也不可逆转。

诚然，对于不确定性情况下的风险是否真会发生这一问题，除了“是”或“否”的答案之外，还有一个答案就是“不知道”。“不知道”这一情况的存在使得不能无视风险，并要采取保护性措施。然而，政府可能不会立即采取行动，而是通过一系列的程序，查询科学信息，或者不同的主管部门之间推卸责任，衡量各种利益，如经济担忧和安全担忧之间的冲突。当这些程序不可避免地耽误很多时间时，公众健康会随时遭受损害，一如疯牛病危机的教训。因此，采取谨慎行动对于优先保护公众健康是必须之举。根据疯牛病危机中总结的经验，欧盟已经将谨慎预防原则作为食品法的一项法律原则，确保以行动的方式应对疑似风险。否则，被优先考虑的将不是安全而是经济因素。基于这一法律基础，德国主管部门在应对 0104：H4 肠出血性大肠杆菌事件中，通过风险预警这一谨慎性行为应对事件发展中存在的不确定性。由于有权根据谨慎预防原则采取行动应对科学不确定性，一旦没能有效保护公众，将要承担法律责任而不是免于责任[①]。

然而，将公共健康作为优先保护的目标将难以避免一个问题，即为了保护这一公共利益而不得不牺牲一些行政相对人的利益，但是，将因为谨慎行动而产生的公共负担加于私人则有失公允。因此，还需要建立一定的赔偿机制保护这一部分因为不公平遭受的损失[②]。在 0104：H4 肠出血性大肠杆菌事件中，对于无辜的食品从业者，如种植黄瓜的农民，他们因为政府早期错误的预警而遭受了严重的经济损失。对于这一问题，一方面，如果将此次事件的管理成本转嫁给这些无辜的农民则是不合理的。另一方面，如果对于谨慎行动没有预期的赔偿机制，那么食品从业者也会缺乏配合这些行动的意愿，甚至反对这一谨慎行为。因此，就谨慎预防原则的运用存在一个两难的问题：当预防风险的谨慎行动可以保护公共利益时，如果仅仅让部分食品从业者承担成本，尤其是无辜的食品从业者承担这一成本是否公平？否则，当谨慎行动会导致严重的经济损失时，谁又该来承担成本？而承担的程度又是多少？

以“黄瓜危机”为例，德国主管部门因为错误预警而被要求赔偿经济损失。事实上，在面对不确定性进行决策时，任何人都会采取保护措施以便预防疑似风险，但是当疑似风险最终被确认为错误预警时，决策者或者机构被要求因为错误而赔偿损失。对此，其他相关人员在日后类似的决策中都会对是否采取行动应对疑似风险的决策而犹豫不决，而由此存在的问题就是将会由整个社会为风险的到来而承担代价。为了防止这一不作为情况的发生，国家免责在管理疑似风险的时候就显得尤为重要，其确保决策可以合理考虑科学意见和其他合法因素后，衡量采取风险行动或规避风险

① Collart Dutilleul, F., Delebecque, P., Contrats civils et commerciaux, Dalloz, Ninth edition, 2011, pp. 266 - 267.

② Van Der Meulen, B., The Dutch regulatory framework for food-risk analysis based food law in the Netherlands, in, in, Everson, M. and Vos, E. (ed.), Uncertain Risks Regulated, Routledge-Cavendish, 2009, pp. 106 - 107.

行动能优先保护公共健康。鉴于此，为了以预防性的方式强化食品安全规制，例如风险预警的作用，需要找出可以免除政府承担损害赔偿责任的折中方式。为了保护公共利益，如防止疑似风险对公众的危害，而不是让他们自行承担风险发生的成本，对此，将成本归咎于一些不幸的食品从业者是极为不合理的。为了社会公正，当一项行动惠及整个社会时，其生产的成本也将由整个社会承担，而这才是公平的做法。正因如此，当公共机关应对疑似风险的谨慎性行为免于承担损害赔偿责任时，为受害者提供赔偿也是值得关心的问题，而这将有助于通过共同合作的行为促进风险的规制。对此，国家赔偿是确保由整个社会承担成本的有效措施①。

① Borchard, E. M., "Government liability in tort", Yale Law Journal 34 (1), 1924, p. 9.

小　结

为了确保食品安全，官方控制和私人控制的发展同样重要。就官方控制而言，从地方事务到国家干预，集中化的发展有利于食品检查的一致性，进而可以实现同等水平的健康保护。与此同时，中央层面有限的资源也要求地方政府一定的投入。此外，由于食品安全法律的演变，官方控制也需要与时俱进地予以改进，在考虑科学角色的同时也要考虑私人控制对风险预防的重要性。对于私人控制，私人食品控制的崛起尽管有利于政府和私人双方之间的合作，但也对原本以“命令-控制”的传统官方控制模式提出了挑战，为此，后者需要在立法和控制方面给予食品从业者更多的灵活性，从而便于他们开展自我规制。

因此，确保食品安全的责任应该由食品从业者和主管部门共享。对法律责任的定位有两个方面，包括义务和违法责任。对于食品安全，一方面，涉及食品从业者的首要责任，对此应通过设立安全体系承担这一义务，而在没有履行这一义务时，会有相应的行政、刑事处罚，而对于由缺陷产品导致的损害还有承担赔偿的民事责任。另一方面，主管部门也有监督的责任，通过管理控制和检查服务履行这一责任，而一旦机构或其工作人员没有履行这一义务，有相应的行政和刑事处罚，并对造成的损害进行赔偿。

就处罚来说，很明确的一点是，处罚手段的选择是一个国家自己的主权，为此，由于宪法或历史的原因，各国对于行政或刑事处罚的规定都不同[①]。当食品安全规制成为一个全球性的问题时，理想的做法是通过一个协调机制确保类似违法行为的处罚力度相同。也就是说，处罚的有效性、

---

① European Commission, Communication from the Commission to the Council and the European Parliament on Behavior Which Seriously Infringed the Rules of the Common Fisheries Policy in 2000, COM (2001) 650 final, Brussels, 12. 11. 2001, p. 8.

比例性和惩戒性可以作为协调处罚的一个原则。为此，有必要明确食品安全相关的违法行为、相关的处罚，包括处罚的类型、某一处罚的条件等，确保其对潜在犯罪者有一定的威慑力，而其关键就是违法所获的经济利益是否足以抵消违法成本。此外，根据违法的严重性，处罚也有不同的等级分类，这一立法控制方式也能限制主管部门。

对此，相比刑事诉讼的漫长程序过程，行政处罚是比较便利的执法手段。此外，在刑事诉讼中，法官也可能因缺乏专业知识而无法有效处理技术性很强的规制事务①。然而，由于刑事处罚反映了一国的价值、习俗和选择，其特点是非常多样化②。在这个方面，除了罪行划分和处罚严重性上的差异，食品安全的违法行为是否构成犯罪也有国别差异或阶段差异。作为一项历史悠久的犯罪行为，利益驱使所致的食品欺诈已具有跨国的特点，但其方式多样，危害程度也有差别。例如，牛肉制品中掺杂马肉是故意性的欺诈行为，但是将三聚氰胺掺入奶粉中是食品安全问题，其有害公众健康。由于食品产生的现代化，食品产品中的污染事故也逐渐增多，而对其确立犯罪可以有效明确产品责任和进行处罚。因此。不同性质和严重性的犯罪会导致不同的处罚，例如为了应对危害公众健康的食品欺诈，中国就规定了严重的人身处罚，而欧盟也承诺提升处罚金额以便威慑出于经济驱动的食品欺诈，美国则是强化预防应对污染事故。

除了处罚，针对缺陷食品的赔偿也是恢复这类产品的损害的事后应对方式，经济利益考虑会促使食品从业者遵守有关安全的规定，尤其是面对惩罚性赔偿的时候。为了根据注意义务抗辩产品责任，零售商要求供应商采用更安全更优质的食品标准，并通过第三方的认证确认这一合格评定。因此，依旧是食品供应商承担确保食品安全的注意义务。事实上，产品责任往往是针对制造商的，因为他们是开发和生产食品的主要角色，为此他们需要为这一过程的缺陷承担法律责任。然而，大众食品生产和消费使得

---

① Cacaud, P, et al, Administrative sanctions in fisheries law, FAO Legislative Study, 2003, pp. 53 - 54.

② European Commission, Towards an EU Criminal Policy: Ensuring the effective implementation of EU polices through criminal law, COM (2011) 573 final, Brussels, 20. 09. 2011, p. 3.

受害者难以明确指出具体的某一位食品制造商为其损害承担法律责任。对于这一问题，责任的共享成为承担产品责任、保护受害者的主要原则。相似的，官方控制承担赔偿责任也有利于保护个人的权利，并强化主管部门的责任感。然而，与产品责任不同，官方控制中的赔偿有诸多的限制，例如，根据自由裁量权的决策行为不能提起赔偿诉讼。目前食品安全规制中一个很大的困难就是，在不确定性的情况下进行决策。如果因为没有采取行动而使得公共健康面临危险，那么如果让受害者在承担健康问题的同时，却得不到任何补偿，这就有失公平。相反，如果通过风险预警等方式采取行动，而使得一些无辜的食品从业者因为公共健康的利益而遭受严重损失时，仅仅让这些食品从业者为社会利益承担成本的行为也是不公平的。因此，即便是没有过错的公共行政，公平原则也要求对受损方进行赔偿。

总　　论

作为一种社会控制，法律是社会的写照，其功能在于维持社会秩序。因此，法律的首要功能在于规制并限制个人在与他人交往时的行为，而法律本身则反映出了当下的社会、经济和政治情况①。鉴于此，要应对食品供应链中不断出现的挑战，针对食品安全的规制必须首先确保有关食品安全法律的与时俱进性。在一百多年的历史演变中，最重要的一个教训就是确保食品安全必须采取前瞻性，而不是事后应对的方式。为此，针对食品安全的规制应考虑以下诸多要素。

1. 规制

一般来说，为了保护人类免受食源性危害，而对食品生产经营行为进行干涉的方式，既包括事前预防性的也包括事后救济的措施。鉴于危害的无法预知性，传统的应对方式是对造成损害的行为进行制裁，包括行政、刑事处罚和民事赔偿。尽管针对人身或金钱的处罚，尤其是死刑和惩罚性赔偿，对导致危害的行为具有威慑力，但是，对于威胁安全的危害行为而言，其所造成的损害可能是不可逆转的，正因为如此，预防风险的意义在于避免危害的发生，换言之，前瞻性的规制方式比事后的制裁更具重要性。此外，目前的食源性风险已经远远超出个人的控制能力，也正因如此，政府事前的干预在规避危害公共健康的风险方面具有不可替代的作用。因此，针对食品安全的规制必须确保只有符合安全标准的食品才能进入市场，从而保障人类的生命和健康安全。

---

① Tamanaha, B., "Law and Society", in, Patterson, D. (ed.), A companion of philosophy of law and legal theory, Second Edition, Blackwell Publishers, 2009, also available on the SSRN at: http://papers.ssrn.com/sol3/papers.cfm?abstract_id=1345204, pp. 2-4.

规制与传统的事后应对相比，如针对危害的行政、刑事处罚和民事赔偿，其优点在于：首先，随着规制理论的演变，社会规制的兴起表明了国家干涉的目的是为了保护公民安全等公共利益。因此，国家在优先保护这些公共利益方面不仅具有警察权等规制权力，同时也具有监督管理等规制责任。第二，以公共利益之名，国家干预为防止不安全食品的入市提供了前瞻性的方式。相应的，诸授权、预防性或谨慎性措施等具体规制措施也相继发展并完善起来。第三，在保障食品安全的行政执法中，规制制裁对于确保守法行为是不可或缺的。对此，必须借助行政和刑事处罚。相比之下，行政处罚在处理规模、严重程度和频率不同的违法行为方面更具灵活性。对于具有严重危害性的犯罪行为，刑事处罚还是不可或缺的。

2. 立法

法律规则的存在是为了保护一些利益和价值，如生命健康和财产安全[①]，而规制的意义在于通过国家立法规制违反这些法律规则的行为，为此，拥有一部结构有序的法律是前提要求。作为一部成文法，食品法是指有关食品安全保障的基本法，如美国的《联邦食品、药品和化妆品法案》、欧盟的《通用食品法》，或者中国的《食品安全法》，它们的意义都在于通过确立保障安全食品的法律基础以实现获取充足、安全、营养的食物的权利。通过这样一部“宪法”整合食品安全相关法律的做法并不是一蹴而就的。相反，在相当长的一段食品安全立法时期中，立法模式都是食品安全问题的导向性，即根据发生的食品安全问题制定或调整相关规定。对此，经验表明：这种针对性的立法方式并不足以在食品安全问题频发时确保公众健康。正因为如此，欧盟在吸取疯牛病危机的教训后，对其食品安全立法进行了彻底的改革，其特点在于，通过引入一部基本法，整合食品安全相关的法律。也就是说，当纵向和横向的食品立法构成食品安全法律框架时，食品基本法的作用是为这一法律框架提供法律基础。而在上述框架中，金字塔结构的意义是确保基于基本法这一顶层设计的基本原则和规定通过次级立法完善这一法律体系的层级和覆盖范围，进而避免立法空

---

① Hildebrandt, M., “Justice and police: regulatory offenses and the criminal law”, New Criminal Law Review: An International and Interdisciplinary Journal, 12 (1), 2009, pp. 55-56.

白，并保持相关法律法规的一致性及与时俱进性。

3. 食品安全

就美国、欧盟和中国的立法演变来说，一方面，由于政治、法律体系和经济社会差异，每个地方的食品安全法律都有其自身的法律体系和一体化特点。因此，美国和欧盟对食品安全的不同规定会使得双方在食品安全的认定上有所差别，进而影响相关的规制，如美国以科学为确立食品安全标准的依据，而欧盟认为食品安全既是科学判断也是价值判断。另一方面，他们的经验，尤其是教训，说明了食品安全立法演变中产生的一些共性。对此，其中一点是将公众健康作为食品法的首要目标。而另一点是从风险的角度规制食品安全。因此，食品安全规制已经成为一个典型的风险规制，而公共健康是优先考虑的目标。对此，以科学为基础的风险分析原则以及应对不确定性的谨慎预防原则，即便在制度安排方面依旧有不少争议，但是食品法已经开始将这些内容内化为法律原则或者具体制度。

就保障食品安全的意义而言，经济发展和安全保护之间存在着冲突性，如食品的自由流通和公众健康，对此，目标的优先选择一直以来都是一个两难的问题。对于这一问题，法律的解决方案是适用比例原则，即确保所采取的措施既要有必要性，也与要实现的既定目的相适宜①。为此，科学原则的应用就是为了说明国家所采取的保护措施不对世界贸易组织框架下的国际贸易构成隐蔽性的限制。经验表明，尤其是疯牛病危机的处理经验说明了，经济考虑往往被置于安全考虑之上。作为教训，以前瞻性的方式规制风险时应该优先考虑安全保护。

4. 科学

由于科学具有预见性，为此，其在法律变革中的作用越来越重要。作为价值中立的判断，科学的意义在于减少立法者在立法决策中、行政管理者在执法过程中以及法官在司法判决中武断的自由裁量行为。然而，作为替代原有那些对社会生活有深入影响的价值并试图与法律融合，科学本身

① Fourcher, K., Principe de précaution et risqué sanitaire, Thèse de doctorat en Droit Public, Université de Nantes, sous la Direction du Professeur Helin, J. and Romi, R., 2000, p. 274.

是否可以合理化在不确定性情况下的决策？此外，同样值得反思的是，当工业化的发展导致中小经济从业者和大型经济从业者之间失衡，以及出现弱势消费群体和强势私人从业者的情况时，怎样的法律发展才能确保所有人以及所有国家之间的公平？尤其是随着国际化的进程，区域之间的发展不平衡在进一步加剧。作为回应，经济法作为一个新的法律部门，其发展的目的就在于应对市场经济中的问题以及实质性的公平。尽管如此，面对经济自由和健康保护之间的利益冲突，通过落实科学原则和社会规制而得以完善的法律依旧被认为是优先考虑经济因素而不是安全问题。

5. 谨慎（谨慎预防原则）

毋庸置疑，当前技术风险存在的主要问题是在安全方面的不确定性，尽管科学评估为识别和定性危害和风险提供了可能，进而也方便了预先通过保护性的措施防止损害的发生。而传统应对这一问题的方式则是针对实际出现的损害进行赔偿。就保护性措施而言，预防性的保护措施是基于充分的科学证据，进而应对已知的风险。然而，评估中会因为科学不确定性的存在而无法提供充分的科学证据。针对这一问题，不应坐以待毙继续等待，直到有可靠的科学证据或者损害实际发生时才采取行动，而是应该采取谨慎性的保护措施，从而防止不可逆转的损害发生。鉴于此，在风险规制中，科学原则、预防原则和谨慎预防原则是互补的，从而在保持传统以赔偿损害为救济方式的同时，以预防甚至前瞻性的方式防止损害的发生。尽管是否将谨慎作为一项法律原则还是具有争议的，但是以谨慎为内容的谨慎预防原则的运用本身受限于比例原则，即要求所采取的保护措施不得超过所要实现的健康保护水平而对贸易造成限制。对此，可以说，实践中所采取的谨慎预防原则也是弱势性的。

就谨慎预防原则来说，风险管理的意义有四个方面。（1）谨慎无论是作为管理方式，还是原则例外或法律原则，具有谨慎性的保护行动在食品安全的规制实践中并不鲜见，其目的是确保在应对科学不确定性时安全是第一保护目标。（2）科学评估依旧是谨慎行动的前置条件。对于这一点，决策者有义务确保谨慎行动的科学依据，包括应对不确定性的情况和根据新出现的科学证据进行的持续评估。（3）即便科学不确定性是应用谨慎预防原则的条件，但是必须对科学不确定的定义作出明确的界定。一如其在欧盟的发展，科学争议被视为是科学不确定性的重要组成部分。（4）谨慎预防原则的意义在于要求以采取行动的方式应对科学不确定性，因此，在这一条件下的不作为可以被视为过错，进而可以否决相关的决策或者作为依据支持损害赔偿请求。

6. 控制

当食品安全法律为法律执行提供了一个规制环境时，官方控制也应与法律的规定相符合，尤其是确保控制方式的与时俱进，从而以预防性的方式确保食品安全。当官方控制主要包含控制管理和检查服务时，控制本身要确保法律执行的一致性，尤其是中央资源有限而不得不由地方开展官方检查，且需要根据实际情况进行灵活性执法时，应确保地方执行的官方控制结果的一致性或等同性。此外，随着食品供应链中私人控制的兴起，其对食品安全和食品质量的关注不仅为确保食品安全的公私合作提供了可能性，同时也给官方控制带来了挑战，尤其是食品从业者承担确保食品安全的首要责任要求转变官方控制的方式。因此，一方面，强制性的自我规制可以通过落实诸如 HACCPY 体系等内部管理系统实现，从而使得食品从业者更好地在生产阶段预防危害，为此，主管部门需要将原来进厂检查的方式转变为对这些安全体系的审计。另一方面，三位一体的私人控制方式，即标准、认证和认可的结合，同样需要主管部门给零售商提供参与标准制定的机会以及重视第三方认证的重要作用。

7. 责任

确保食品安全责任的重新分配必须考虑到私人和公共之间越来越频繁的互动，然而，传统的控制方式往往不重视其他利益相关者对于确保食品安全的责任[①]。事实上，随着食品供应链方式的引入，全程监管越来越重视由这一供应链中所有相关的人员共享确保食品安全、健康和营养的责任，其中既包括了食品从业者的食品安全责任，也包括主管部门的食品安

---

① Havinga, T., "Actors in private food regulation: taking responsibility or passing the buck to someone else?", Nijmegen Sociology of Law Working Papers Series 2008/01, 2008, available on the SSRN at: http://papers.ssrn.com/sol3/papers.cfm?abstract_id=2016083, p. 3.

全责任。就食品从业者来说，他们应承担确保食品安全的首要责任，一旦有违法行为就要接受行政或刑事的处罚。此外，产品责任通过经济压力的形式也促进了食品从业者的守法行为。对主管部门来说，监管责任要求他们落实官方控制，一旦有违法行为，他们也需要为此造成的损害进行赔偿或者根据法律要求进行行政处分或是刑事处罚。

8. 协调

通过研究协调食品安全规制的诸多问题，如以什么来协调、如何协调以及这一过程中涉及的角色，可以通过以下三个方面进行总结，包括适用风险分析等法律原则，从物质、过程和信息三个方面完善法律规则以及由官方和私人控制共同规定的食品安全标准。作为规范，原则、规则和标准在法律效力方面的程度有所不同。一般来说，规则最具约束力而规定也比较僵化，标准次之，原则的约束力最弱。作为协调的工具，标准使用得最为频繁，因为作为技术性的规则，他们往往以科学为依据而不是法理。对于原则和规则，原则在协调方面比规则更具实用性，因为原则的目的在于实现目标但不直接影响实现这一目标的行为。

9. 原则

就原则而言，基于风险预防的理念，当前的食品安全规制遵循科学原则，尤其是风险分析的应用。相比之下，尽管谨慎预防原则在应对科学不确定性方面具有必要性，但是否将其作为一项食品法的法律原则还是有争议的。除了本文提到的预防风险的两大原则，在食品安全法律和食品安全控制的历史演变中还有其他用于确保食品安全的原则。以原则为协调手段的目的是为了构建一个具有共同基础的法律和规制框架，从而应对共同的危险[①]，但其结果绝不是确立“一个世界一个法律体系”。

原则 1　强调一致性的意义在于确保执法和守法中的法律确定性。对于这一点，立法历史的教训已然说明，由应对食品安全问题所导致的碎片化的食品安全法律和纵向立法方式不足以确保公众健康。为了确保一致性，第一步就是要确立一部基本的食品法，保障食品安全规制的法律基

---

① Christine Boisrobert, Aleksandra Stjepanovic, Sangsuk Oh & Huub Lelieveld (Eds). Ensuring global food safety, published by Academic Press, 2009, p. 79.

础。第二步则是通过横向、纵向的立法方式从物质、过程和信息三个方面健全各类保障食品安全的法律法规。第三步则是参照金字塔的模式构建食品安全法律体系，从而确保基本法发挥宪法的作用。但二级立法除了与基本法一致，也要根据实际情况及时更新，与时俱进。

原则 2　根据原则 1 构建起来的法律体系是确保执法一致性的重要前提，从而实现平等保护。事实上，法律面前是否人人平等更多依赖于执行层面是否公平公正地执行法律。而平等保护并不是指同等的对待，正因为如此，食品法律中倡导的共同原则不仅可以强化执法者的信心，而且行政合作也可以增进对官方控制结果一致性或等同性的互相认识。

原则 3　上文已经提及，食源性的风险已经为食品规制带来诸多挑战。为了确保有效性，有必要对可能出现的食品安全风险进行预先管理，而不是在违法行为出现后才采取行动①。此外，在处理这类风险时，一方面要记住与食品生产和消费相关的这些风险普遍存在且难以规避，管理这类风险的方式应以预防为主而不是事后应对。由于科学技术的进步，已经有了许多应对风险的管理体系，如风险分析体系和 HACCP 体系。就谨慎而言，业已存在的谨慎方式或者例外都为谨慎预防原则的发展奠定了基础，尤其是应对科学不确定性的情况。

原则 4　以全程方式保障食品安全的原则是为了强调提供安全、健康、有营养的食品是食品供应链中每一位成员的责任所在，对于实现这一目标，所有利益相关者之间的共同努力是必不可少的，这其中就包括食品从业者、主管部门以及消费者之间的合作。相比较而言，食品从业者应该肩负确保食品安全的首要责任，为此，他们需要设立安全体系，包括 HACCP 体系或类似管理体系以及追溯和食品召回制度。私人食品控制的崛起一方面有效补充了官方控制的不足，但另一方面也给后者带来了诸多挑战，为此，官方控制应该在明确监管职责的同时，认真对待由于私人控制崛起而导致的责任转嫁，即积极鼓励食品从业者承担确保食品安全的首要责任。

---

①　Michelle Everson & Ellen Vos (Eds). Uncertain risks regulated, published by Routledge-Cavendish, 2009, p. 106.

最后，本书就确保食品安全的未来展望主要有两个方面的内容。第一，本研究中的分析框架是在案例研究和比较研究的基础上建立起来的。尽管研究中的案例仅仅只是美国、欧盟和中国，但这一分析框架也可以用于其他国家或地区的食品安全法律和控制的案例和比较研究。例如，一方面，可以再通过其他国家的案例，如日本、澳大利亚等丰富研究内容；另一方面，通过研究所得到的结论，如先进经验或惨痛教训也可以对其他一些国家和地区的食品安全规制发展提供借鉴，例如对非洲而言，粮食安全依旧是一个至关重要的问题，但是也应及时借鉴欧盟等先进经验，强化其食品安全的保障能力，与粮食安全相比，在确保国家繁荣和公众健康方面食品安全的重要性不亚于粮食安全。

第二，值得重点指出的一点是，即便应对一个孤立的问题，也会产生连锁反应。也就是说，为了实现食品安全的规制，一方面，应将食品安全问题与其他食品相关问题一并考虑，如粮食安全和食品质量。例如，欧盟2003 年的共同农业政策为了强调农民对于确保食品安全的责任，就引入了新的跨界守法的机制。相应的，农户一方面要符合关于公共、动植物健康以及动物福利的国家管理规定，另一方面也要符合良好农业和环境条件。违反上述要求的严重程度直接与他们领取欧盟农业补助的额度相关，而后者就是惩罚违法行为的手段。此外，食品安全的保障也与其他社会问题相关，如环境保护、植物健康、动物健康和福利等。例如环境污染将使食品暴露在更多化学或微生物污染的机会下，相应的，也就增加了危害人类健康的风险。例如在中国，尽管食品安全规制的改善提高了确保食品安全的能力，但是化肥和农药的过度使用已经对土壤造成了严重污染，进而增加了食品安全问题。因此，作为决策者，应谨慎决策，全面考虑任何可能出现的结果。

参考文献

[1] Albersmeier F. The reliability of third-party certification in the food chain: from checklists to risk-oriented auditing. Food Control, 2009, 20: 927 – 935.

[2] Alemanno A. Trade in food, regulatory and judicial approaches in the EC and the WTO. Cameron May Ltd, 2007.

[3] Alemanno A. The shaping of the precautionary principle by European Courts: from scientific uncertainty to legal certainty. Bocconi Legal Research Paper No. 1007404, 2007.

[4] Alemanno A. Science and EU risk regulation: the role of experts in decision-making and judicial review, in, Vos E (ed.), European risk governance: its science, its inclusiveness and its effectiveness. Connex Report Series, No. 06, 2008.

[5] Alemanno A. Public perception of risk under WTO law: a normative perspective, in, van Calster, G. and Prévost D (ed.), Research handbook on environment, health, and the WTO. Edward Elgar, 2012.

[6] Ambrus M. The precautionary principle and a fair allocation of the burden of proof in international environmental law. Review of European Community & International Environmental Law, 2012, 21 (3): 259 – 270.

[7] Applegate J. The precautionary preference: an American perspective on the precautionary principle. Human and Ecological Risk Assessment: An International Journal, 2000, 6 (3): 413 – 443.

[8] Astrup A. Nutrition transition and its relationship to the development of obesity and related chronic diseases. Obesity reviews, 2008, 9: 48 – 52.

[9] Bemauer T, Caduff L. European food safety: multilevel governance, re-nationalization, or centralization? published by the Center for Comparative and International Studies (ETH Zurich and University of Zurich), Working paper No.

3, 2004.

[10] Bentemps C, Orozco V, Requillart V. Private labels, national brands and food prices. Review of Industrial Organization, 2008, 33 (1): 1-22.

[11] Bernard D. Developing and implementing HACCP in the USA. Food Control, 1998, 9 (2-3): 91-95.

[12] Boisrobert C. Ensuring global food safety. Academic Press, 2009.

[13] Borcher A. The history and contemporary challenges of the US Food and Drug Administration. Clinical Therapeutics, 2007, 29 (1): 1-16.

[14] Braithwaite J. Enforced self-regulation: a new strategy for corporate crime control. Michigan Law Review, 1982, 80: 1466-1507.

[15] Broberg M. Transforming the European Community's Regulation of Food Safety. Swedish Institute for European Policy Studies, 2008.

[16] Busch L. Food standards: the cacophony of governance. Journal of Experimental Botany, 2011, March 23: 1-4.

[17] Buzby J C, Frenzen P D. Food safety and product liability. Food Policy, 1999, 24: 637-651.

[18] Caswell J. How quality management metasystems are affecting the food industry. Review of Agricultural Economics, 1998, 20 (2): 547-557.

[19] Caoimhin M. EU food law. Hart Publishing, 2007.

[20] Chalmers D. "Food for thought": reconciling European risks and traditional ways of life. The Modern Law Review, 2003, 66 (4): 532-562.

[21] Cheng H. A sociological study of food crime in China. British Journal of Criminoloyg, 2012, 52: 254-273.

[22] Coglianses C, Lazer D. Management-based regulation: prescribing private management to achieve public goals. Law and Society Review, 2003, 37 (4): 691-730.

[23] Collart Dutilleul F. Le principe de précaution dans le règlement communautaire du 28 janvier 2002, Prodotti agricoli e sicurezza alimentare (dir. A. Massart). Ed. Giuffre, 2003: 239-264.

[24] Collart Dutilleul F. "Elément pour une introduction au droit agro-alimentaire", in, Dallow (ed.). Mélanges en l'honneur d'Yves Serra, 2006.

[25] Connor J M. Concentration change and countervailing power in the U.S. food manufacturing industries. Review of Industrial Organization, 1996, 11 (4): 473-492.

[26] Costato L. Albisinni F (ed.). European food law, CEDAM, 2012.

[27] Cotterill R W. Food mergers: implications for performance and policy. Review of Agricultural Economics, 1990, 5 (2): 189 - 202.

[28] Crutchfield S, Roberts T. Food safety efforts accelerate in the 1990s. Food Review, 2000, 23: 44 - 49.

[29] Dennis S. CFSAN's risk management framework: best practices for resolving complex risks. Food safety Magazine, 2006, 12 (1).

[30] Dreyer M, Renn, O. Food safety governance, integrating science, precaution and public involvement. Springer-Verlag Berlin Heidelberg, 2009.

[31] Dunn C W. Original Federal Food and Drugs Act of June 30, 1906, its legislative history. Food and Drug Law Journal, 1946, 1: 297 - 313.

[32] Endres B. United States food law update: labeling controversies, biotechnology litigation, and the safety of imported food. Journal of Food Law and Policy, 2007, 3: 253 - 281.

[33] Feldman R. The role of science in law. Oxford University Press, 2009.

[34] Fernandez A F. Food: a history. Pan Macmillan Ltd, 2002.

[35] Fisher E. Implementing the precautionary principle, perspectives and prospects. Edward Elgar Publishing, Inc., 2006.

[36] Fortin N. Law, science, policy, and practice. John Wiley & Sons, Inc., 2009.

[37] Fourcher K. Principe de précaution et risqué sanitaire, Thèse de doctorat en Droit Public. Université de Nantes, sous la Direction du Professeur Helin, J. and Romi, R., 2000.

[38] Fulponi L. Private voluntary standards in the food system: the perspective of major food retailers in OECD countries. Food Policy, 2006, 31: 1 - 13.

[39] Everson M, Vos E. Uncertain Risks Regulated. Routledge-Cavendish, 2009.

[40] Gabaccia D R. We are what we eat, ethnic food and the marking of Americans. Harvard University press, 1998.

[41] Goldstein B, Carruth R. Implications of the precautionary principle for environmental regulation in the United States: examples from the control of hazardous air pollutants in the 1990 Clean Air Act Amendments. Law and Contemporary Problems, 2003, 66: 247 - 261.

[42] Golan E, Kissoff B, Kuchler F. Food traceability: one ingredient in a safe and

efficient food supply. Food Safety Magazine, 2005.

[43] Gong C. Analysis of punitive damages based on the ten times clause in the Food Safety Law. The Market Forum, 2011, 8.

[44] Hall R. Self-regulation in the food industry, Food, Drug. Cosmetic Law Journal, 1964, 19: 653 - 661.

[45] Hamilton N D. Food democracy Ⅱ: revolution or restoration. Journal of Food Law and Policy, 2005, 13: 13 - 42.

[46] Hatanaka M. Third-party certification in global agrifood system. Food Policy, 2005, 30: 354 - 369.

[47] Henson S, Caswell J. Food safety regulation: an overview of contemporary issues. Food Policy, 1999, 24 (6): 589 - 603.

[48] Henson S, Hooker N. Private sector management of food safety: public regulation and role of private controls. International Food and Agribusiness Management Review, 2001, 4 (1): 7 - 17.

[49] Henson S. The Role of Public and Private Standards in Regulating International Food Markets. Paper prepared for the IATRC Summer Symposium Food regulation and trade: Institutional framework, concepts of analysis and empirical evidence, Bonn, Germany, 2006.

[50] Hooker N H, Caswell J A. Trends in Food Quality Regulation: Implications for Processed Food Trade and Foreign Direct Investment. Journal of Agribusiness, 1996, 12 (5): 144 - 419.

[51] Huang M J, Mcbeath J. Environmental Change and Food Security in China. Springer Dordrecht Heidelberg London New York, 2010.

[52] Hutt P. Food and drug law: a strong and continuing tradition. Food Drug Cosmetic Law Journal, 1982, 37: 123 - 137.

[53] Hutt P. A history of government regulation of adulteration and misbranding of food. Food Drug Cosmetic Law Journal, 1984, 39: 2 - 73.

[54] Hutt P. Government regulation of health claims in food labeling and advertising. Food Drug Cosmetic Journal, 1986, 41: 3 - 73.

[55] Hutt P, Merrill R A. Food and Drug Law: Cases and Materials, Second edition. Foundation Press, 1991.

[56] Hutt P. Food law & policy: an essay. Journal Food Law and Policy, 2005, 1: 1 - 11.

[57] Jackson L S. Chemical food safety issues in the United States: past, present, and future. Journal of Agricultural and food chemistry, 2009, 57: 8161 - 8170.

[58] Joakim Z. The application of the precautionary principle in practice, comparative dimensions. Cambridge University Press, 2010.

[59] Jouve J. Principles of food safety legislation. Food Control, 1998, 9 (2 - 3): 75 - 81.

[60] Kellam J, Guarino E. International Food Law. Stationery Office, 2011.

[61] Kramer M N. The science of recalls. Meat Science, 2005, 71: 153 - 168.

[62] Kretschmann Belmar von P. (In) correct and (in) complete communications during a foodborne illness outbreak: who is liable? who has losses? MSc Thesis, Wageningen University, 2012.

[63] Leibovitch E. Food safety regulation in the European Union: toward an unavoidable centralization of regulatory powers. International Law Journal, 2008, 43: 429 - 450.

[64] Leon Guzman M. L'obligation d'auto-contrôle des entreprises en droit européen de la sécurité alimentaire. Instituto de Investigation en Derecho Alimentario, 2011.

[65] Lewis C J. Nutrition labeling of foods: comparisons between US regulations and Codex guidelines. Food Control, 1996, 7 (6): 285 - 293.

[66] Lofstedt R E. The precautionary principle: risk, regulation and politics. Process Safety and Environmental Protection, 2003, 81 (1): 36 - 43.

[67] Loureiro M L. Liability and food safety provision: empirical evidence from the US. International Review of Law and Economics, 2008, 28: 204 - 211.

[68] Lusk J, Briggeman B. Food values. American Journal of Agricultural Economics, 2009, 91 (1): 184 - 196.

[69] Mahiou A, Snyder F. La sécurité alimentaire/food security and food safety. Académie De Droit International de La Haye/Hague Academy of International Law, 2006.

[70] Marden E. Risk and regulation: U. S. regulatory policy on genetically modified food and agriculture. Boston College Law Review, 2003, 44 (3): 733 - 787.

[71] Martinez M G. Co-regulation as a possible model for food safety governance: opportunities for public-private partnerships. Food Policy, 2007, 32 (3): 299 - 314.

[72] Mead P. Food-related illness and death in the United States. Synopses, 1999, 5 (5): 607 - 625.

[73] Miyagawa S. Food safety and public health. Food Control, 1995, 6 (5): 253 - 259.

[74] Motarjemi Y, Kaferstein F. Food safety, hazard analysis and critical control point and

the increase in foodborne diseases: a paradox? Food Control, 1999, 10 (4 - 5): 325 - 333.

[75] Muñoz Urena H. Principe de transparence et information des consommateurs dans la législation alimentaire européenne. Instituto de Investigation en Derecho Alimentario, 2011.

[76] Negri S. Food safety and global health: an international law perspective. Global Health Governance, 2009, 3 (1).

[77] Nestle M. Safe food: bacteria, biotechnology, and bioterrorism. University of California Press, 2003.

[78] Nestle M. Food politics. University of California Press, 2003.

[79] O'Reilly J. Losing deference in the FDA's second century: judicial review, politics, and a diminished legal of expertise. Cornell Law Review, 2008, 93 (5): 939 - 980.

[80] O'Rourke R. Sanctions and inspection mechanisms in European Food Law: legal measures for consumer protection. ERA Forum, 2001, 2: 49 - 53.

[81] Pelletier D. FDA's regulation of genetically engineered foods: scientific, legal and political dimensions. Food Policy, 2006, 31 (6): 570 - 591.

[82] Peralta P D, Anadon A. International principles on offences under food law and legal uncertainty, liability and state responsibility. European Food and Feed law Review, 2008, 4: 232 - 245.

[83] Popper Deborah E. Tracking and privacy in the food system. Geographical Review, 2007, 97 (3): 365 - 388.

[84] Prentice H. Uniform food law, Food, Drug. Cosmetic Law Quarterly, 1949: 508 - 511.

[85] Randal E. Food risk and politics. Manchester University Press, 2009.

[86] Regattieri M, Manzini G R. "Traceability of food products: general framework and experimental evidence". Journal of Food Engineering, 2007, 81 (2): 347 - 356.

[87] Roberts T. Food safety incentives in a changing world food system. Food Control, 2002, 13 (2): 73 - 76.

[88] Rouviere E, Caswell J. From punishment to prevention: a French case study of the introduction of co-regulation in enforcing food safety. Food Policy, 2012, 37: 246 - 245.

[89] Ruckelshaus W. Risk in a free society. Risk Analysis, 1984, 4 (3): 157 - 162.

[90] Sandin P. The precautionary principle and food safety. Journal of Consumer Priotection and Food Safety, 2006, 1 (1): 2 - 4.

[91] Schipa R P. The desirability of uniform food law, does a multiplicity of food laws keep food prices up? Food and Drug Law Journal, 1948, 3: 518 - 531.

[92] Schlosser. Fast food nation. Social Sciences Documentation Publishing House, 2002.

[93] Shavell S. Liability for harm versus regulation of safety. The Journal of Legal Studies, 1984, 13 (2): 357 - 374.

[94] Sinclair U. The jungle. Upton Sinclair, 1920.

[95] Smith G. Traceability from a US perspective. Meat Science, 2005, 71: 74 - 193.

[96] Sofos J N. ASAS Centennial Paper: developments and future outlook for postslauhter food safety. Journal of Animal Science, 2009, 87: 2448 - 2457.

[97] Sperber W. Auditing and verification of food safety and HACCP. Food Control, 1998, 9 (2 - 3): 157 - 162.

[98] Sucharitkul S. State responsibility and international liability under international law. Loyola of Los Angeles International and Comparative Law Review, 1996, 18: 821 - 839.

[99] Sumner Daniel A, Buck, Frank H, et al. Traceability, liability and incentives for food safety and quality. American Journal of Agriculture Economics, 2008, 90 (1): 15 - 27.

[100] Swann J. The 1941 Sulfathiazole disaster and the birth of Good Manufacturing Practices. Pharmacy in history, 1999, 41 (1): 16 - 25.

[101] Tanner B. Independent assessment by third-party certification bodies. Food Control, 2000, 11 (5): 415 - 417.

[102] van der Meulen B, van der Velde M. European food law handbook. Wageningen Academic Publishers, 2009.

[103] van der Meulen B. Private Food Law, governing food chains through contract law, self-regulation, private standards, audits and certification schemes. Wageningen Academic Publishers, 2011.

[104] Vapnek J, Spreij M. Perspectives and guidelines on food legislation, with a new model food law, the Development Law Service. FAO Legal Office, 2005.

[105] Vos E. EU Food Safety Regulation in the Aftermath of the BSE Crisis. Journal of Consumer Policy, 2000, 23: 27 - 255.

[106] Vos E, Wendler F. Food safety regulation in European: a comparative institutional analysis. Intersentia, 2007.

[107] van Warden F. Taste, traditions, and transactions: the public and private regulation

of food, in, Ansell, C. A. and Vogel, D. (ed.), What's the beef, the contested governance of European food safety? Massachusetts Institute of Technology, 2006: 35 - 60.

[108] Wang H. Buyer power, transport cost and welfare, Journal of Industry. Competition and Trades, 2010, 10 (1): 41 - 53.

[109] Wiener J B. Comparing precaution in the United States and Europe. Journal of Risk Research, 2002, 5 (4): 317 - 349.

[110] Yessian M, Greenleaf J. FDA oversight of State food firm inspections, a call for greater accountability. OEI's Boston Regional Office, 2000.

内容提要

abstract

本书主要从美国、欧盟、中国的食品安全规制到全球协调，比较研究食品安全规制问题。全书共分两部分，可分为四篇八章，第一部分为有关食品安全立法的协调，第一篇为食品安全法律的历史演变，第一章介绍美国、欧盟和中国食品安全立法的演变，第二章介绍食品安全法律的发展现状；第二篇为预防风险的食品法原则，第三章介绍结构化决策中的风险分析原则，第四章是针对科学不确定性的谨慎预防原则。第二部分为有关食品安全控制的协调，第三篇为官方控制和私人控制间的互动，第五章介绍官方控制的改进，第六章介绍私人食品安全控制的兴起；第四篇为食品安全的责任共担，第七章介绍食品从业者的食品安全责任，第八章介绍主管部门的食品安全责任。

本书可供从事食品安全研究的政府、高校、研究机构的专业人员借鉴学习，也可作为高等院校法学相关专业的参考用书。